Monolithischer Überstromschutzschalter basierend auf 4H-SiC-Sperrschicht-FET-Technologie

Norman Böttcher

Monolithischer Überstromschutzschalter basierend auf 4H-SiC-Sperrschicht-FET-Technologie

Der inverse Thyristor

Springer Vieweg

Norman Böttcher
Friedrich-Alexander-Universität
Erlangen-Nürnberg
Erlangen, Deutschland

Als Dissertation genehmigt von der technischen Fakultät der Friedrich-Alexander-Universität Erlangen-Nürnberg im Jahr 2025
u. d. T.: „Monolithischer Überstromschutzschalter basierend auf 4H-SiC-Sperrschicht-FET-Technologie – Der inverse Thyristor".

ISBN 978-3-658-50150-1 ISBN 978-3-658-50151-8 (eBook)
https://doi.org/10.1007/978-3-658-50151-8

Die Deutsche Nationalbibliothek verzeichnet diese Publikation in der Deutschen Nationalbibliografie; detaillierte bibliografische Daten sind im Internet über https://portal.dnb.de abrufbar.

Planung/Lektorat: Friederike Lierheimer
Springer Vieweg ist ein Imprint der eingetragenen Gesellschaft Springer Fachmedien Wiesbaden GmbH und ist ein Teil von Springer Nature.
Die Anschrift der Gesellschaft ist: Abraham-Lincoln-Str. 46, 65189 Wiesbaden, Germany

Es ist immer, was man draus macht.

Danksagung

I was under the misapprehension that my accomplishments were mine alone. Nothing could be further from the truth.

Sheldon Lee Cooper

AN DIESER STELLE möchte ich allen danken, die mich auf meinem spannenden und zugleich herausfordernden Weg begleitet und unterstützt haben.

Zuallererst möchte ich meinem Doktorvater, PD Dr.-Ing. Tobias Erlbacher, meinen herzlichen Dank aussprechen. Du hast nicht nur meine Begeisterung für das Thema geweckt, sondern mich auch stets durch den Nebel des inversen Thyristors geführt. Wann immer es nötig war, bist Du für mich in die Bresche gesprungen oder hast mich ins kalte Wasser geworfen. Ohne deine engagierte Unterstützung und das Vertrauen, das Du in meine Arbeit gesetzt hat, würde ich wohl nach wie vor Dielektrika auf Silizium untersuchen.

In Gedenken an Prof. Dr. rer. nat. Lothar Frey möchte ich zudem meine tiefe Dankbarkeit für die Schaffung der grundlegenden Bedingungen zum Ausdruck bringen, die die Bearbeitung dieses Themas am Fraunhofer Institut für integrierte Systeme und Bauelementtechnologien (IISB) überhaupt erst ermöglicht haben. Mein besonderer Dank gilt auch Prof. Dr.-Ing. habil. Jörg Schulze, für seine inspirierende Leidenschaft für die Halbleitertechnologie sowie für die zahlreichen wissenschaftlichen Diskussionen, die mich gelehrt haben, stets die richtige Balance aus Zuversicht und Demut zu wahren. Zudem danke ich ihm für die Übernahme des Vorsitzes des Prüfungsausschusses. Prof. Dr. Sc. techn. Bernd Witzigmann möchte ich für die bereitwillige Übernahme des Zweitgutachtens aufrichtig danken. Die damit einhergehenden Mühen weiß ich sehr zu schätzen.

Weiterhin gilt mein großer Dank dem Deutschen akademischen Austauschdienst (DAAD) und der Japan Society for the Promotion of Science (JSPS) für die großzügige Unterstützung durch das Stipendium, das mir einen wertvollen

Forschungsaufenthalt an der Tokyo Metropolitan University (TMU) in Japan und zugleich praktisch unbegrenzten Zugang zu Ramen ermöglicht hat. Besonders danken möchte ich Keiji Wada Sensei, Wataru Saito Sensei, Shin-ichi Nishizawa Sensei, Hiromichi Oohashi San und Taro Takamori Senpai für die zuvorkommende Gastfreundschaft, die tatkräftige Unterstützung und die hervorragende Zusammenarbeit während meines Aufenthalts sowie darüber hinaus. Ihre Hilfe und Expertise haben nicht nur meine wissenschaftliche Arbeit bereichert, sondern mir auch unvergessliche Einblicke in die japanische Kultur gegeben.

Ein angemessenes Verständnis für die physikalischen Vorgänge im inversen Thyristor zu bekommen, war für mich mit Sicherheit eine der größeren Herausforderungen. Ich bin sehr froh, dass ich diesbezüglich in PD Dr. Sc. techn. Peter Pichler und meinem lieben Kollegen Julian Kauth zwei begeisterte Gesprächspartner finden durfte. Im Besonderen möchte ich dahingehend auch Dr.-Ing. Mathias Rommel danken, der mich nicht nur kompetent bei allen halbleiterphysikalischen Themen unterstützt hat, sondern als Gruppenleiter auch stets entscheidend dazu beigetragen hat, den Rahmen für die Bearbeitung dieser Dissertation zu schaffen. Außerdem gilt mein Dank dem Reinraum-Team der π-Fab. Ohne euren tatkräftigen Einsatz hätte es wohl kein einziger funktionierender inverser Thyristor aus dem Reinraum geschafft. Für die engagierte Unterstützung bei der Analyse der hergestellten Proben, möchte ich Dr. Michael Krieger vom Lehrstuhl für Angewandte Physik (LAP) der FAU und Dr. habil. Paweł Michałowski vom Instytut Mikroelektroniki i Fotoniki (IMIF) aufrichtig danken. Schließlich geht ein herzliches Dankeschön auch an meine Kolleg:innen am IISB und dem Lehrstuhl für elektronische Bauelemente (LEB) der FAU. Oleg, Tom, Alex, Maxi, Michael, Daniel, Janina, Andi, Kota, Jinho, Katja, Nico, Axel, Leander, Susanne, Kevin, Minwho, Alesa, Jules, Felix, Jan, Anne, Jannik, Menni, Simon, Johannes, Juli, Katha und natürlich Holger, danke, dass ihr immer ein offenes Ohr hattet, mich bei all meinen kleineren und größeren Projekten unterstützt habt und die letzten Jahre (insgesamt) zu einer fantastischen Zeit gemacht habt.

Mein größter und grenzenloser Dank gilt letztlich den Personen, die immer dann ganz dicht hinter mir standen, wenn alles ins Wanken geriet. Zunächst sind hier meine liebevollen Eltern zu nennen: Meine Mutter, Katrin Böttcher-Maczuga, der es stets gelingt, mich ohne eigene Erwartungen zu neuen Herausforderungen zu ermutigen, und mein Vater, Uwe Böttcher, der meinen rettenden Sinn für Ordnung (außer Schreibtisch!) und Akkuratesse wie kein zweiter geprägt hat. Isabella Dobler, die mich für einen wesentlichen Teil des Weges begleitet hat, möchte ich für ihre emphatische und offenherzige Art danken, die mich stets zu neuen Perspektiven bewegen konnte. Unbedingt zu erwähnen sind außerdem mein Bruder, Maxe, und die gesamte Sketchy-Crew. Ihr seid der gutmütigste und beeindruckendste Haufen, der mir je untergekommen ist. Es ist schön, dass es euch gibt!

Diesen letzten Absatz widme ich meiner geliebten Partnerin, Ulla Martens. Von Herzen danke ich Dir, für die stundenlangen Gespräche und all die faszinierend schlauen Dinge, die Du zu sagen hast. Durch Dich durfte ich mich immer wieder daran erinnern, worum es beim Promovieren eigentlich geht. Du hast mich oft besser verstanden als ich mich selbst, stets das Ruder übernommen, wenn mir mal die Puste ausging, und mir immer einen Grund für schallendes Gelächter gegeben. So hast Du selbst jene Zeiten, in denen ich nur wenig geben und beitragen konnte, zu wunderbaren Erinnerungen gemacht. Dafür kann ich Dir nicht genug danken!

Zusammenfassung

Die vorliegende Arbeit widmet sich der Konzeptionierung, Realisierung und Charakterisierung eines neuartigen und selbstauslösenden Überstromschutzschalters für 900 V Gleichspannungsanwendungen auf Basis einer 4H-SiC-Sperrschicht-FET-Technologie. Das entwickelte Halbleiterbauelement basiert auf der monolithischen Integration einer speziellen Verschaltung von zwei selbstleitenden komplementären Sperrschichtfeldeffekttransistoren (SFETs). Es weist die besondere Eigenschaft auf, als 2-Pol-Leistungshalbleiterbauelement beim Erreichen eines gewissen Auslösestromwertes selbstständig von einem niederohmigen EIN-Zustand in einen sperrenden AUS-Zustand überzugehen und diesen zu halten. Dieses Strom-Spannungsverhalten ist umgekehrt (invers) zu einem Thyristor, weshalb der Begriff des *inversen Thyristors* eingeführt wird.

Zur Erläuterung des Aufbaus und der Funktionsweise des inversen Thyristors wird ein analytisches Modell auf Basis halbleiterphysikalischer Grundlagen entwickelt, das seine wesentlichen Wirkmechanismen abbildet. Besonderes Augenmerk liegt auf der Berücksichtigung unvollständiger Ionisierung und Kompensation von Dotierstoffen, sowie der Auslegung von Gate-Strukturen mit mehreren hundert Volt Spannungsfestigkeit. So entsteht ein geschlossenes Gleichungssystem, das sich zur Erklärung kausaler Zusammenhänge, sowie zur Identifikation entscheidender Entwurfsabhängigkeiten eignet. Der qualitative Verlauf der berechneten Kennlinien ist in guter Übereinstimmung mit jenen der hergestellten Bauelemente und Teststrukturen.

Die entwickelte Technologie zur monolithischen Integration verwendet SiC Grabenätzen, Ionenimplantation und das epitaktische Überwachsen bereits implantierter Gebiete zur Erzeugung von Mesa-Gate-Strukturen und vergrabenen Kanälen. Aufbauend auf TCAD-Simulationen konkreter Zellentwürfe, werden inverse Thyristoren in diversen Variationen und repräsentativer Anzahl hergestellt, charakterisiert und hinsichtlich ihrer Entwurfsparameter analysiert. Je nach

Entwurfsvariation weisen zwischen 8 % und 54 % der hergestellten Bauelemente vollständige Funktionalität und eine Sperrfähigkeit von bis zu 900 V auf. Die erreichten Kennwerte genügen mit einer Auslösestromdichte von 2,2 A cm^{-2} und einem spezifischen Einschaltwiderstand von 850 mΩ cm^2 zwar durchaus den Anforderungen einer aussagekräftigen Machbarkeitsstudie, bleiben jedoch deutlich hinter den TCAD-Prognosen zurück. Ebenso zeigen Hall-Effekt-Messungen eine unerwartet geringe Anzahl freier Löcher. In diesem Kontext wird ein zusätzlicher Akzeptorzustand etwa 400 meV oberhalb der Valenzbandkante in Kombination mit einem parasitären Donatorzustand, der zwischen 5 % und 14 % der Löcher aus ionisierten Akzeptoren kompensiert, diskutiert. Obwohl diese Hypothese mehreren empirischen Proben in guter Näherung standhält, ist eine abschließende Aussage über die vorherrschenden Bedingungen aufgrund der hohen Anzahl an Freiheitsgraden nicht möglich.

Zur Untersuchung der Reaktion auf anwendungsnahe Überstromszenarien wird unter anderem ein Kurzschluss der Last im Betrieb bei 800 V eingeleitet, den der inverse Thyristor innerhalb von nur 125 ns, und somit 5–10-mal schneller als vergleichbare Technologien, sicher abschaltet. Weiterhin wird demonstriert, dass er beim ungeklemmten induktiven Schalten mindestens 41 mJ cm^{-2} (z. B. aus einer aufmagnetisierten Leitungsinduktivität) zerstörungsfrei im Lawinendurchbruch dissipieren kann, bevor er in den selbsthaltenden AUS-Zustand übergeht. Darüber hinaus kann der inverse Thyristor, mithilfe einer minimalistischen Ansteuerung eines optionalen dritten Pols, in einem skalierbaren und den Abschaltmechanismus unterdrückenden Strombegrenzungsmodus betrieben oder auch manuell zurück in den EIN-Zustand gesetzt werden. Dies eröffnet als Ausblick vielseitige Optionen zum Einsatz des inversen Thyristors in Smart-Power-Anwendungen.

Erklärung zu vorausgegangen Publikationen

Teile dieser Arbeit wurden im Rahmen der nachfolgend aufgelisteten Publikationen bereits teilweise oder vollständig veröffentlicht. Sie werden in den Einleitungen der zugehörigen Abschnitte entsprechend referenziert.

1. N. Boettcher und T. Erlbacher, „Design Considerations on a Monolithically Integrated, Self Controlled and Regenerative 900 V SiC Circuit Breaker," 2020 IEEE Workshop on Wide Bandgap Power Devices and Applications in Asia (WiPDA Asia), 2020, pp. 1–6, https://doi.org/10.1109/WiPDAAsia49671.2020.9360279.
2. N. Boettcher und T. Erlbacher, „A Monolithically Integrated SiC Circuit Breaker," in IEEE Electron Device Letters, vol. 42, no. 10, Okt. 2021, pp. 1516–1519, https://doi.org/10.1109/LED.2021.3102935.
3. N. Boettcher, T. Takamori, K. Wada, W. Saito, S.-I. Nishizawa und T. Erlbacher, „Fabrication Aspects and Switching Performance of a Self-Sensing 800 V SiC Circuit Breaker Device," 2022 IEEE 34th International Symposium on Power Semiconductor Devices and ICs (ISPSD), 2022, pp. 261–264, https://doi.org/10.1109/ISPSD49238.2022.9813628.
4. N. Boettcher, T. Takamori, K. Wada, W. Saito, S.-I. Nishizawa und T. Erlbacher, „Short Circuit Performance and Current Limiting Mode of a Monolithically Integrated SiC Circuit Breaker for DC Applications up to 800 V," 2022 24th European Conference on Power Electronics and Applications (EPE'22 ECCE Europe), 2022, pp. P. 1–P. 9.
5. T. Takamori, K. Wada, N. Boettcher, T. Erlbacher, W. Saito und S.-I. Nishizawa, „Adjustable Current Limit Feature with a Self-Sensing and Self-Triggering Monolithically Integrated SiC Circuit Breaker Device," 2022 IEEE Energy Conversion Congress and Exposition (ECCE), 2022, pp. 1–6, https://doi.org/10.1109/ECCE50734.2022.9948054.

6. J. Kauth, „Compensation of Implanted Aluminium Dopants in 4H-SiC," Master Thesis, Friedrich-Alexander University (FAU), Dez. 2022.
7. T. Takamori, K. Wada, N. Boettcher, T. Erlbacher, W. Saito and S.-I. Nishizawa, „Adjustable Current Limiting Function with a Monolithically Integrated SiC Circuit Breaker Device," in IEEE Transactions on Industry Applications, 2023, pp. 1–9, https://doi.org/10.1109/TIA.2023.3288856.
8. N. Boettcher, M. Rommel, T. Erlbacher, „Analytical Modelling of the Quasi-Static Operation of a Monolithically Integrated 4H-SiC Circuit Breaker Device," in Solid State Phenomena (SSP), 2024, pp. 111–118, https://doi.org/10.4028/p-EkvC4B.
9. K. Sakai, N. Boettcher, M. Szabo, S. Beuer, M. Rommel, „Fast Estimation of the Lateral Fidelity of Ion Implantation in 4H-SiC through Calibration of JFET Transfer Characteristics in TCAD," in Solid State Phenomena (SSP), 2024, pp. 133–140, https://doi.org/10.4028/p-4Rj3jY.
10. J. Gehring, N. Boettcher, B. Wunder, „Innovative neue Konzepte bei Halbleiterschaltgeräten und aktuelles aus der DC-Standardisierung," in 1. DCVerteilnetztagung, 2024, Görlitz, Deutschland.
11. M. Rommel, A. May, L. Baier, J. Kauth, N. Boettcher, M. Jank, „Investigation of Ohmic Contacts and Resistances of a 4H-SiC CMOS Technology up to 550 °C," in Journal of Microelectronics and Electronic Packaging 21(4): 73–79. https://doi.org/10.4071/001c.127390.

Symbolverzeichnis

Symbol	Beschreibung	Wert	Einheit
A_e^*	Effektive Richardson-Konstante für Elektronen		A cm^{-2} K^{-2}
A_{AKT}	Aktive Fläche des Bauelements		µm^2
A_H	Hall-Koeffizient		cm^3 C^{-1}
A_K	Querschnittsfläche des Kanals		µm^2
B	Magnetfeld		T
c	Lichtgeschwindigkeit	299,792	ms^{-1}
C_A	Ausgangskondensator		F
C_{AK}	Parasitäre Kapazität zwischen Anode und Kathode		F
c_{AK}	Parasitäre Kapazität zwischen Anode und Kathode im Zeitbereich		F
C_E	Eingangskondensator		F
C_k	Eingangskapazität des k-ten Wandlers		F
C_{RLZ}	Kapazität der RLZ		F
C_{Sn}	Snubber-Kondensator	220	pF
C_{ZK}	Zwischenkreiskondensator		F
Δ_{ERST}	Fehljustierung aufgrund der Erstbelichtung		µm
D_{IMP}	Implantationsdosis		cm^{-2}
Δ_{JUST}	Fehljustierung		µm

(Fortsetzung)

(Fortsetzung)

Symbol	Beschreibung	Wert	Einheit
D_{KS}	Inversdiode des Schalters S_{KS}		
ΔR^*	Differentieller Widerstand		Ω
$\vec{\varepsilon}$	Elektrisches Feld		Vcm^{-1}
E	Energetische Lage im Bändermodell		eV
e	Elementarladung	$1{,}602 \times 10^{-19}$	C
E_{BL}	Bandlücke		eV
E_F	Fermi-Energie		eV
E_{IMP}	Implantationsenergie		keV
E_{ION}	Ionisierungsenergie		eV
$E_{ION,0}$	Ionisierungsenergie für gering dotierte Materialien		eV
$E_{ION,A}$	Ionisierungsenergie des Akzeptors		eV
$E_{ION,D}$	Ionisierungsenergie des Donators		eV
E_{KRIT}	Kritisches elektrisches Feld		Vcm
E_{KRIT,SiO_2}	Kritisches elektrisches Feld im Feldoxid		Vcm
E_{Last}	Energie in der Lastinduktivität		J
E_{LAW}	Umgesetzte Energie im Lawinendurchbruch		J
E_{LB}	Energieniveau der Leitungsbandkante		eV
E_{VB}	Energieniveau der Valenzbandkante		eV
E_{ZK}	Energie im Zwischenkreis		J
F	Fermi-Dirac Verteilung		
f_0	Resonanzfrequenz		Hz
F_L	Lorentz-Kraft		N
g_A	Entartungsgrad von Akzeptoren in 4H-SiC [213, 219]	4	
g_D	Entartungsgrad von Donatoren in 4H-SiC [213]	2	
γ	DIBL-Sensitivitätsfaktor		
h	Planck'sches Wirkumsquantum	$6{,}626 \times 10^{-34}$	Js
H_1	Schraubkontakt 1		
H_2	Schraubkontakt 2		
H_3	Schraubkontakt 3		
I_0	Nennstromstärke		A

(Fortsetzung)

(Fortsetzung)

Symbol	Beschreibung	Wert	Einheit
I_{A}	Quasi-statischer Anodenstrom		A
i_{A}	Transienter Anodenstrom		A
$\hat{I}_{\mathrm{A}}$	Maximaler Anodenstrom		A
$I_{\mathrm{A,DB}}$	Quasi-statischer Anodenstrom im Durchbruch		A
$I_{\mathrm{A,EIN}}$	Quasi-statischer Anodenstrom im leitenden Arbeitsbereich		A
$i_{A,\mathrm{EIN}}$	Anodenstrom im leitenden Arbeitsbereich im Zeitbereich		A
$I_{\mathrm{A,LIM}}$	Anode-Strom während der Stromlimitierung		A
I_{AUS}	Schwellstrom zu Markierung des AUS-Zustands des inversen Thyristors		A
$\hat{I}_{\mathrm{C},k}$	Maximaler Stromwert im Einschaltvorgang der k-ten kapazitiven Last		A
I_{D}	Drain-Strom		A
I_{Δ}	Auslösestrom des Überstromschutzschalters		A
$I_{\mathrm{D}}^{\mathrm{n}}$	Drain-Strom des nSFETs		A
$I_{\mathrm{D}}^{\mathrm{p}}$	Drain-Strom des pSFETs		A
$i_{\mathrm{D}}^{\mathrm{p}}$	Drain-Strom des pSFETs im Zeitbereich		A
I_{D}^{Δ}	Differenz der Drain-Ströme		A
I_{G}	Gate-Strom		A
$I_{\mathrm{G}}^{\mathrm{n}}$	Gate-Strom des nSFETs		A
$I_{\mathrm{G}}^{\mathrm{p}}$	Gate-Strom des pSFETs		A
$I_{\mathrm{G,RLE}}$	Gate-Strom limitiert durch den Raumladungseffekt		A
$I_{\mathrm{G,Th.Em.}}$	Gate-Strom aus thermischer Emission		A
$I_{\mathrm{G,Th.Em.}}^{\mathrm{p}}$	Gate-Strom aus thermischer Emission des pSFETs		A
i_{HL}	Strom durch den Halbleiterschalter		A
i_k	Transienter Strom in die k-te kapazitive Last		A
i_{KS}	Strom durch S_{KS}		A
$\hat{I}_{\mathrm{L}}$	Maximaler Stromwert im Abschaltvorgang einer induktiven Last		A
i_{Last}	Transienter Laststrom		A

(Fortsetzung)

(Fortsetzung)

Symbol	Beschreibung	Wert	Einheit
I_{LIM}	Limitierter Strom		A
i_{MECH}	Strom durch den mechanischen Schalter		A
I_S	Source-Strom		A
i_S	Source-Strom im Zeitbereich		A
I_{SAT}	Sättigungsstrom		A
I^{n}_{SAT}	Sättigungsstrom des nSFETs		A
$i_{S,EIN}$	Source-Strom im EIN-Zustand		A
$I_{S,LIM}$	Source-Strom während der Stromlimitierung		A
J_A	Anode-Stromdichte		$A\ cm^{-2}$
J_{AUS}	Schwellstromdichte zu Markierung des AUS-Zustands des inversen Thyristors		$A\ cm^{-2}$
J_D	Drain-Stromdichte		$A\ cm^{-2}$
J_Δ	Auslösestromdichte		$A\ cm^{-2}$
$\vec{J}_n$	Elektronenstromdichte		$A\ cm^{-2}$
$\vec{J}_p$	Löcherstromdichte		$A\ cm^{-2}$
k	Ganzzahlige Zählvariable		
k_B	Boltzmann-Konstante	1,381	JK^{-1}
L_A	Parasitäre Induktivität am Anode-Knoten		H
l_K	Länge des Kanals, allgemein		µm
l^{n}_{K}	Länge des n-Kanals		µm
l^{p}_{K}	Länge des p-Kanals		µm
L_{Last}	Lastinduktivität		H
l_{TLM}	Länge der TLM-Gebiete		µm
l_{TRAN}	Transferlänge		µm
L_{ZK}	Zwischenkreisinduktivität		H
m_0	Ruhemasse von Elektronen	9.109×10^{-31}	kg
M_{LB}	Anzahl der äquivalenten Leitungsbandminima in 4H-SiC	3	
$m^{*}_{n,\parallel}$	Effektive Elektronenmasse parallel zur c-Achse	0,33	m_0
$m^{*}_{n,\perp}$	Effektive Elektronenmasse orthogonal zur c-Achse	0,42	m_0
m^{*}_{n}	Effektive Elektronenmasse		kg

(Fortsetzung)

(Fortsetzung)

Symbol	Beschreibung	Wert	Einheit
$m^*_{\mathrm{p},\parallel}$	Effektive Löchermasse parallel zur c-Achse	1,75	m_0
$m^*_{\mathrm{p},\perp}$	Effektive Löchermasse orthogonal zur c-Achse	0,66	m_0
m^*_{p}	Effektive Löchermasse		kg
n	Konzentration der freien Elektronen (negativen Ladungen)		cm^{-3}
N^{∇}	Ersatzdotierstoffkonzentration		cm^{-3}
N_{A}	Akzeptorkonzentration, allgemein		cm^{-3}
N_{A}^{-}	Konzentration der ionisierten Akzeptoren, allgemein		cm^{-3}
N_{A}^{0}	Konzentration der neutralen Akzeptoren, allgemein		cm^{-3}
$N_{\mathrm{A,B}}$	Akzeptorkonzentration im Backgate-Gebiet, allgemein		cm^{-3}
$N_{\mathrm{A,B}}^{\mathrm{n}}$	Akzeptorkonzentration im Backgate-Gebiet des nSFETs		cm^{-3}
$N_{\mathrm{A,G}}$	Akzeptorkonzentration im Gate-Gebiet, allgemein		cm^{-3}
$N_{\mathrm{A,G}}^{\mathrm{n}}$	Akzeptorkonzentration im Gate-Gebiet des nSFETs		cm^{-3}
$N_{\mathrm{A,HG}}$	p-Typ Hintergrunddotierung im n-Gebiet		cm^{-3}
$N_{\mathrm{A,K}}$	Akzeptorkonzentration im Kanalgebiet, allgemein		cm^{-3}
$N_{\mathrm{A,K}}^{-}$	Konzentration der ionisierten Akzeptoren im Kanalgebiet des pSFETs		cm^{-3}
$N_{\mathrm{A,K}}^{\mathrm{p}}$	Akzeptorkonzentration im p-Kanal		cm^{-3}
$N_{\mathrm{A,KOMP}}$	Konzentration akzeptorartiger Kompensationszentren		cm^{-3}
N_{B}^{∇}	Ersatzdotierstoffkonzentration für Kanal- und Backgate-Gebiet		cm^{-3}
N_{D}	Donatorkonzentration, allgemein		cm^{-3}
n_{D}	Konzentration der freien Elektronen aus Donatorzuständen		cm^{-3}
N_{D}^{+}	Konzentration der ionisierten Donatoren, allgemein		cm^{-3}

(Fortsetzung)

(Fortsetzung)

Symbol	Beschreibung	Wert	Einheit
N_D^0	Konzentration der neutralen Donatoren, allgemein		cm^{-3}
$N_{D,B}$	Donatorkonzentration im Backgate-Gebiet, allgemein		cm^{-3}
$N_{D,B}^p$	Donatorkonzentration im Backgate-Gebiet des pSFETs		cm^{-3}
$N_{D,G}$	Donatorkonzentration im Gate-Gebiet, allgemein		cm^{-3}
$N_{D,G}^p$	Donatorkonzentration im Gate-Gebiet des pSFETs		cm^{-3}
$N_{D,HG}$	n-Typ Hintergrunddotierung im p-Gebiet		cm^{-3}
$N_{D,K}^n$	Konzentration der Donatoren im Kanalgebiet des nSFETs		cm^{-3}
$N_{D,nEpi1}$	Donatorkonzentration in der ersten Epitaxieschicht		cm^{-3}
$N_{D,nEpi2}$	Donatorkonzentration in der zweiten Epitaxieschicht		cm^{-3}
$N_{D,KOMP}$	Konzentration donatorartiger Kompensationszentren		cm^{-3}
N_G^∇	Ersatzdotierstoffkonzentration für Kanal- und Gate-Gebiet		cm^{-3}
n_i	Intrinsische Ladungsträgerkonzentration		cm^{-3}
N_{LB}	Effektive Zustandsdichte im Leitungsband		cm^{-3}
N_{LB}^*	Konzentration der besetzten Zustände im Leitungsband		cm^{-3}
N_{STREU}	Lateraler Verlauf der Dotierstoffkonzentration aufgrund von Unterstreuung		cm^{-3}
N_{VB}	Effektive Zustandsdichte im Valenzband		cm^{-3}
n_{VB}	Konzentration der vom Valenzband emittierten Elektronen		cm^{-3}
N_{VB}^*	Konzentration der besetzten Zustände im Valenzband		cm^{-3}
p	Konzentration der freien Löcher (positiven Ladungen)		cm^{-3}

(Fortsetzung)

(Fortsetzung)

Symbol	Beschreibung	Wert	Einheit
p_A	Konzentration der freien Löcher aus Akzeptorzuständen		cm^{-3}
p_{LB}	Konzentration der vom Leitungsband emittierten Löcher		cm^{-3}
Q_{Baliga}	Baliga FOM		
$Q_{ION,A}$	Ionisierungsgrad der Akzeptoren		
$Q_{ION,D}$	Ionisierungsgrad der Donatoren		
$Q_{Johnson}$	Johnson FOM		
Q_{Keyes}	Keyes FOM		
$Q_{R,ION}$	Verhältnis der Widerstände bei unterschiedlichen Ionisierungsenergien		
R^2	Bestimmtheitsmaß		
R_{EIN}	Einschaltwiderstand		Ω
R^n_{EIN}	Einschaltwiderstand des nSFETs		Ω
R^p_{EIN}	Einschaltwiderstand des pSFETs		Ω
$R_{EIN,sp}$	Flächenspezifischer Einschaltwiderstand		$\Omega\ cm^2$
$R^n_{EIN,sp}$	Flächenspezifischer Einschaltwiderstand des nSFETs		$\Omega\ cm^2$
$R^p_{EIN,sp}$	Flächenspezifischer Einschaltwiderstand des pSFETs		$\Omega\ cm^2$
R_G	Gate-Widerstand		Ω
R_{GT}	Vorwiderstand		Ω
r_H	Hall-Streufaktor		
R_k	k-ter Eingangswiderstand im Schaltkreis		Ω
R_{KONT}	Kontaktwiderstand		$\Omega\ cm^2$
R_{Last}	Lastwiderstand		Ω
R_{S-K}	Source-Kathode-Widerstand		Ω
R_{SCH}	Schichtwiderstand		Ω
R_{Sn}	Snubber-Widerstand	4,7	Ω
$R_{\square}$	Schichtwiderstand		$\Omega\square^{-1}$
R_{TLM}	Widerstand aus der TLM-Messung		Ω
S_0	Lastschalter		
S_{A-S}	Bypass-Schalter von Anode zu Source		

(Fortsetzung)

(Fortsetzung)

Symbol	Beschreibung	Wert	Einheit
S_{HL}	Halbleiterbasierter Schalter		
S_k	*k*-ter Schalter im Schaltkreis		
S_{KS}	Kurzschlussschalter		
S_{MECH}	Mechanischer Schalter		
S_{S-K}	Bypass-Schalter von Source zu Kathode		
T	Absolute Temperatur		K
t	Zeit		s
t_{AB}	Zeit bis zum ersten Nulldurchgang des Stroms		s
t_{Δ}	Zeit bis zum Erreichen des Auslösestroms		s
t_{FOX}	Dicke des Feldoxids		m
t_G^n	Dicke der Gate-Struktur des nSFETs bzw. Tiefe der pGate-Implantation		m
t_K	Kanaltiefe, allgemein		µm
t_K^n	Kanaltiefe des nSFETs		µm
t_K^p	Kanaltiefe des pSFETs		µm
t_{LADE}	Dauer des Ladevorgangs		s
t_{LAW}	Dauer des Lawinendurchruchs bei engl.: unclamped inductive switching (UIS)		s
t_{LIM}	Dauer der Stromlimitierung		s
t_{MESA}	Tiefe der Mesa-Struktur		m
t_{MG}	Tiefe der Mikrogräben		m
t_{nEpi1}	Dicke der ersten Epitaxieschicht		m
t_{nEpi2}	Dicke der zweiten Epitaxieschicht		m
t_{REAK}	Reaktionszeit		s
U_0	Quellen-, Versorgungs- oder Zwischenkreisspannung		V
U_{12}	12 V Versorgung		V
U_{AB}	Abschnürspannung-Spannung		V
U_{AB}^n	Abschnürspannung-Spannung des nSFETs		V
U_{AB}^p	Abschnürspannung-Spannung des pSFETs		V
U_{AK}	Anode-Kathode-Spannung		V
u_{AK}	Transiente Anode-Kathode-Spannung		V

(Fortsetzung)

(Fortsetzung)

Symbol	Beschreibung	Wert	Einheit
$U_{AK,\Delta}$	Anode-Kathode-Auslösespannung		V
U_{AS}	Anode-Source-Spannung		V
U_{AUS}	AUS-Spannungsfenster		V
U_B	Backgate-Spannung		V
U_D	Drain-Spannung		V
U_{DB}	Durchbruchspannung		V
U_Δ	Auslösespannung des Thyristors		V
U_{DS}^n	Drain-Source-Spannung des nSFETs		V
U_{DS}^p	Drain-Source-Spannung des pSFETs		V
U_{FB}	Flachbandspannung		V
U_{FB}^p	Flachbandspannung des pSFETs		V
U_G	Gate-Spannung		V
u_G	Gate-Spannung im Zeitbereich, allgemein		V
$u_{G,KS}$	Gate-Spannung von S_{KS} im Zeitbereich		V
$u_{G,S-K}$	Gate-Spannung von S_{S-K} im Zeitbereich		V
$u_{G,S0}$	Gate-Spannung von S_0 im Zeitbereich		V
U_{GS}^n	Gate-Source-Spannung des nSFETs		V
U_{GS}^p	Gate-Source-Spannung des pSFETs		V
$U_{KRIT,FOX}$	Sperrspannung des Feldoxids		V
u_{Last}	Lastspannung im Zeitbereich		V
U_{LAW}	Spannungswert, der zum Lawinendurchbruch führt		V
U_{PERI}	Versorgungsspannung der Peripherie		V
U_S	Source-Spannung		V
U_{SAT}	Sättigungsspannung		V
u_{SIG}	Signalsspannung an den Gate-Treiber		V
U_{SK}	Source-Kathode-Spannung		V
u_{SK}	Source-Kathode-Spannung im Zeitbereich		V
$U_{SK,\Delta}$	Source-Kathode-Auslösespannung		V
U_{ZK}	Zwischenkreisspannung		V
v_{DRIFT}	Driftgeschwindigkeit		cms^{-1}

(Fortsetzung)

(Fortsetzung)

Symbol	Beschreibung	Wert	Einheit
$v_{SAT,n}$	Sättigungsgeschwindigkeit von Elektronen in SiC	$2{,}2 \times 10^7$	cms^{-1}
w_B	Weite der RLZ zwischen Backgate- und Kanalgebiet		cm
w_G	Weite der RLZ zwischen Gate- und Kanalgebiet		µm
w_{RLZ}	Vollständige Weite der Raumladungszone im Sperrbetrieb		µm
W_{TLM}	Weite der TLM-Gebiete		µm
W_x	Räumliche Ausdehnung der Zelle in x-Richtung		µm
W_z	Räumliche Ausdehnung der Zelle in z-Richtung		µm
x_{MAX}	Maximalwert einer Messreihe		
$\tilde{x}$	Medianwert einer Messreihe		
x_{MIN}	Minimalwert einer Messreihe		
$\bar{x}$	Mittelwert einer Messreihe		
x_{STREU}	Parameter zur Berechnung der lateralen Unterstreuung		µm
y_{H2}	Oberflächenverlust aufgrund von Wasserstoffätzen		µm
α_c	Neigungswinkel der c-Achse		
α_{ION}	Konstante zu Berechnung der Ionisierungsenergie	typ. $2\text{-}410^{-5}$	meV cm
Δ_z	Ausdehnung der Dreiecksdefekte in z-Richtung		µm
ϵ_0	Elektrische Feldkonstante	$8{,}854 \times 10^{-14}$	$AsV^{-1}\ cm^{-1}$
ϵ_r	Relative Permittivität		
$\epsilon_{r,SiC}$	Relative Permittivität von 4H-SiC	9,76	
ϵ_{SiC}	Permittivität von 4H-SiC	$86{,}417 \times 10^{-14}$	$AsV^{-1}\ cm^{-1}$
λ	Wärmeleitfähigkeit		$Wm^{-1}K^{-1}$
$\lambda_{\mathcal{E}}^{p}$	Anpassparameter zur Modulierung des elektrischen Feldes im p-Kanal		
μ_n	Elektronenbeweglichkeit		$cmV^{-1}s^{-1}$

(Fortsetzung)

(Fortsetzung)

Symbol	Beschreibung	Wert	Einheit
$\mu_{n,\perp}$	Elektronenbeweglichkeit orthogonal zur c-Achse		$cmV^{-1}s^{-1}$
$\mu_{n,\parallel}$	Elektronenbeweglichkeit parallel zur c-Achse		$cmV^{-1}s^{-1}$
μ_p	Löcherbeweglichkeit		$cmV^{-1}s^{-1}$
ϕ	Verkippungswinkel der Bühne		
$\vec{\Phi}_{l_K^P}$	Vektor der Entwurfsvariationen		
Ψ_b	Diffusionsspannung über einem pn-Übergang		V
$\Psi_{b,B}$	Diffusionsspannung über dem pn-Übergang zwischen Backgate- und Kanalgebiet		V
$\Psi_{b,G}$	Diffusionsspannung über dem pn-Übergang zwischen Gate- und Kanalgebiet		V
$\Psi_{pn,B}$	Ortsabhängige Potentialdifferenz über dem pn-Übergang zwischen Backgate und Kanal		V
$\Psi_{pn,G}$	Ortsabhängige Potentialdifferenz über dem pn-Übergang zwischen Gate und Kanal		V
ρ	Rotationswinkel der Bühne		
ρ_{KONT}	Spezifischer Kontaktwiderstand		Ωcm^2
σ_n	Spezifische Leitfähigkeit im n-Gebiet		$\Omega^{-1} cm^{-1}$
σ_p	Spezifische Leitfähigkeit im p-Gebiet		$\Omega^{-1} cm^{-1}$
σ_x	Standardabweichung einer Messreihe		

Inhaltsverzeichnis

Abkürzungsverzeichnis

AC	Alternating current
Ag	Silber
Al	Aluminium
$Al\,(CH_3)_3$	Trimethylaluminium
Ar	Argon
AVT	Aufbau- und Verbindungstechnik
B	Bor
BiCMOS	Bipolar complementary metal oxide semiconductor
C	Kohlenstoff
CAD	computer aided design
C_2H_4	Ethylen
C_3H_8	Propan
CIS	engl.: clamped inductive switching
CO	Kohlenstoffmonoxid
CO_2	Kohlenstoffdioxid
Cr	Chrom
CU	Kapazitäts-Spannungs-Messungen
CVD	Chemical vapor deposition
DAAD	Deutscher akademischer Austauschdienst
DC	Direct current
DC/DC	Gleichspannungswandler
DIBL	Drain-induced barrier lowering
DMSO	Dimethylsulfoxid
ETO	Emitter turn-off thyristor
F	Flour
FAU	Friedrich-Alexander-Universität Erlangen-Nürnberg
FIB	Focused Ion Beam

FOX	Feldoxid
FOM	Figure of merit
FTIR	Fourier-Transformations-Infrarotspektroskopie
GaAs	Galliumarsenid
GaN	Galliumnitrid
GT	Gate-Treiber
H_2	Wasserstoff
He	Helium
HF	Flusssäure
H_2SO_5	Peroxomonoschwefelsäure
IGBT	Insulated-gate bipolar transistor
IMIF	Instytut Mikroelektroniki i Fotoniki
iT	inverser Thyristor
IISB	Fraunhofer Institut für integrierte Systeme und Bauelementtechnologie
JBS	Juntion Barrier Schottky
JFET	Junction field effect transistor
KI	Künstliche Intelligenz
LAP	Lehrstuhl für angewandte Physik
MC	Monte Carlo
MOS	Metal oxide semiconductor
MOSFET	Metal oxide semiconductor field effect transistor
MTTF	mittlere Betriebsdauer bis zum Ausfall
N	Stickstoff
Ni	Nickel
$NiAl_{2,6\%}$	Legierung aus Ni und Al mit einem Al-Massenanteil von 2,6 %
Ni_xSi_y	Nickelsilizid
4NO	Stickstoffmonoxid
nMOS	n-Kanal MOSFET
nSFET	n-Kanal SFET
O	Sauerstoff
P	Phosphor
pBiFET	p-Kanal Bipolar-Feldeffekttransistor
PECVD	Plasmaunterstützte chemische Gasphasenabscheidung
PID	proportional-integral-derivative
pMOS	p-Kanal MOSFET
pSFET	p-Kanal SFET
Pt-1000	Platin-Messwiderstand
REM	Rasterelektronenmikroskop

RIE	Reaktives Ionenätzen
RLZ	Raumladungszone
SDE	Sentaurus Struktureditor
sDevice	Sentaurus Bauelementsimulator
SF_6	Schwefelhexaflourid
SFET	Sperrschicht-Feldeffekttransistor
Si	Silicium
SiC	Siliciumcarbid
SiH_4	Monosilan
SIMS	Sekundärionen-Massenspektroskopie
SiO_2	Siliziumdioxid
SMU	Source measure unit
sProcess	Sentaurus Prozesssimulator
TCAD	Technology computer-aided design
TEOS	Tetraethylorthosilicat
Ti	Titan
TLM	Transferlängenmessung
TMU	Tokyo Metropolitan University
UIS	engl.: unclamped inductive switching
ÜSE	Überstromschutzeinrichtung
ÜSS	Überstromschutzschalter
VDP	Van-der-Pauw
VHF	engl.: very high frequencies
WBG	Wide band gap
μC	Mikrocontroller

Abbildungsverzeichnis

Tabellenverzeichnis

Motivation

1

„Wissenschaft ist keine Frage der Nützlichkeit, sondern des Fortschritts.“
Loriot

DIE BIODIVERSITÄT ALLEIN IN DEUTSCHLAND ist in den vergangen 30 Jahren speziesübergreifend um bis zu 70 % zurückgegangen und sämtliche Ökosysteme stehen vor dem Kollaps. Seit 2023 werden 6 von 9 planetare Belastbarkeitsgrenzen nachweislich permanent überschritten, obwohl die zugrundeliegenden Mechanismen und Rückkopplungen spätestens seit Anfang des 21. Jahrhunderts ausreichend verstanden sind [1–33]. Auch die vorliegende Arbeit wird an diesen katastrophalen Trends nichts ändern. Sie motiviert sich lediglich in der Illusion all diesen Übeln mit technologischem Fortschritt entgegenzutreten.

1.1 Energiewende und Gleichspannungsnetze

Die Energiewende gestaltet sich als eine der größten Herausforderungen aktueller und zukünftiger Generationen. Neben komplett neuen Konzepten zur Erzeugung und Speicherung elektrischer Energie oder der zunehmenden Elektrifizierung von Maschinen, die traditionell auf fossile Brennstoffe angewiesen sind, ist die Effizienzsteigerung elektrischer Systeme essenziell, um CO_2-Neutralität zu erreichen. Dies gilt für zukünftige sowie für bereits bestehende Systeme. Neben der Elektromobilität seien hier nicht weniger disruptive Konzepte für Industrieanlagen genannt, die sich aus einem einzigen DC[1]-Inselnetz versorgen [34–39]. Da viele industrielle Fertigungsmaschinen ohnehin Gleichstrom benötigen, entfallen somit

[1] Direct current (DC), dt.: Gleichspannung bzw. Gleichstrom

N. Böttcher, *Monolithischer Überstromschutzschalter basierend auf 4H-SiC-Sperrschicht-FET-Technologie*,
https://doi.org/10.1007/978-3-658-50151-8_1

sämtliche verlustbehaftete Wandlungsvorgänge von Wechsel- zu Gleichstrom (AC[2] zu DC) oder umgekehrt [40]. Wie in Abb. 1.1 angedeutet, erlauben es DC-Netze außerdem regenerative Energiequellen und -speicher direkt in das Netz einzubinden [41–43]. Zudem sind bidirektionale Energieflüsse möglich, wodurch Bremsenergien elektrischer Antriebe vollständig rekuperiert werden können [44].

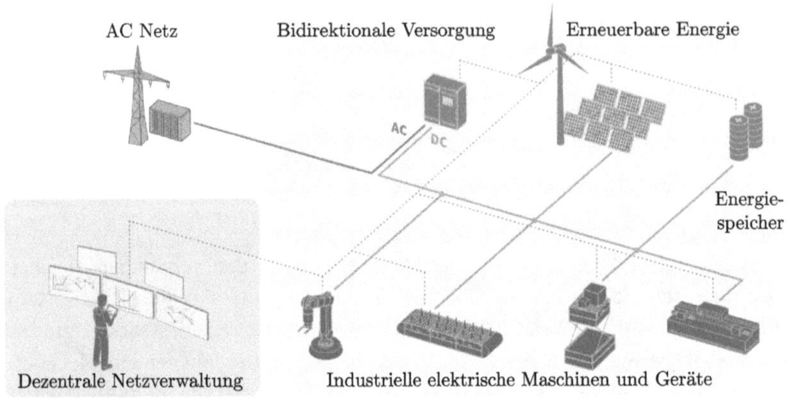

Abbildung 1.1 Schematische Darstellung eines konzeptionell-industriellen Gleichspannungsinselnetzes (nach [41])

Um diese Vorteile nutzen zu können, muss das komplette elektrische Netz des jeweiligen Systems auf eine, für leistungselektronische Anwendungen erforderliche – für DC-Netze jedoch äußerst hohe – Nennspannung von mehreren hundert Volt ausgelegt werden. Das Ausmaß und die Geschwindigkeit der Entwicklung hin zu DC-Netzen mit derart hohen Spannungen wird u. a. im Bereich der Elektromobilität deutlich. Während die sogenannten Mild-Hybriden sich aus einer 48 V Batterie versorgen, haben sich für vollelektrische Fahrzeuge bereits zwei Spannungsarchitekturen in den Bereichen von jeweils 400 V und 800 V etabliert [45]. Perspektivisch sind im Bereich der Elektromobilität 1500 V zu erwarten [46, 47]. Für Gebäudeinfrastruktur und Industrieanlagen existieren ebenfalls bereits DC-Netze mit jeweils 380 V und 650 V Gleichstromschienen [48]. Da diese Entwicklungen vorrangig durch die Energiewende getrieben sind, verlangen sie eine Umsetzung mit außerordentlicher Dringlichkeit. Allerdings stellen die damit verbundenen technischen Anforderungen Entwickler:innen solcher Systeme vor nie dagewesene Herausforderungen, da viele konventionell verwendete Komponenten nicht sinnvoll

[2] Alternating current (AC), dt.: Wechselspannung bzw. Wechselstrom

auf derart hohe Spannungsklassen (z. B. 900 V, 1,2 kV oder 3,3 kV [49]) skaliert werden können. Zu diesen Komponenten gehören sowohl Energiespeicher, Leitungen und Verbraucher, als auch grundlegende Bausteine wie Kondensatoren und Leistungsschalter, oder Subsysteme wie eine (ÜSE)[3].

1.2 Überstromschutzschalter

Die erste Patentanmeldung einer ÜSE geht auf Thomas Edison im Jahr 1888 zurück [50]. Sie ist eine Schlüsselkomponente jedes elektrischen Systems, da sie primär die Unversehrtheit von Menschen gewährleistet, falls im System ein Fehlerfall auftritt. Daher sind üblicherweise alle elektrischen Anwendungen auf jeder Systemebene durch mindestens eine ÜSE abgesichert [51, 52]. Unterschieden wird hierbei zwischen Schaltern mit Trenn- und Schaltern mit Überstromschutzfunktion. Während (ÜSS) hohe Anforderungen an das Schaltverhalten erfüllen müssen, muss ein Trennschalter Teile von einer elektrischen Anlage mit deutlich sichtbarerer Schalterstellung abtrennen und ein irrtümliches Schalten unter hoher Belastung verhindern [53]. Diese Arbeit widmet sich dem ÜSS als eine Ausführungsform der ÜSE. Seine Funktionsweise wird in den folgenden Abschnitten genauer beschrieben.

1.2.1 Funktionsweise und Herausforderungen

Abb. 1.2a zeigt das Ersatzschaltbild eines minimalistischen DC-Netzes. Das Symbol des ÜSS dient zunächst der Substitution einer beliebigen, in Abschn. 1.2.2 diskutierten ÜSS-Technologie. Da sich der ÜSS in Serie zur Versorgungsspannung (U_0) und zur ohmschen Last (R_{Last}) befindet, leitet er den Laststrom (i_{Last}) permanent als Anode-Strom (i_{A}). Für gewöhnlich äußert sich ein Fehlerfall durch eine unüblich hohe Stromstärke, welche der ÜSS selbstständig erkennt und den Stromkreis daraufhin unterbricht. Der zeitliche Signalverlauf von i_{A} und der Anode-Kathode-Spannung (u_{AK}) im Fehlerfall ist schematisch in Abb. 1.2b dargestellt. Weicht i_{A} von der Nennstromstärke (I_0) ab und überschreitet einen bestimmten Grenzwert (I_{Δ}), stoppt die ÜSE mit einer gewissen Verzögerung (t_{REAK}) den Stromfluss und nimmt U_0 folglich vollständig als Sperrspannung auf.

Neben der o. g. erforderlichen Spannungsklasse bzw. Sperrfestigkeit, ergeben sich weitere herausfordernde Anforderungen an den ÜSS. Beispielsweise entsteht beim galvanischen Trennen von Stromkreisen ein, von der in der Zwischenkreisin-

[3] engl.: circuit breaker

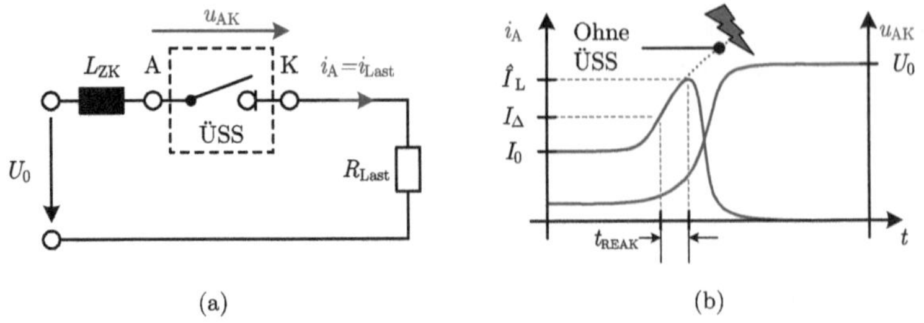

Abbildung 1.2 Ersatzschaltbild eines minimalistischen Gleichspannungsnetzes mit Überstromschutzschalter (ÜSS) (a) und schematische Darstellung des zeitlichen Verlaufs von Strom und Spannung im Fehlerfall (b).

duktivität (L_{ZK}) gespeicherten Energie erzeugter, Lichtbogen zwischen den sich öffnenden Kontakten [54]. Bei AC-Netzen erlischt der Lichtbogen beim nachfolgenden Nulldurchgang des Stroms und ist daher zumindest im Niederspannungsnetz technologisch beherrschbar [39, 55, 56]. Beim Trennvorgang in DC-Netzen hingegen muss der ÜSS in der Lage sein, die Zwischenkreisenergie (E_{ZK}) sicher umzuwandeln, da es sonst zu katastrophalen Folgen kommen kann [57–62]. Für den in Abb. 1.2 gezeigten Fall ergibt sich E_{ZK} zu

$$E_{ZK} = \frac{L_{ZK} \cdot \hat{I}_L^2}{2} \tag{1.1}$$

und wird somit maßgeblich vom maximalen Stromwert während des Abschaltvorgangs ($\hat{I}_L$) bestimmt [63]. Aus Abb. 1.2b lässt sich erkennen, dass $\hat{I}_L$ sowohl von der Reaktionszeit des ÜSS (t_{REAK}), als auch der Steigung des Stroms über Zeit abhängt. Letztere ist in erster Näherung für kurze Zeiträume gemäß

$$\frac{\mathrm{d}i_A}{\mathrm{d}t} = \frac{U_0}{L_{ZK}} \tag{1.2}$$

proportional zu U_0 (also zur o. g. Spannungsklasse) und spielt somit eine kritische Rolle für leistungselektronische DC-Anwendungen mit hoher Versorgungsspannung [64]. Das Motiv E_{ZK} im Schaltmoment zu minimieren, prägte die Entwicklungen der letzten Jahre hin zu Überstromschutzeinrichtungen mit äußerst geringen Reaktions- und Schaltzeiten [39, 65, 66].

Überdies kommt es beim Vorladen von schaltbaren kapazitiven Lasten regelmäßig zu kurzzeitigen Stromspitzen[4] deren Stromstärke den Wert von I_Δ um ein Viel-

[4] engl.: inrush current

faches übersteigen kann. Das in Abb. 1.3a gezeigte Ersatzschaltbild repräsentiert ein DC-Netz mit k zuschaltbaren DC/DC. Jeder Wandler wirkt wegen seines Eingangswiderstands (R_k) und seiner Eingangskapazität (C_k) als schaltbare ohmsch-kapazitive Last. Beim Zuschalten des k-ten Wandlers durch Schließen von Schalter S_k, ergibt sich der zeitliche Verlauf des Einschaltstroms (i_k) zu [64]:

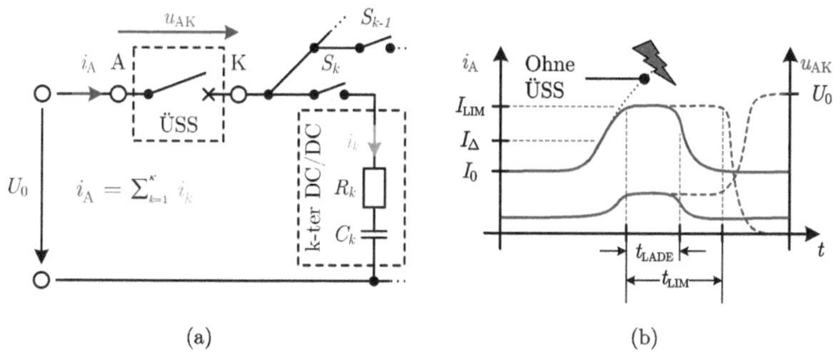

Abbildung 1.3 Ersatzschaltbild eines minimalistischen Gleichspannungsnetzes mit Überstromschutzschalter (ÜSS) und k Spannungswandlern (DC/DC) als kapazitive Lasten (a) und schematische Darstellung des zeitlichen Verlaufs von Strom und Spannung beim Zuschalten einer der Lasten (b)

$$i_k(t) = \hat{I}_{C,k} \cdot \exp\left(\frac{-t}{R_k \cdot C_k}\right) \tag{1.3}$$

Hier ist der maximale Strom im Einschaltvorgang ($\hat{I}_{C,k}$) kritisch für DC-Anwendungen mit hoher Versorgungsspannung, da er gemäß

$$\hat{I}_{C,k} = \frac{U_0}{R_k} \tag{1.3a}$$

ebenfalls proportional zu U_0 ist [64]. Diese Stromspitzen sind zwar nur von kurzer Dauer, treten allerdings bei jedem Ladevorgang von C_k auf und strapazieren die Lebensdauer elektronischer Komponenten und Leitungen im System. Aus diesem Grund ist es in derartigen Netzwerken vorteilhaft, die Stromstärke von i_k temporär (für die Dauer t_{LIM}) auf einen unkritischen Wert (I_{LIM}) zu limitieren [67, 68]. Der schematische Signalverlauf in Abb. 1.3b zeigt einen Fall, für den der Ladevorgang vor Ablauf von t_{LIM} abgeschlossen ist und die Anwendung anschließend zum Normalbetrieb zurückkehrt. Sollte die Dauer des Ladevorgangs (t_{LADE}) t_{LIM}

überschreiten, ist dies ein Indiz für einen Fehlerfall und der Stromkreis wird wie in der Diskussion zu Abb. 1.2 beschrieben unterbrochen.

Der Anspruch, zwischen den Ursachen der hohen Stromstärke differenzieren und adäquat reagieren zu können, stellt eine weitere Herausforderung beim Entwurf eines ÜSS dar. So zeichnen sich beispielsweise die erwähnten Stromspitzen und ein Kurzschluss der Last zunächst durch ein ähnliches Symptom aus: eine sehr steile Stromflanke. Während der ÜSS kurze Stromspitzen gegebenenfalls ignorieren muss, hat ein Kurzschluss bereits nach äußerst kurzer Zeit katastrophale Folgen [69]. Zudem hängt der qualitative transiente Signalverlauf stark von der Art des Fehlerfalls und der Schaltungskonfiguration ab (s. Abschn. 5.3, *Transiente elektrische Bauteileigenschaften*). Daher zielen aktuelle Entwicklungen vermehrt darauf ab, den ÜSS zusätzlich mit einer gewissen Intelligenz zu versehen, wie es bspw. bei sogenannten *smart power ICs*[5] gängig ist [70, 71].

1.2.2 Stand der Technik

Die Implikationen der vorangegangenen Diskussion prägen im Stand der Technik ein diverses Bild, wobei sich für DC-Anwendungen zwei klare ÜSS-Technologielinien erkennen lassen: galvanisch trennend und halbleiterbasiert [72–74].

GALVANISCH TRENNENDE TECHNOLOGIEN lassen sich weiterhin in für diese Arbeit weniger relevante Einweglösungen (z. B. Schmelzsicherungen) und komplexe mechanische Schalter unterteilen [75–80]. Letztere zeichnen sich durch einen außerordentlich geringen elektrischen Widerstand aus (typischerweise wenige μΩ), weshalb sie im leitenden Betrieb praktisch keine Verlustleistung erzeugen und in der Lage sind sehr hohe Ströme zu kommutieren [81]. Mechanische ÜSS unterbrechen den Stromfluss üblicherweise über das thermische oder elektromagnetische Auslösen eines federgelagerten Öffnungsmechanismus [82, 83]. Die Fähigkeit, ein Überstromszenario zu erkennen und selbstständig in den sicheren Zustand überzugehen ist bei diesen Technologien also intrinsisch vorhanden. Technologisch bedingt ist die Schaltgeschwindigkeit jedoch auf etwa 100 μs limitiert - typischerweise sind mehrere ms zu erwarten [84, 85]. Darüber hinaus begrenzt der durch den Lichtbogen entstehende Schaden die Lebensdauer des Schalters auf 10-15 Schaltvorgänge und bedarf zudem aufwändig konstruierte Löschkammern [86–89].

[5] dt.: integrierte leistungselektronische Schaltungen mit intelligenten Funktionen

BEI EINEM HALBLEITERBASIERTEN ÜSS hingegen kommt es zu keiner Lichtbogenbildung, da der Stromfluss nicht galvanisch, sondern über die Modulation der elektrischen Leitfähigkeit des Halbleitermaterials unterbrochen wird (s. Abschn. 3.1 *Sperrschicht-Feldeffekttransistor*). Dadurch ist die erwirkte Degradation, je nach Halbleiterschaltertechnologie, sogar nach einigen tausend Schaltvorgängen in der Praxis tolerierbar [90, 91]. Grundsätzlich sind sämtliche Technologien und Typen von Halbleiterschaltern im Stand der Technik vertreten [92–94]. Im Spannungsbereich von etwa 400 V bis 3,3 kV sind jedoch fast ausschließlich auf Silicium (Si) IGBT[6], Siliciumcarbid (SiC) MOSFET[7], SiC SFET[8] oder SiC Thyristor basierende Lösungen relevant [95–98]. Wegen der überlegenen Materialeigenschaften (s. Abschn. 2.1 *4H-SiC*) und der stetig zunehmenden Reife von SiC-Technologien, ist jedoch ein Trend zu SiC-Schaltern zu verzeichnen [99, 100]

Aufgrund seiner selbstleitenden Eigenschaft und weiteren vorteilhaften Merkmalen, eignet sich der SFET besonders gut als Leistungsschalter in ÜSS-Anwendungen [101–104]. In der Literatur sind Zelltopologien von vertikalen 4H-SiC SFETs vorgestellt worden, die in der Lage sind äußerst hohe Ströme zu kommutieren und Schaltenergien sicher umzuwandeln [105, 106]. Darüber hinaus ist die Strom-Spannung-Beziehung des SFETs, im Gegensatz zum IGBT, selbst bei sehr kleinen Stromwerten linear, wodurch auch im Teillastbetrieb eine hohe Effizienz erreicht werden kann [107]. Zudem beruht seine Leitfähigkeitsmodulation nicht auf einem MOS[9]-System (s. Abschn. 3.1 *Sperrschicht-Feldeffekttransistor*). Besonders im Vergleich zu SiC MOSFETs ergeben sich dadurch erhebliche Vorteile hinsichtlich Zuverlässigkeit, thermischer Stabilität und Schwingverhalten [108–111]. Zahlreiche Studien haben überdies die überlegene Kurzschlussfestigkeit von SiC SFETs, auch bei erhöhten Temperaturen bis 150 °C, demonstriert [112–116].

Jedoch sind konventionelle halbleiterbasierte ÜSS-Lösungen, wie in Abb. 1.4 schematisch dargestellt, auf periphere Elektronik angewiesen, da die von mechanischen Schaltern bekannten Auslösemechanismen nicht sinnvoll übertragbar sind [117]. Im gezeigten Beispiel kommt ein Stromsensor und ein (μC) zum Einsatz, um i_A permanent zu messen und auszuwerten. Überschreitet i_A einen gewissen Grenzwert, wird ein entsprechendes Signal an den Gate-Treiber (GT) gesendet und der Halbleiterschalter (S_HL) angesteuert, um den Stromkreis zu unterbrechen. Darüber hinaus muss eine zusätzliche Versorgungsspannung für die Peripherie (U_PERI)

---

[6] Insulated-gate bipolar transistor (IGBT), dt.: Bipolartransistor mit isoliertem Gate

[7] Metal oxide semiconductor field effect transistor (MOSFET), dt.: Metall-Oxid-Halbleiter-Feldeffekttransistor

[8] Sperrschicht-Feldeffekttransistor (SFET), engl.: Junction field effect transistor (JFET)

[9] Metal oxide semiconductor (MOS), dt.: Metall-Oxid-Halbleiter

bereitgestellt und sämtliche Komponenten über isolierte DC/DC-Wandler versorgt werden [118–120].

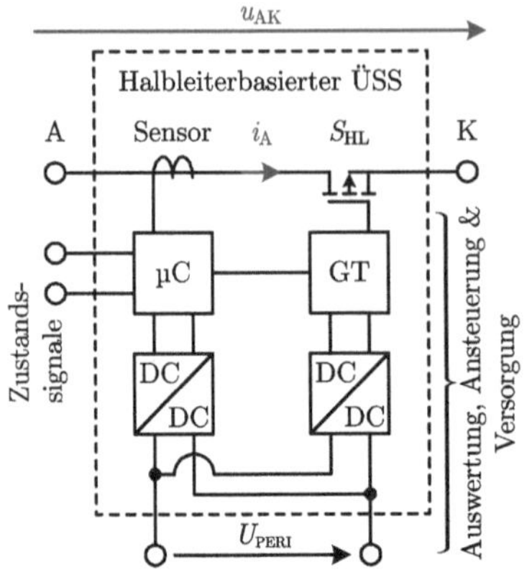

Abbildung 1.4 Schematisches Ersatzschaltbild eines halbleiterbasierten ÜSS. Hier wird der Strom (i_A) permanent mithilfe eines Sensors und eines Mikrocontrollers (µC) gemessen und ausgewertet. Der Gate-Treiber (GT) steuert den Halbleiterschalter (S_{HL}) an, sobald der Strom einen gewissen Grenzwert überschreitet. Der µC und der GT werden über isolierte Spannungswandler (DC/DC) separat versorgt.

Obwohl es in der beschriebenen Signalverarbeitungskette zur sogenannten Signalverzögerung[10] kommt, können halbleiterbasierte ÜSS den Stromfluss deutlich schneller unterbrechen als mechanische [121]. Abb. 1.5a stellt typische Strom-Zeit-Diagramme mechanischer und halbleiterbasierter ÜSS-Technologien gegenüber.

Es ist zu erkennen, dass Stromspitzen jeglicher Größenordnung im Fall von mechanischen Schaltern für mindestens einige 100 µs toleriert werden müssen. Bei Verwendung eines halbleiterbasierten ÜSS kann der abgesicherte Bereich bis in den ns-Bereich erweitert werden [122]. Der markierte Auslösebereich lässt sich darüber hinaus durch entsprechende Konfiguration des Mikrocontrollers praktisch auf beliebig lange Zeiten strecken.

EINE HYBRIDE ÜSS-Variante, welche die Vorteile beider Technologien und ihre individuellen Vorteile miteinander vereint, ist in Abb. 1.5b gezeigt. In diesem Beispiel wird der Stromfluss schnellstmöglich durch S_{HL} unterbrochen und anschlie-

[10] engl.: propagation delay

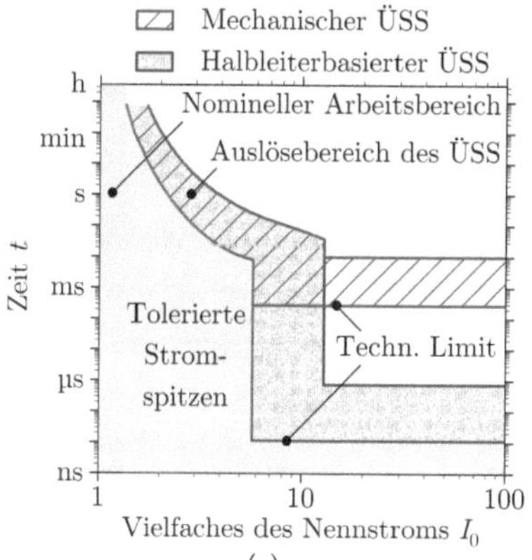

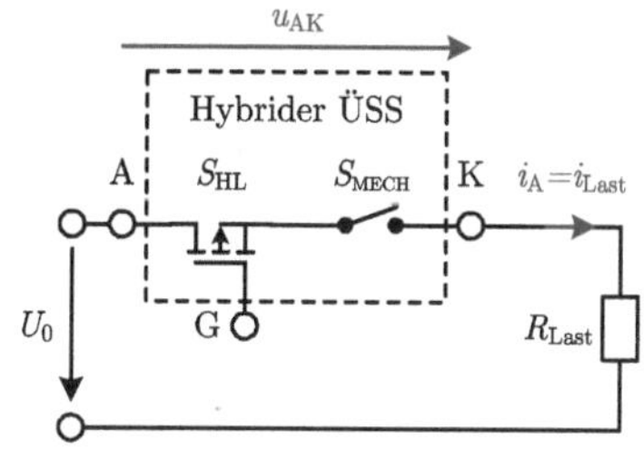

Abbildung 1.5 Schematische Darstellung typischer Strom-Zeit-Diagramme für mechanische und halbleiterbasierte Überstromschutzschalter (ÜSS) (a, nach [122]) und Ersatzschaltbild eines minimalistischen Gleichspannungsnetzes mit einem hybriden Überstromschutzschalter (ÜSS) (b). In der in (b) gezeigten Ausführungsvariante sind der mechanische Schalter (S_{MECH}) und der halbleiterbasierte Schalter (S_{HL}) in Serie geschaltet. Die periphere Elektronik für S_{HL} ist nicht gezeigt (s. Abb. 1.4).

ßend eine galvanische Trennung des Stromkreises mithilfe des mechanischen Schalters (S_{MECH}) erreicht. Da S_{HL} in dieser Ausführungsvariante den Laststrom permanent führen muss, hat der vergleichsweise hohe Serienwiderstand von Halbleiterschaltern (typ. wenige 10 mΩ) potenziell inakzeptabel hohe Verluste im leitenden Betrieb zur Folge.

In einer weiteren hybriden Ausführungsvariante werden S_{MECH} und S_{HL}, wie in Abb. 1.6 dargestellt, parallelgeschaltet, um deren Stärken auf eine andere Weise miteinander zu kombinieren [123–125].

Im nominellen Betrieb sind zwar beide Schalter leitend, jedoch führt S_{HL} aufgrund seines hohen Serienwiderstands einen vernachlässigbaren Anteil des Laststroms ($i_{HL} \approx 0$, $i_{MECH} \approx i_{Last}$). Im Fehlerfall wird zuerst S_{MECH} geöffnet, wodurch der Laststrom auf S_{HL} kommutiert. Nach vollständiger Kommutierung ($i_{HL} \approx i_{Last}$, $i_{MECH} \approx 0$) wird schließlich auch S_{HL} sperrend geschaltet und der Stromfluss unterbrochen. Der wesentliche Nutzen dieser Methode liegt in der Vermeidung des Lichtbogens und der äußerst hohen Stromtragfähigkeit [126–129]. Ein Vorteil im Hinblick auf die Schaltzeit wird mit dieser Methode nur bedingt erzielt [130].

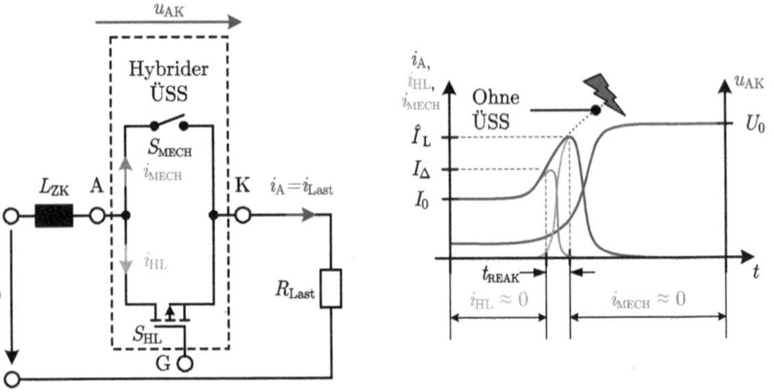

(a) (b)

Abbildung 1.6 Ersatzschaltbild eines minimalistischen Gleichspannungsnetzes mit einem hybriden Überstromschutzschalter (ÜSS) (a) und schematische Darstellung des zeitlichen Verlaufs von Strom und Spannung im Fehlerfall (nach [125]). In der in (a) gezeigten Ausführungsvariante sind der mechanische Schalter (S_{MECH}) und der halbleiterbasierte Schalter (S_{HL}) parallel geschaltet. Die periphere Elektronik für S_{HL} ist nicht gezeigt (s. Abb. 1.4).

Intelligenz implizierende Funktionen, wie *adaptive* (Fehler-) Strombegrenzung, sind erst durch den Einsatz von Halbleiterschaltern sinnvoll möglich [131, 132]. Hierfür kann deren ohnehin vorhandene Peripherie durch geschickten Einsatz dazu verwendet werden, um beispielsweise die transiente Veränderung des Stroms in Echtzeit auszuwerten und somit den Zustand des Systems zu überwachen und Fehlerfälle zu klassifizieren [133, 134]. Außerdem besteht die Möglichkeit, den μC mit übergeordneten oder parallelen Systemen kommunizieren zu lassen (s. Abb. 1.4, *Zustandssignale*), um externe Sensordaten, globale Systemroutinen oder KI[11]-unterstützte Methoden in die Auswertung einzubeziehen [135–137]. Letztendlich wird der Arbeitspunkt des Halbleiterschalters mithilfe des Gate-Treibers bspw. gepulst oder mit einer konstanten Spannung so eingestellt, dass sich entweder ein adäquates Strom-Niveau einstellt (z. B. I_{LIM}, s. Abb. 1.3b) oder der Stromfluss unterbrochen wird [138, 139].

Hochintegrierte halbleiterbasierte ÜSS-Varianten bezwecken es periphere Elektronik zu vermeiden, um die Komplexität auf Systemebene zu reduzieren [140–142]. Aus der Literatur sind Konzepte bekannt, die Energie aus dem Laststrom

[11] K nstliche Intelligenz (KI), engl.: artificial integelligence (AI)

gewinnen, um beispielsweise den Gate-Treiber zu versorgen [143–146]. Durch raffinierten Systementwurf sind die Komponenten überdies so ausgelegt, dass erst bei ausreichend hohem Laststrom genug Energie gewonnen wird, um den Gate-Treiber aktiv zu schalten und somit implizit eine sensorlose Strommessung zu integrieren [147].

Als Beispiel sei hier ein von Li *et al.* zum ÜSS entwickelter ETO[12] erwähnt, bei dem ein 4,5 kV SiC Thyristor auf spezielle Weise mit drei diskreten 100 V Si MOSFETs verschaltet wird, welche wiederum den Arbeitspunkt des ETOs einstellen [148–152]. Dieses Konzept benötigt als Peripherie lediglich einen externen µC (inkl. Versorgung), um den Gate-Treiber logisch anzusteuern. Bereits im Jahr 2009 konnten Wang *et al.* mit diesem ETO experimentell einen Fehlerstrom von 39 A bei 2,5 kV Nennspannung in etwa 4 µs abschalten [153].

In einem weiteren bemerkenswerten Beispiel aus der Literatur wird S_{HL} durch einen von Shen *et al.* eigens für den ÜSS entwickelten, diskreten Gate-Treiber sofort sperrend geschaltet, sobald der mit i_{HL} korrelierende Spannungsabfall über S_{HL} einen gewissen Grenzwert überschreitet [154–158]. Da sich der Gate-Treiber auch hier aus dem Laststrom versorgt, konnte mit diesem Ansatz ohne jegliche Schnittstelle zu peripherer Elektronik in einem Experiment von Miao *et al.* in 2015 ein Fehlerstrom von 180 A bei 400 V Nennspannung in 700 ns abgeschaltet werden [159].

DIE MONOLITHISCHE INTEGRATION des kompletten ÜSS in ein einziges Bauelement stellt den nächsten Meilenstein in der Entwicklung von halbleiterbasierten ÜSS dar. Ein solcher ÜSS existiert zwar bereits seit einigen Jahren als Produkt auf dem Markt, kann jedoch die Anforderungen an leistungselektronische Anwendungen, vor allem im Hinblick auf Stromtragfähigkeit, nicht zufriedenstellend erfüllen [160]. Über die verwendete Schaltertechnologie ist nur bekannt, dass es sich um eine integrierte Schaltung auf Basis von Si-Verarmungstyp-MOSFETs handelt.

Eine für diese Arbeit wesentliche Entwicklung begann bereits im Jahr 1999, als Sanchez und Laur *et al.* das Prinzip „Thyristor dual" als selbstgesicherten Leistungsschalter samt vielversprechender prototypische Kennlinien vorstellten [161, 162]. Die Ersatzschaltbilder und Ausgangskennlinien eines konventionellen Thyristors und des neuen Konzepts sind in Abb. 1.7 schematisch gegenübergestellt. Im Gegensatz zum Thyristor, der beim Erreichen einer gewissen Auslösespannung (U_Δ) vom sperrenden in den leitenden Betrieb übergeht, wird mit dem Prinzip „Thyristor dual" beim Überschreiten eines gewissen Auslösestroms (I_Δ) vom leitenden in den

[12] Emitter turn-off thyristor (ETO), dt.: Thyristor, der sich über die Emitter-Elektrode sperrend schalten lässt

sperrenden Zustand gewechselt. Da das Prinzip „Thyristor dual“ nicht auf der Verwendung zweier Thyristoren basiert oder eine Dualität des Thyristors beschreibt, sondern vielmehr umgekehrte bzw. invertierte Eigenschaften zum Thyristor aufweist, wird in dieser Arbeit fortan der Begriff inverser Thyristor (iT) verwendet. Die genaue Funktionsweise des *inversen Thyristors* wird in Abschn. 3.2 ausführlich erläutert.

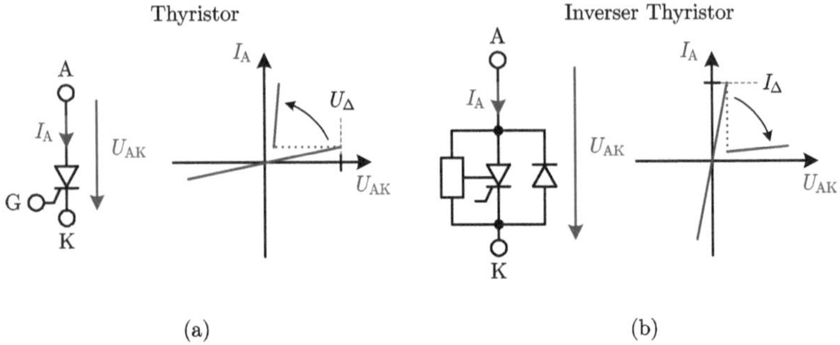

Abbildung 1.7 Schematische Darstellung der Ersatzschaltbilder und Ausgangskennlinien des Thyristors (a) und des inversen Thyristors (b) (nach [161])

Die Entdeckung des inversen Thyristors verspricht die Vorteile selbstauslösender mechanischer Schalter mit denen schneller Halbleiterschalter in einem einzigen Halbleiterbauelement vereinen zu können. In der Literatur sind in den Jahren 1999 bis 2009 zahlreiche Diskussionen auf Grundlage numerischer Simulationen zu finden, die sich konzeptionell mit dem iT für 12 V Anwendungen befassen [163–170].

In 2016 ist es Würfel *et al.* erstmals gelungen, das Konzept erfolgreich für den Einsatz in leistungselektronischen Anwendungen zu adaptieren [171, 172]. Für den experimentellen Aufbau wurden, wie in Abb. 1.8a dargestellt, ein selbstleitender 1200 V n-Kanal SFET (nSFET) und je ein 30 V n-Kanal MOSFET (nMOS) und p-Kanal MOSFET (pMOS) als diskrete Bauelemente in einer Kaskode miteinander verschaltet. In dieser Konfiguration übernehmen die MOSFETs die Funktion des inversen Thyristors und der nSFET nimmt nach dem Auslösen die Sperrspannung auf. Da es sich bei den MOSFETs um Anreicherungstypen handelt, müssen deren Gates jedoch mit einer konstanten Vorspannung ($U_{G,p}$ und $U_{G,n}$) versorgt werden, damit der iT leitfähig wird. Dennoch konnte mit diesem Ansatz ein beeindruckendes Schaltverhalten im ns-Bereich bei 400 V Nennspannung und etwa 20 A Fehlerstrom demonstriert werden [171, 172].

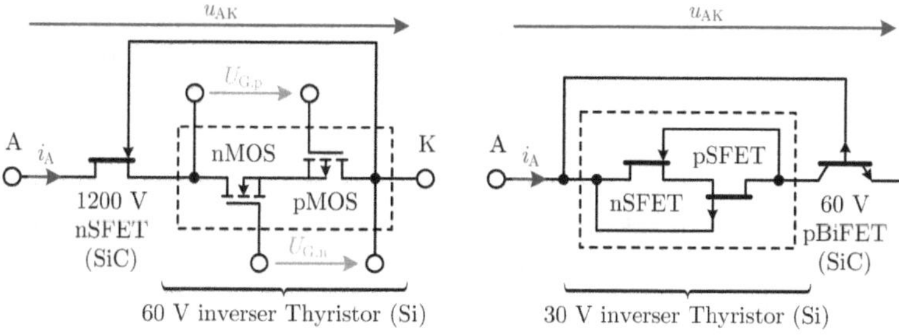

(a) (b)

Abbildung 1.8 Ersatzschaltbilder der Implementierung des inversen Thyristors nach Würfel *et al.* (a) und Albrecht *et al.* (b) (nach [171] und [173])

Abb. 1.8 zeigt die Ausführungsvariante von Albrecht *et al.* aus dem Jahr 2017 [173]. Es handelt sich ebenfalls um eine Kaskodeschaltung. Allerdings werden hier zwei komplementäre, selbstleitende SFETs zur Realisierung des inversen Thyristors verwenden, wodurch dieser ohne jegliche periphere Elektronik leitfähig ist. Ein speziell entwickelter, ebenfalls selbstleitender p-Kanal Bipolar-Feldeffekttransistor (pBiFET) Prototyp sperrt die Spannung nach dem Unterbrechen des Stromflusses. Ungünstigerweise wies dieser Prototyp einen äußerst hohen Gate-Leckstrom auf, weshalb nur mit relativ kleinen Strömen und Spannungen gearbeitet werden konnte [173–177].

Die monolithische Integration des inversen Thyristors in ein einziges, zweipoliges Halbleiterbauelement für leistungselektronische Anwendungen wurde zum Zeitpunkt dieser Arbeit (abseits von eigenen Publikationen) noch nicht physisch realisiert.

1.3 Vision und Thesen

Diese Arbeit ist von der Vision getrieben, die Funktion einer klassischen Sicherung in ein einziges Halbleiterbauelement zu integrieren und dabei den, sich aus der Energiewende motivierenden, Trends der Leistungselektronik gerecht zu werden. Konkret ist damit die Realisierung eines Zweipolbauelements gemeint, das ein Überstromszenario in einer Applikation mit mehreren hundert Volt Nennspannung selbstständig und ohne jegliche periphere Elektronik erkennen und das System anschließend sicher stromlos schalten kann. Auf Grundlage der Analyse des Stands der Technik, wird die monolithische Integration des inversen Thyristors in eine 4H-SiC-SFET-Technologie als Weg für die Entwicklung eines derartigen ÜSS gewählt. Aus dieser Vision motivieren sich die zentralen Thesen diese Arbeit:

1. Das Konzept des inversen Thyristors ist im Rahmen der Energiewende für Gleichspannungsnetze mit hoher Versorgungsspannung von technischer Relevanz.
2. Die qualitativen elektrischen Zusammenhänge der Funktionsweise des inversen Thyristors sind trotz seiner komplexen Struktur basierend auf halbleiterphysikalischen Prinzipien analytisch modellierbar.
3. Die Topologie des inversen Thyristors ist monolithisch in eine für die Massenfertigung geeignete 4H-SiC-Sperrschicht-FET-Technologie integrierbar.
4. Alle wesentlichen elektrischen Eigenschaften des inversen Thyristors sind über Anpassungen in der Zelltopologie skalierbar.
5. Der inverse Thyristor weist hinsichtlich der Schalteigenschaften und der Komplexität auf Systemebene essenzielle Vorteile gegenüber halbleiterbasierten Überstromschutzschaltern aus dem Stand der Technik auf.

Physikalische Grundlagen

2

Was bisher geschah: nichts.

Mark-Uwe Kling

DIE PHYSIKALISCHEN GRUNDLAGEN und theoretische Zusammenhänge, die zum Verständnis dieser Arbeit notwendig sind, sollen in diesem Kapitel erläutert werden. Hierfür wird 4H-SiC zunächst als bevorzugtes Halbleitermaterial motiviert und relevante Materialeigenschaften im Kontext des Stands der Wissenschaft diskutiert. Anschließend werden die wesentlichen halbleiterphysikalischen Mechanismen beschrieben, die zur Erzeugung, Ionisierung und zum Transport von Ladungsträgern beitragen.

2.1 4H-Siliciumcarbid

Bei SiC handelt es sich um einen indirekten Verbindungshalbleiter, mit mehr als 200 möglichen Polytypen, wobei der wissenschaftliche Fokus vor allem auf 3C-SiC, 4H-SiC und 6H-SiC gerichtet ist [178]. Als der für diese Arbeit relevante Polytyp, ordnet sich 4H-SiC mit einer Bandlücke von $E_{BL} \approx 3{,}3\,\text{meV}$ in die Gruppe der Halbleitermaterialien mit großer Bandlücke[1] ein [179].WBG-Halbleiter sind für die Leistungselektronik von besonderem Interesse, da das kritische elektrische Feld

[1] engl.: Wide band gap (WBG)

Ergänzende Information Die elektronische Version dieses Kapitels enthält Zusatzmaterial, auf das über folgenden Link zugegriffen werden kann https://doi.org/10.1007/978-3-658-50151-8_2.

N. Böttcher, *Monolithischer Überstromschutzschalter basierend auf 4H-SiC-Sperrschicht-FET-Technologie*,
https://doi.org/10.1007/978-3-658-50151-8_2

(E_{KRIT}), als Maß der Spannungsfestigkeit, und der Einschaltwiderstand (R_{EIN}), als Maß der Verlustleistung, gemäß $E_{KRIT} \propto E_{BL}^{1,83}$ und $R_{EIN} \propto E_{BL}^{-3}$ mit der Bandlücke korrelieren [180, 181]. Erstmals vorgestellt wurden die vielversprechenden elektrischen Eigenschaften von (6H-)SiC im Jahre 1989 von Baliga *et al.* [182]. Im Jahr 1995 demonstrierten Itoh *et al.* die erste 4H-SiC Leistungsdiode mit 790 V Sperrspannung und etwa 5 mal geringerem R_{EIN} als bei vergleichbaren Bauelementen in 6H-SiC [183]

2.1.1 Leistungskennzahlen

Um die Eignung unterschiedlicher Materialien effektiv miteinander vergleichen zu können, haben sich darüber hinaus Leistungskennzahlen[2] zur Bewertung der Leitendverluste (Baliga *et al.*), Schaltverluste (Johnson *et al.*) und thermischen Limitierung (Keyes *et al.*) etabliert [182, 184, 185]. Sie berechnen sich aus den Materialparametern: Permittivität, thermische Leitfähigkeit, Ladungsträgermobilität, -sättigungsgeschwindigkeit und E_{KRIT}.[3] Abb. 2.1 stellt die aufgeführten FOMs, normiert auf Si, für die erwähnten SiC Polytypen, und für Galliumnitrid (GaN) und Galliumarsenid (GaAs), als weitere gängige Materialien für die Leistungs-

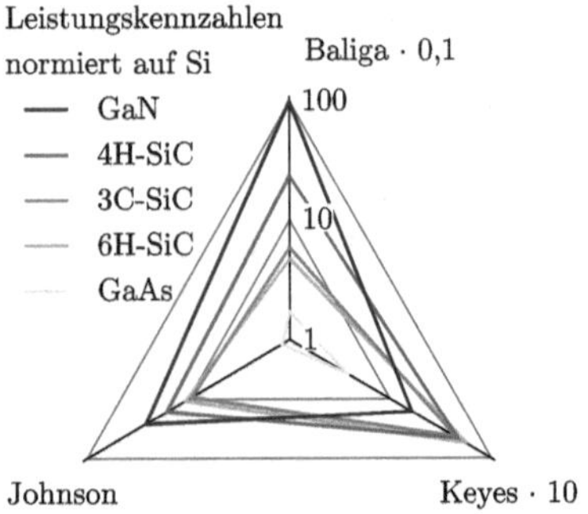

Abbildung 2.1 Leistungskennzahlen relevanter Halbleitermaterialien nach Baliga (Leitendverluste), Johnson (Schaltverluste) und Keyes (thermische Limitierung) *et al.* skaliert auf die jeweilige Kennzahl von Si [182, 184, 185]. Aus Darstellungsgründen sind die Werte nach Baliga und Keyes *et al.* jeweils um die Faktoren 0,1 und 10 skaliert

[2] engl.: Figure of merit (FOM)

[3] Es werden Gl. A.1, Gl. A.2 und Gl. A.3 aus Anh. A *Ergänzungen zur Modellierung* verwendet.

elektronik, gegenüber. Es ist zu erkennen, dass 4H-SiC den meisten Konkurrenten in allen Kategorien überlegen ist. Lediglich GaN erzielt höhere Kennzahlen. Allerdings ist es derzeit nicht sinnvoll möglich, p-leitende Leistungsbauelemente in GaN herzustellen [186, 187]. Auch der Kennwert der Baliga-FOM bleibt aufgrund der äußerst geringen Löcherbeweglichkeit in hochdotiertem p-Typ GaN (kleiner als $10\,\mathrm{cm^2\,V^{-1}\,s^{-1}}$) etwa eine Größenordnung hinter der von p-leitendem 4H-SiC zurück [188]. Auf dieser Grundlage wird 4H-SiC im Rahmen dieser Arbeit als zu favorisierendes Halbleitermaterial eingestuft. Im weiteren Verlauf ist darüber hinaus immer der 4H-Polytyp gemeint, wenn von SiC die Rede ist.

2.1.2 Kristallstruktur

Alle gängigen Polytypen von SiC beruhen auf einer strengen Stöchiometrie die lediglich eine 1:1-Verteilung von Si und Kohlenstoff (C) zulässt, wobei jedes Si-Atom kovalente Einfachbindungen mit seinen vier C-Nachbarn eingeht (und umgekehrt) und sich die Orbitale tetraedrisch ausrichten. Wie in Abb. 2.2 angedeutet, weist der 4H-Polytyp weiterhin eine hexagonale Kristallstruktur in Kugelpackung mit einem Gitterparameter $a = 3{,}08\,\text{Å}$ und ABCB-Stapelfolge auf [178, 189]. Die Einheitshöhe einer Si-C-Doppelschicht bei Raumtemperatur beträgt $2{,}52\,\text{Å}$,

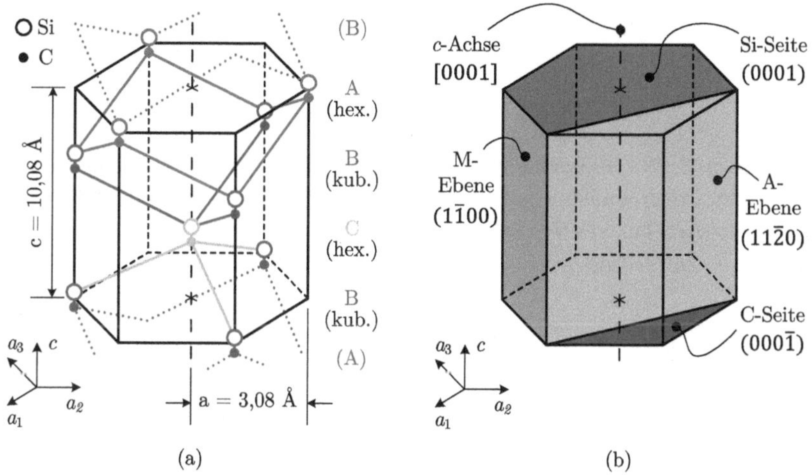

Abbildung 2.2 Schematische Darstellung der hexagonalen Kristallstruktur von 4H-SiC zur Illustration der Stapelfolge (a) und relevanter Ebenen und Achsen (b) des Einheitskristalls (nach [178])

wodurch sich für die Einheitszelle entlang der c-Achse (s. Abb. 2.2b, [0001]-Richtung) eine Höhe $c = 10{,}08$ Å ergibt [178]. Die Einheitszelle wird in c-Richtung an den gegenüberliegenden Seiten durch jeweils eine Lage Si- und C-Atome terminiert (s. Abb. 2.2b, Si-Seite (0001) und C-Seite $\left(000\bar{1}\right)$). M- und A-Ebene haben im Rahmen dieser Arbeit keine besondere Relevanz und seien nur der Vollständigkeit halber erwähnt. Es sei darauf hingewiesen, dass die c-Achse im Herstellungsprozess einer SiC-Halbleiterscheibe (s. Abschn. 4.1.1 *Epitaktisches Wachstum*) typischerweise um 4° in die $\left[\bar{1}\bar{1}20\right]$-Richtung verkippt wird, um den Wachstumsprozess u. a. hinsichtlich möglichst hoher Wachstumsraten und geringer Störstellen im Kristall zu optimieren [190, 191].

2.2 Intrinsisch generierte Ladungsträger

Zunächst soll ein nicht verunreinigter Halbleiter betrachtet werden, der lediglich Energiezustände im Leitungs- und Valenzband aufweist. Da die Bandstruktur von SiC in Form der effektiven Massen von Elektronen und Löchern parallel und orthogonal zur c-Achse ($m^*_{\mathrm{n},\|} = 0{,}33$, $m^*_{\mathrm{n},\perp} = 0{,}42$, $m^*_{\mathrm{p},\|} = 1{,}75$ und $m^*_{\mathrm{p},\perp} = 0{,}66$ angegeben in Ruhemasse von Elektronen (m_0)) bekannt ist, lassen sich die effektiven Zustandsdichten im Leitungs- und Valenzband (N_{LB} und N_{VB}) gemäß

$$N_{\mathrm{LB}} = \frac{2M_{\mathrm{LB}}}{h^3} \cdot \left(2\pi \cdot m^*_{\mathrm{n}} \cdot k_{\mathrm{B}} \cdot T\right)^{\frac{3}{2}} \tag{2.1a}$$

und

$$N_{\mathrm{VB}} = \frac{2}{h^3} \cdot \left(2\pi \cdot m^*_{\mathrm{p}} \cdot k_{\mathrm{B}} \cdot T\right)^{\frac{3}{2}}, \tag{2.1b}$$

ermitteln [178, 192, 193]. Hier repräsentieren $M_{\mathrm{LB}} = 3$ die Anzahl der äquivalenten Leitungsbandminima in SiC, h das Planck'sche Wirkumsquantum und k_{B} die Boltzmann-Konstante [192–195]. Die Terme m^*_{n} und m^*_{p} stehen für die effektiven Massen der Zustandsdichte[4] und ergeben sich aus Gl. 2.1c [196]:[5]

$$m^*_{\mathrm{n/p}} \stackrel{\mathrm{def}}{=} \left(m^*_{\mathrm{n/p},\|} \cdot {m^*_{\mathrm{n/p},\perp}}^2\right)^{\frac{1}{3}}. \tag{2.1c}$$

---

[4] engl.: density of states (DOS) effective mass

[5] Die effektiven Massen werden im Bereich der parabolischen Näherung der Bandstruktur (Wellenvektor entspricht Γ) als konstant angenommen [195, 197, 198].

Die Wahrscheinlichkeit mit der ein Energiezustand in Abhängigkeit seiner energetischen Lage (E) und der Gittertemperatur (T) besetzt ist, lässt sich mithilfe der Fermi-Dirac-Verteilung (F) ermitteln [192]:

$$F = \left[1 + \exp\left(\frac{E - E_F}{k_B \cdot T}\right)\right]^{-1} \tag{2.2}$$

Hier steht E_F für das Fermi-Niveau, welches in Abschn. 2.4 mithilfe der *Neutralitätsgleichung* bestimmt wird.

Der Verlauf der Fermi-Dirac-Verteilung als Funktion des energetischen Abstands von E_F zur entsprechenden Bandkante ($E = E_{LB/VB}$) ist in Abb. 2.3 dargestellt.[6] Falls nicht anders erwähnt, sind sämtliche Energien in diesem Kapitel mit Bezug zur Bandmitte angegeben, mit negativem Vorzeichen für die untere Bandhälfte in Richtung des Valenzbandes. Für nicht entartete Halbleiter liegt das Fermi-Niveau stets innerhalb der Bandlücke, weshalb hier lediglich positive Werte von $|E_{LB/VB}| - |E_F|$ relevant sind. Es wird deutlich, dass die Besetzungswahrscheinlichkeit bei erhöhten

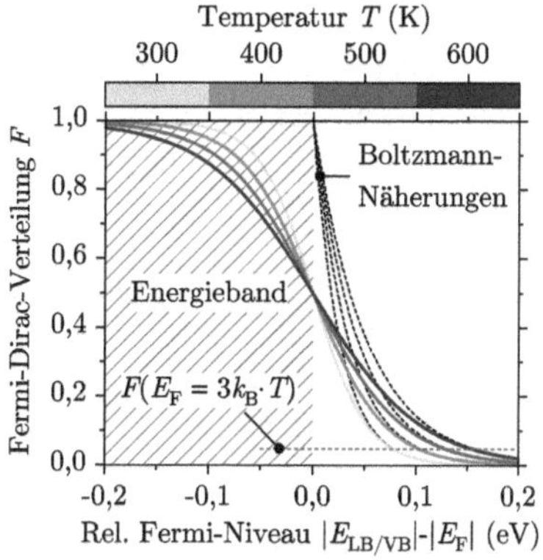

Abbildung 2.3 Fermi-Dirac-Verteilung als Funktion des energetischen Abstands des Fermi-Niveaus (E_F) zur entsprechenden Bandkante ($E_{LB/VB}$). Die Boltzmann-Näherung ist in gestrichelten Linien dargestellt. Die Kurvenscharen repräsentieren eine Variation der Temperatur (T). Die Schraffur markiert den Bereich, in dem das Fermi-Niveau innerhalb des jeweiligen Energiebandes liegen würde

[6] Hier wird die Konvention eingeführt, eine Aufzählung gleichartiger Parameter mithilfe von durch „/" getrennte Aneinanderreihung deren Indizes darzustellen. $E_{LB/VB}$ meint also die Energie von sowohl der Leitungsbandkante (E_{LB}), als auch der Valenzbandkante (E_{VB}).

Temperaturen generell zunimmt, jedoch asymptotisch gegen 0 läuft während E_F sich zur Mitte des Bandes bewegt.

Zustände im Leitungsband werden grundsätzlich nur durch *negativ* geladene Elektronen (n), Zustände im Valenzband nur durch *positiv* geladene Löcher (p) besetzt. Im intrinsischen Halbleiter kommen diese Elektronen und Löcher aus dem jeweils anderen Energieband. Durch Integration des Produkts aus der effektiven Zustandsdichte und der Fermi-Dirac-Verteilung über das jeweilige Energieband kann somit die Konzentration der besetzten Zustände im Leitungsband (N^*_{LB}), also die der vom Valenzband emittierten Elektronen (n_{VB})

$$N^*_{LB} = n_{VB} = \int_{E_{LB}}^{\infty} N_{LB} \cdot F(E) \mathrm{d}E, \tag{2.3a}$$

und die Konzentration der besetzten Zustände im Valenzband (N^*_{VB}), also die der vom Leitungsband emittierten Löcher (p_{LB})

$$N^*_{VB} = p_{LB} = \int_{-\infty}^{E_{VB}} N_{VB} \cdot F(E) \mathrm{d}E, \tag{2.3b}$$

bestimmt werden [192, 195]. Ist der Halbleiter nicht entartet und E_F typischerweise mindesten $3k_B \cdot T$ von der entsprechenden Bandkante entfernt, hat die Boltzmann-Näherung Gültigkeit (s. Abb. 2.3) und Gl. 2.3a und Gl. 2.3b ergeben sich zu

$$N^*_{LB} = n_{VB} = N_{LB} \cdot \exp\left(-\frac{E_{LB} - E_F}{k_B \cdot T}\right) \tag{2.4a}$$

und

$$N^*_{VB} = p_{LB} = N_{VB} \cdot \exp\left(\frac{E_{VB} - E_F}{k_B \cdot T}\right). \tag{2.4b}$$

Aufgrund des Massenwirkungsgesetzes für Elektronen und Löcher stehen n_{VB} und p_{LB} im thermodynamischen Gleichgewicht gemäß

$$n_{VB} \cdot p_{LB} = n_i^2 \tag{2.5}$$

über die intrinsische Ladungsträgerkonzentration (n_i) untrennbar in Beziehung zueinander [192]. Substitution von n_{VB} und p_{LB} in Gl. 2.5 durch Gl. 2.3a und Gl. 2.3b ergibt

$$n_i = \sqrt{N_{LB} \cdot N_{VB}} \cdot \exp\left(-\frac{E_{BL}}{2k_B \cdot T}\right) \tag{2.5a}$$

und verdeutlicht, dass n_i ausschließlich durch materialspezifische Parameter bestimmt wird und somit für eine gegebene Temperatur (T) konstant ist. Wegen der großen Bandlücke von SiC ist die intrinsische Ladungsträgerkonzentration bei Raumtemperatur mit $n_i = 5{,}6 \cdot 10^{-9}\,\text{cm}^{-3}$ außerordentlich gering. Zur Erzeugung zusätzlicher Ladungsträger werden Halbleiter schließlich dotiert.

2.3 Extrinsisch generierte Ladungsträger

Der Stromfluss in SiC wird maßgeblich durch die Konzentration der extrinsisch erzeugten Ladungsträger bestimmt. In den folgenden Abschnitten werden relevante Mechanismen erläutert, die zur Erzeugung *freier* Ladungsträger beitragen, wobei besonderes Augenmerk auf unvollständige Ionisierung von Akzeptoren in p-dotiertem SiC gelegt wird.

2.3.1 Dotierung

Beim Dotieren eines Halbleiters mit Donatoren oder Akzeptoren werden durch Einbringen von Fremdatomen ganz bewusst Störstellen im Kristallgitter generiert, die energetisch typischerweise in der Nähe der entsprechenden Bandkante liegen. Als Resultat erhöhen Donatoren die Konzentration der *freien* Elektronen (n) und Akzeptoren die der *freien* Löcher (p). Bei der Erzeugung von n- oder p-Typ Dotierungen entstehen somit zusätzliche Energieniveaus innerhalb der Bandlücke. Aufgrund ihrer energetischen Lage nahe der Leitungsbandkante, eignen sich Stickstoff (N) und Phosphor (P) prinzipiell als Donatoren in SiC. Entsprechendes gilt für Aluminium (Al) und Bor (B) als Akzeptoren wegen ihrer Energieniveaus in der Nähe der Valenzbandkante [178].

Beim Einbau in das Kristallgitter substituieren P, Al und B wegen geeigneterer Gitteranpassung bevorzugt für Si-Atome, N analog für C-Atome (s. Abb. 2.2a) [199–201]. Tab. 2.1 stellt die Kovalenzradien und weitere relevante Materialeigenschaften von Si, C und den erwähnten Dotierstoffen gegenüber. Basierend auf den Erläuterungen von Ikeda *et al.* ist davon auszugehen, dass jedes Fremdatom mit gleicher Wahrscheinlichkeit für einen hexagonalen oder kubischen Gitterplatz substituiert [209]. Wie den Ionisierungsenergien (E_{ION}) in Tab. 2.1 zu entnehmen ist, müssen daher je nach Gitterplatz unterschiedliche berücksichtigt werden [178, 210]. Hier sei darauf hingewiesen, dass E_{ION} den energetischen Abstand zur jeweiligen Bandkante beschreibt.

E_{ION} für Al als Akzeptor in SiC ist in der Literatur umstritten, wobei die Bandbreite der Verschläge außerordentlich groß und der Ursprung der Diskrepanz nicht abschließend geklärt ist.[7] In Kap. 5 *Charakterisierung und Diskussion* werden mithilfe einer erweiterten Hall-Auswertung unter anderem zwei Energieniveaus bei 195 meV und 369 meV bestimmt [212]. Diese Werte unterscheiden sich erheblich zu denen von Ivanov *et al.*, welche bei etwa 200 meV nah genug beieinanderliegen, sodass sie typischerweise auch nicht getrennt voneinander betrachtet werden [213]. Sie sollen an geeigneter Stelle jedoch als Referenz herangezogen werden, während sowohl die *analytische Modellierung* in Kap. 3, als auch die *numerischen Simulationen* in Abschn. 4.2.3 mit großer Sorgfalt auf Basis der eigens ermittelten Werte für E_{ION} durchgeführt werden.

Tabelle 2.1 Kovalenzradien und Atommassen von Silicium (Si) und Kohlenstoff (C), und Ionisierungsenergien und Löslichkeitsgrenzen der wesentlichen Dotierstoffe für 4H-SiC Stickstoff (N), Phosphor (P), Aluminium (Al) und Bor (B) [178, 201–208]

	Si	C	N	P	Al	B
Kovalenzradius (Å)	1,17	0,77	0,74	1,10	1,26	0,82
Atommasse (u)	28,09	12,01	14,01	30,97	26,98	10,81
Ionisierungsenergie (E_{ION})						
hexagonal (meV)			61	60	190–224	280
kubisch (meV)			126	120	201–404	650
Löslichkeitsgrenze (1×10^{20} cm^{-3})			2	10	10	0,2

[7] Kimoto und Cooper empfehlen, die von Ivanov *et al.* mithilfe von Lumineszenz ermittelten Werte von 198 meV und 201 meV [201]. Allerdings können diese Werte nicht über eine Hall-Auswertung identifiziert werden [202]. Pernot *et al.* haben 205 meV und 260 meV eingeführt, um ihre Hall-Ergebnisse sinnvoll auszuwerten [203]. Mitra *et al.* wiederum fanden mit DLTS (deep-level transient spectroscopy, dt.: transiente Spektroskopie tiefer Störstellen) einen Zustand bei 280 meV [204]. Kawahara *et al.* haben mit thermischer Admittanz-Spektroskopie 190 meV und 300 meV bestimmt [205]. Matsuura *et al.* ermitteln mithilfe der eigens entwickelten FCCS-Methode (free carrier concentration spectroscopy, dt.: Spektroskopie der freien Ladungsträgerkonzentration) 220 meV und 413 meV [211]. In einem späteren Experiment bestimmen sie das zweite Niveau zu 370 meV und nach wiederholter Elektronenbestrahlung zu 390 meV. Sie formulieren die vorsichtige These, dass es sich bei diesem Niveau um ein Al-C-Komplex aufgrund von C-Vakanzen handeln könnte [206]. Weiße *et al.* haben in ihrer Hall-Auswertung zusätzlich ein äußerst hohes Kompensationsniveau angenommen und 224 meV und 404 meV erhalten [207].

EIN WESENTLICHES ZIEL VON DOTIERUNGEN ist die Erhöhung der Leitfähigkeit des Materials. Wie in Abschn. 2.6 *Ladungsträgertransport* erläutert wird, ist diese in guter Näherung proportional zur Konzentration der Donatoren bzw. Akzeptoren. Daher ist eine möglichst hohe Feststofflöslichkeitsgrenze des Dotierstoffes von Vorteil. Für äußerst hohe Dotierstoffkonzentrationen (größer $1\times10^{19}\mathrm{cm}^{-3}$) sind die Dotierstoffatome allerdings derart dicht gepackt, sodass sich die Wellenfunktionen der Elektronen beginnen räumlich zu überlappen [214]. Infolgedessen entartet der Halbleiter, da das Pauli-Prinzip verbietet, dass mehr als ein Ladungsträger an einem Ort denselben Energiezustand haben kann, und es bilden sich unerwünschte leitfähige Subbänder [195, 214].

Während sich mit P nachweislich höhere Leitfähigkeitswerte erreichen lassen, bietet N aufgrund seiner geringeren Atommasse und des kleineren Kovalenzradius mehr Freiheit bei der Ionenimplantation und führt zugleich zu weniger Gitterschäden [215]. Für p-Typ Dotierungen hat sich Al als bevorzugter Dotierstoff etabliert, da B auch für C substituiert und dabei einen donatorartigen Zustand[8] zwischen 540 meV und 730 meV oberhalb der Valenzbandkante erzeugt [216, 217]. Außerdem liegt der Ionisierungsgrad von B bei Raumtemperatur für typische Werte der Dotierstoffkonzentration ($1\times10^{16}\mathrm{cm}^{-3}$ bis $1\times10^{19}\mathrm{cm}^{-3}$) wegen seiner relativ hohen Ionisierungsenergie bei deutlich unter 10 %. Auf dieser Grundlage werden im weiteren Verlauf lediglich N und Al als Dotierstoffe für die Untersuchungen dieser Arbeit in Betracht gezogen.

2.3.2 Ionisierung

Damit eingebrachte Donatoren und Akzeptoren einer gegebenen Konzentration (N_D und N_A) einen Beitrag zur *freien* Ladungsträgerkonzentration leisten können, müssen sie ionisiert sein.[9] Folglich emittiert jeder ionisierte Donator genau ein Elektron (n_D) und jeder ionisierte Akzeptor genau ein Loch (p_A). Bei Raumtemperatur sind die Konzentrationen der ionisierten Donatoren und Akzeptoren (N_D^+ und N_A^-) in elektrisch neutralen Gebieten üblicherweise deutlich geringer als $N_{\mathrm{D/A}}$. Man spricht von unvollständiger Ionisierung, welche sich üblicherweise beeinträchtigend auf das Ergebnis der Dotierung auswirkt und praktisch jede SiC-Technologie betrifft. Dieser

[8] das sog. D-Zentrum, engl.: D-center

[9] Für die Betrachtungen in diesem Kapitel wird angenommen, dass 100 % der Dotierstoffatome erfolgreich ins Atomgitter eingebaut werden. Dieser sogenannte Aktivierungsprozess wird in Abschn. 4.1.3 *Ionenimplantation* ausführlich diskutiert.

Effekt ist im Fall von p-dotiertem SiC aufgrund der relativ hohen Ionisierungsenergien besonders stark ausgeprägt.

Analog zur Besetzung der Zustände in den Bändern, bestimmen sich die Konzentrationen der besetzten und somit nicht-ionisierten bzw. neutralen Donator- und Akzeptorzustände (N_{D}^{0} und N_{A}^{0}) aus der Fermi-Dirac-Verteilung und sind gemäß

$$N_{\mathrm{D}}^{0} = N_{\mathrm{D}} \cdot \left[1 + \frac{1}{g_{\mathrm{D}}} \cdot \exp\left(\frac{E_{\mathrm{LB}} - E_{\mathrm{ION,D}} - E_{\mathrm{F}}}{k_{\mathrm{B}} \cdot T}\right)\right]^{-1} \tag{2.6a}$$

und

$$N_{\mathrm{A}}^{0} = N_{\mathrm{A}} \cdot \left[1 + \frac{1}{g_{\mathrm{A}}} \cdot \exp\left(-\frac{E_{\mathrm{VB}} + E_{\mathrm{ION,A}} - E_{\mathrm{F}}}{k_{\mathrm{B}} \cdot T}\right)\right]^{-1} \tag{2.6b}$$

insbesondere von ihren Ionisierungsenergien ($E_{\mathrm{ION,D/A}}$), dem Fermi-Niveau (E_{F}) und der Gittertemperatur (T) abhängig [192, 193, 218]. Die Konstanten $g_{\mathrm{D}} = 2$ und $g_{\mathrm{A}} = 4$ stehen jeweils für die Entartungsfaktoren von Donatoren und Akzeptoren [213, 219].

Da $N_{\mathrm{D/A}}$ der Summe aus $N_{\mathrm{D/A}}^{0}$ und N_{D}^{+} bzw. N_{A}^{-} entsprechen muss, lassen sich mithilfe von Gl. 2.6a und Gl. 2.6b die Ionisierungsgrade für Donatoren und Akzeptoren ($Q_{\mathrm{ION,D/A}}$) in Abhängigkeit des Fermi-Niveaus bestimmen:

$$Q_{\mathrm{ION,D}} \overset{\mathrm{def}}{=} \frac{N_{\mathrm{D}}^{+}}{N_{\mathrm{D}}} = \frac{N_{\mathrm{D}} - N_{\mathrm{D}}^{0}}{N_{\mathrm{D}}} = \left[1 + g_{\mathrm{D}} \cdot \exp\left(-\frac{E_{\mathrm{LB}} - E_{\mathrm{ION,D}} - E_{\mathrm{F}}}{k_{\mathrm{B}} \cdot T}\right)\right]^{-1}, \tag{2.7a}$$

$$Q_{\mathrm{ION,A}} \overset{\mathrm{def}}{=} \frac{N_{\mathrm{A}}^{-}}{N_{\mathrm{A}}} = \frac{N_{\mathrm{A}} - N_{\mathrm{A}}^{0}}{N_{\mathrm{A}}} = \left[1 + g_{\mathrm{A}} \cdot \exp\left(\frac{E_{\mathrm{VB}} + E_{\mathrm{ION,A}} - E_{\mathrm{F}}}{k_{\mathrm{B}} \cdot T}\right)\right]^{-1}. \tag{2.7b}$$

Die Verläufe von $Q_{\mathrm{ION,D/A}}$ für donator- und akzeptorartige Zustände mit jeweils nur einer Ionisierungsenergie von $E_{\mathrm{ION,D}} = 126\,\mathrm{meV}$ und $E_{\mathrm{ION,A}} = 369\,\mathrm{meV}$ sind in Abb. 2.4 als Funktion der relativen Position des Fermi-Niveaus zur jeweiligen Bandkante ($|E_{\mathrm{F}}| - |E_{\mathrm{LB/VB}}|$) dargestellt. Durch sorgfältige Beobachtung wird deutlich, dass der ionisierte Anteil im Wendepunkt der Kurven ($E_{\mathrm{LB}} - E_{\mathrm{ION,D}}$ bzw. $E_{\mathrm{VB}} + E_{\mathrm{ION,A}}$ gleich E_{F}) für alle Werte von T genau $\left(1 + g_{\mathrm{D/A}}\right)^{-1}$ entspricht. Also 33 % für Donatoren und 20 % für Akzeptoren. Wie die Kurvenscharen verdeutlichen, wechselt der Temperaturkoeffizient von $Q_{\mathrm{ION,D/A}}$ in diesem Punkt sein Vorzeichen. Liegt E_{F} zwischen dem Wendepunkt und der Bandmitte sinkt $Q_{\mathrm{ION,D/A}}$ mit steigenden Temperaturen, läuft jedoch zugleich asymptotisch gegen 1 während es sich weiter zur Bandmitte bewegt. Ausschlaggebend ist also die Position des Fermi-Niveaus, welche mithilfe der Neutralitätsgleichung bestimmbar ist.

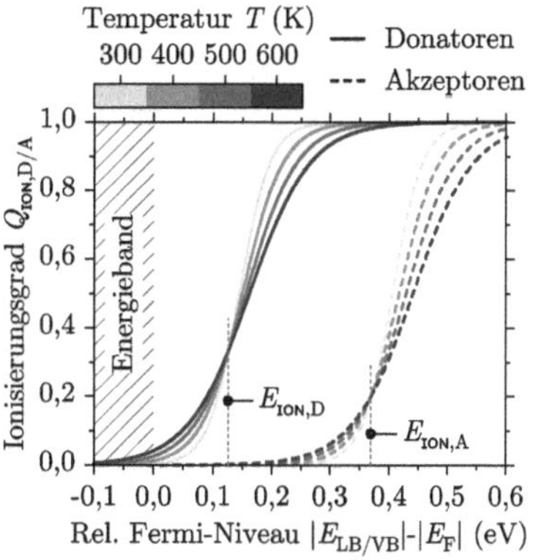

Abbildung 2.4 Ionisierungsgrad von Donatoren und Akzeptoren ($Q_{\mathrm{ION,D/A}}$) mit Ionisierungsenergien von $E_{\mathrm{ION,D}} = 126\,\mathrm{meV}$ und $E_{\mathrm{ION,A}} = 369\,\mathrm{meV}$ als Funktion der relativen Position des Fermi-Niveaus zur jeweiligen Bandkante ($|E_{\mathrm{F}}| - |E_{\mathrm{LB/VB}}|$). Die Schraffur markiert den Bereich des Energiebandes. Die Kurvenscharen repräsentieren eine Variation der Temperatur (T)

2.4 Neutralitätsgleichung und Fermi-Niveau

Da bei dotierten Halbleitern im thermodynamischen Equilibrium Ladungsneutralität herrschen muss, ist die Summe aller positiven Ladungen identisch zur Summe aller negativen Ladungen [192, 220]. Die Neutralitätsgleichung eines nicht-entarteten Halbleiters mit einer gegebenen Anzahl (ι und κ) donator- und akzeptorartigen Zuständen ergibt sich somit zu:

$$\overbrace{p + \sum_{i=1}^{\iota} N_{\mathrm{D},i}^{+} + N_{\mathrm{D,KOMP}}}^{\text{Positive Ladungen}} = \overbrace{n + \sum_{k-1}^{\kappa} N_{\mathrm{A},k}^{-} + N_{\mathrm{A,KOMP}}}^{\text{Negative Ladungen}} . \quad (2.8)$$

Neben den bereits eingeführten positiven und negativen Ladungen der ionisierten Donator- und Akzeptoratomrümpfen (N_{D}^{+} und N_{A}^{-}), werden üblicherweise zusätzlich ladungskompensierende Verunreinigungen im Kristall angenommen (typ. 5 $\times 10^{13}\mathrm{cm}^{-3}$) [178]. Diese erscheinen in der Neutralitätsgleichung als vollständig ionisierte Donator- oder Akzeptorzustände ($N_{\mathrm{D/A,KOMP}}$).

Die Gesamtkonzentration der *freien* Elektronen (n) und Löcher (p) in Gl. 2.8 entspricht im dotierten Halbleiter der Summe aller emittierten Ladungsträger und muss gemäß

$$n = n_{\mathrm{VB}} + n_{\mathrm{D}} = N^*_{\mathrm{LB}} = N_{\mathrm{LB}} \cdot \exp\left(-\frac{E_{\mathrm{LB}} - E_{\mathrm{F}}}{k_{\mathrm{B}} \cdot T}\right) \tag{2.9a}$$

und

$$p = p_{\mathrm{LB}} + p_{\mathrm{A}} = N^*_{\mathrm{VB}} = N_{\mathrm{VB}} \cdot \exp\left(\frac{E_{\mathrm{VB}} - E_{\mathrm{F}}}{k_{\mathrm{B}} \cdot T}\right) \tag{2.9b}$$

identisch zur Konzentration der besetzbaren Zustände in den Bändern ($N^*_{\mathrm{LB/VB}}$) sein.[10] Substitution von n, p, N_{D}^+ und N_{A}^- in Gl. 2.8 durch Gl. 2.7a, Gl. 2.7b, Gl. 2.9a und Gl. 2.9b ergibt:

$$\begin{aligned} & N_{\mathrm{VB}} \cdot \exp\left(\frac{E_{\mathrm{VB}} - E_{\mathrm{F}}}{k_{\mathrm{B}} \cdot T}\right) + N_{\mathrm{D,KOMP}} \\ & \quad + \sum_{i=1}^{\iota} N_{\mathrm{D},i} \cdot \left[1 + g_{\mathrm{D}} \cdot \exp\left(-\frac{E_{\mathrm{LB}} - E_{\mathrm{ION,D},i} - E_{\mathrm{F}}}{k_{\mathrm{B}} \cdot T}\right)\right]^{-1} \\ & = N_{\mathrm{LB}} \cdot \exp\left(-\frac{E_{\mathrm{LB}} - E_{\mathrm{F}}}{k_{\mathrm{B}} \cdot T}\right) + N_{\mathrm{A,KOMP}} \\ & \quad + \sum_{k=1}^{\kappa} N_{\mathrm{A},k} \cdot \left[1 + g_{\mathrm{A}} \cdot \exp\left(\frac{E_{\mathrm{VB}} + E_{\mathrm{ION,A},k} - E_{\mathrm{F}}}{k_{\mathrm{B}} \cdot T}\right)\right]^{-1} . \end{aligned} \tag{2.10}$$

Zum besseren Verständnis der Aussagekraft der Neutralitätsgleichung sollen zunächst wesentliche Abhängigkeiten der enthaltenen Parameter analysiert werden. Wie aus Gl. 2.1a und Gl. 2.1b hervorgeht, sind die effektiven Zustandsdichten ($N_{\mathrm{LB/VB}}$) proportional zu $T^{3/2}$. Die Bandlücke in Form von $E_{\mathrm{LB/VB}}$ hingegen schrumpft mit steigenden Temperaturen [189]. Zur Berechnung dient hier der von Choyke *et al.* empfohlene empirische Zusammenhang (s. Anh. A, Gl. A.4) [189]. Für die folgenden Betrachtungen werden $E_{\mathrm{ION,D/A}}$ im Sinne des Abstands zur entsprechenden Bandkante weiterhin als konstant angenommen [221]. Die Bandkanten und Ionisierungsenergien verschieben sich somit für hohe Temperaturen simultan in Richtung der Bandmitte. Persson *et al.* weisen überdies auf einen rapiden Abfall der Bandlücke bei sehr hohen Dotierstoffkonzentrationen ($N_{\mathrm{D/A}} > 1 \times 10^{19}\mathrm{cm}^{-3}$) hin [178, 222]. Darüber hinaus beobachteten Pearson *et al.* bei steigenden Dotier-

[10] Es sei bzgl. Gl. 2.4a und Gl. 2.4b auf $N^*_{\mathrm{LB}} \neq n_{\mathrm{VB}}$ und $N^*_{\mathrm{VB}} \neq p_{\mathrm{LB}}$ im dotierten Halbleiter hingewiesen.

stoffkonzentrationen kontinuierlich abnehmende Ionisierungsenergien [223]. Dieser Effekt findet ebenfalls über eine empirische Beschreibung Berücksichtigung (s. Anh. A, Gl. A.5).

DAS FERMI- NIVEAU (E_F) bleibt selbst unter Einbezug der beschriebenen Abhängigkeiten der einzig variable Parameter in Gl. 2.10, der sich bei gegebenen Dotierstoffkonzentrationen auf eine Variation der Temperatur einstellen kann, sodass die Neutralitätsbedingung erfüllt bleibt. Wie bereits angedeutet, besagt die Neutralitätsgleichung auch, dass nur exakt so viele Ladungsträger aus den Bändern (n_{VB} und p_{LB}) und ionisierten Donator- oder Akzeptorzuständen (n_D und p_A) emittiert werden können, wie besetzte Zustände in den Energiebändern ($N^*_{LB/VB}$) vorhanden sind. Diese Bedingung wird für genau einen Wert von E_F erfüllt, aus dem sich schließlich die Konzentration der *freien* Ladungsträger ergibt.

2.5 Freie Ladungsträger

Der Begriff der *freien* Ladungsträger dient hier der Bezeichnung der tatsächlich zum Ladungstransport zur Verfügung stehenden Elektronen (n) und Löcher (p), die sich als Lösung der Neutralitätsgleichung ergeben.

2.5.1 Grafische Ermittlung

Die Position des Fermi-Niveaus lässt sich wie in Abb. 2.5 dargestellt grafisch ermitteln. Grundsätzlich sind dort die Konzentrationen der besetzten Zustände in den Energiebändern ($N^*_{LB/VB}$, gestrichelte Linien) und die der emittierten, nicht -kompensierten Ladungsträger (n und p, durchgezogene Linien) als Funktion der Energie und für verschiedene Temperaturen (T, als Kurvenscharen) und Dotierstoffkonzentrationen ($N_{D/A}$, als Untergraphen) gezeigt. In Abb. 2.5a für N-dotiertes n-Typ SiC und in Abb. 2.5b für Al-dotiertes p-Typ SiC. Es handelt sich also um $\iota = \kappa = 2$ donator- und akzeptorartige Zustände mit $E_{ION,D,1/2}$ gleich 61 meV und 126 meV und $E_{ION,A,1/2}$ gleich 195 meV und 369 meV.

Die Verläufe von $N^*_{LB/VB}$ werden gemäß Gl. 2.4a und Gl. 2.4b berechnet und sind unabhängig von der Dotierstoffkonzentration. Die Konzentrationen der nichtkompensierten Elektronen (n) ergeben sich aus Gl. 2.8 und unter Berücksichtigung des Massenwirkungsgesetzes ($n \cdot p =$ konst.) für den in Abb. 2.5a betrachteten n-dotierten Halbleiter zu

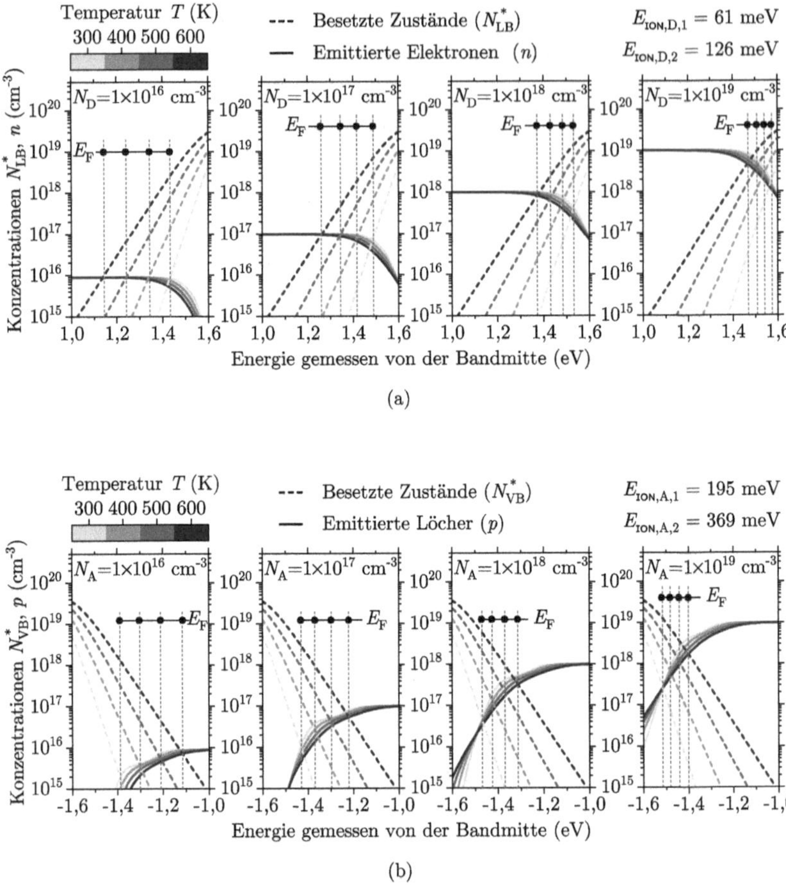

Abbildung 2.5 Grafische Ermittlung des Fermi-Niveaus (E_F) und der freien Ladungsträgerkonzentration (n und p) für N-dotiertes n-Typ-SiC (a) und Al-dotiertes p-Typ-SiC (b). E_F, n und p sind dotierstoff- und temperaturabhängig und lassen sich im Schnittpunk der Kurven von N^*_{LB} und n_D bzw. N^*_{VB} und p_A ablesen. Der Einfluss der Dotierstoffkonzentrationen (N_D und N_A) ist jeweils in den Untergraphen gezeigt. Die Kurvenscharen repräsentieren eine Variation der Temperatur (T). Für die Berechnungen werden die Dotierstoffkonzentrationsabhängigkeit der effektiven Zustandsdichten und der Ionisierungsenergien von N und Al auf kubischen und hexagonalen Gitterplätzen, die Temperaturabhängigkeit der Bandlücke, sowie zusätzliche Kompensationszentren und Hintergrunddotierungen berücksichtigt

$$n = n_{\mathrm{VB}} + \sum_{i=1}^{\iota} N_{\mathrm{D},i}^{+} - N_{\mathrm{A,HG}} - N_{\mathrm{A,KOMP}}, \tag{2.11a}$$

wobei $N_{\mathrm{A,HG}}$ für eine akzeptorartige Hintergrunddotierung steht, die sich technologiebedingt im Herstellungsprozess oft nicht vermeiden lässt. Ihr Konzentrationsniveau ist in der Praxis jedoch so gewählt, dass es üblicherweise mindestens eine Größenordnung unterhalb von N_{D} liegt [178]. Für $N_{\mathrm{A,KOMP}}$ und $N_{\mathrm{A,HG}}$ werden an dieser Stelle $5 \times 10^{13}\mathrm{cm}^{-3}$ und $1 \times 10^{15}\mathrm{cm}^{-3}$ angenommen. Da diese Zustände energetisch im Bezug auf E_{F} in der jeweils gegenüberliegenden Hälfte der Bandlücke liegen, hat die Annahme deren vollständiger Ionisierung Gültigkeit. Entsprechendes gilt für $N_{\mathrm{D,KOMP}}$ und $N_{\mathrm{D,HG}}$ für den in Abb. 2.5b betrachteten p-dotierten Halbleiter. Dort ergibt sich Konzentration der Löcher (p) entsprechend zu

$$p = p_{\mathrm{LB}} + \sum_{k=1}^{\kappa} N_{\mathrm{A},k}^{-} - N_{\mathrm{D,HG}} - N_{\mathrm{D,KOMP}}. \tag{2.11b}$$

Als Ergebnis lässt sich E_{F} für die gegebenen Kombinationen von T und $N_{\mathrm{D/A}}$ als Energie im Schnittpunkt der Kurven von N_{LB}^{*} und n bzw. N_{VB}^{*} und p ablesen. Es wird deutlich, dass sich E_{F} für hohe Werte von $N_{\mathrm{D/A}}$ näher an der jeweiligen Bandkante befindet, während es sich bei steigenden Temperaturen zur Bandmitte bewegt. Trotz negativem Temperaturkoeffizienten erhöht sich dadurch der Ionisierungsgrad mit steigender Temperatur (s. Abb. 2.4). Die Konzentration im Schnittpunkt der Kurven entspricht schließlich der Konzentration der zum Ladungstransport zur Verfügung stehenden *freien* Ladungsträger, welche für p-dotiertes SiC eine deutlich stärker ausgeprägte Temperaturabhängig aufweist als für n-dotiertes SiC.

2.5.2 Numerische Ermittlung

Die Konzentrationen der *freien* Ladungsträger (n und p) können in Abhängigkeit der Temperatur (T) und der Dotierstoffkonzentration ($N_{\mathrm{D/A}}$) auch mithilfe eines geschlossenen Gleichungssystems bestimmt werden. Aufbauend auf den Erkenntnissen der vorangegangenen Abschnitte, wird die Neutralitätsgleichung hierfür zunächst vereinfacht. Aus Abb. 2.5 wird deutlich, dass das Fermi-Niveau (E_{F}) bei dotierten Halbleitern stets sehr nah an einer der Bandkanten liegt. Die thermische Generation von Ladungsträgern aus dem jeweils gegenüberliegenden Band (n_{VB} bzw. p_{LB}) ist somit äußerst unwahrscheinlich. Daher können n_{VB} im n-dotierten und p_{LB} im p-dotierten Halbleiter vernachlässigt werden. Ist der Halbleiter zusätzlich ausreichend hoch n-dotiert, sodass $N_D \gg N_{A,H-G}$ und $N_D \gg N_{A,KOMP}$ gelten, reduziert sich die Neutralitätsgleichung letztlich auf:

$$n \approx n_D = \sum_{i=1}^{\iota} N_{D,i}^{+} = \sum_{i=1}^{\iota} N_{D,i} \left[1 + g_D \cdot \exp\left(-\frac{E_{LB} - E_{ION,D,i} - E_F}{k_B \cdot T}\right)\right]^{-1} \tag{2.12a}$$

Entsprechendes gilt für einen Halbleiter der ausreichend hoch p-dotiert wird:

$$p \approx p_A = \sum_{k=1}^{\kappa} N_{A,k}^{-} = \sum_{k=1}^{\kappa} N_{A,k} \left[1 + g_A \cdot \exp\left(\frac{E_{VB} + E_{ION,A,k} - E_F}{k_B \cdot T}\right)\right]^{-1} \tag{2.12b}$$

Weiterhin ergibt das Auflösen von Gl. 2.9a und Gl. 2.9b nach E_F

$$E_F = E_{LB} - k_B \cdot T \cdot \ln\left(\frac{N_{LB}}{n}\right) \tag{2.13a}$$

und

$$E_F = E_{VB} + k_B \cdot T \cdot \ln\left(\frac{N_{VB}}{p}\right). \tag{2.13b}$$

Als Ergebnis entstehen zwei Gleichungssysteme zu jeweils zwei Gleichungen und zwei Unbekannten (E_F und n bzw. p), welche eine analytische Lösung grundsätzlich möglich machen. Substitution von E_F in Gl. 2.12 durch Gl. 2.13 ergibt somit

$$1 = \sum_{i=1}^{\iota} N_{D,i} \left[n + n^2 \cdot \frac{g_D}{N_{LB}} \cdot \exp\left(\frac{E_{ION,D,i}}{k_B \cdot T}\right)\right]^{-1} \tag{2.14a}$$

und

$$1 = \sum_{k=1}^{\kappa} N_{A,k} \left[p + p^2 \cdot \frac{g_A}{N_{VB}} \cdot \exp\left(\frac{E_{ION,A,k}}{k_B \cdot T}\right)\right]^{-1}. \tag{2.14b}$$

Diese Ausdrücke sind zwar unabhängig von E_F, lassen sich jedoch für mehr als eine Dotierstoffspezies ($\iota > 1$ und $\kappa > 1$) nur über aufwändige Polynomdivision nach n bzw. p auflösen. Dies trifft also auch für Halbleiter zu, die zwar nur mit einer einzigen Donator- oder Akzeptorart dotiert sind, dessen Ionisierungsenergien sich jedoch für auf hexagonal und kubische Gitterplätze substituierte Dotierstoffatome signifikant unterscheiden ($\iota = \kappa = 2$). Daher wird in der Literatur üblicherweise entweder nur eine der beiden Spezies betrachtet oder eine *effektive* Spezies gebildet, sodass n und p mithilfe von Gl. 2.14a und Gl. 2.14b durch Lösen der quadratischen Gleichung bestimmt werden können [178, 208, 224, 225].

An dieser Stelle soll jedoch ein Optimierungsalgorithmus auf Basis des Bisektionsverfahrens[11] verwendet werden, um Lösungen für $\iota = \kappa = 2$ zu finden [226, 227]. Die auf $N_{D/A}$ normierten Verläufe von n (für N) und p (für Al) sind in Abb. 2.6 als Funktion von $N_{D/A}$ dargestellt. Die Kurven können also ebenso als $N_{D/A}$- und T-abhängige Ionisierungsgrade interpretiert werden. Wie erwähnt, werden Kompensationszentren und Hintergrunddotierungen hier vernachlässigt. Grundlegend ist zu erkennen, dass die Ionisierungsgrade mit steigenden Dotierstoffkonzentrationen kontinuierlich abnehmen und mit steigender Temperatur zunehmen. Dies ist im Einklang mit den Beobachtungen aus Abb. 2.5. Darüber hinaus wird die Auswirkung der relativ hohen Ionisierungsenergien von Al deutlich. So tragen beispielsweise für $1 \times 10^{17} cm^{-3}$ und 300 K lediglich etwa 10 % der Implantierten Al-Atome zur Löcherkonzentration bei. Für N sind es etwa 70 %.

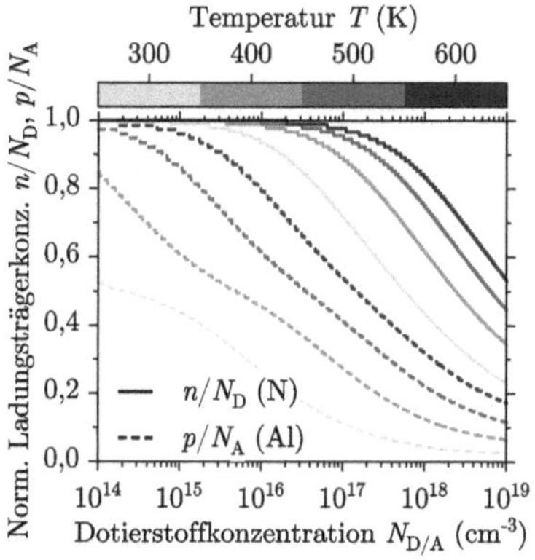

Abbildung 2.6 Freie Ladungsträgerkonzentration (n und p) normiert auf und als Funktion der Dotierstoffkonzentration ($N_{D/A}$) für N ($E_{ION,D,1/2}$ gleich 61 meV und 126 meV) und Al ($E_{ION,A,1/2}$ gleich 195 meV und 369 meV). Die Kurvenscharen repräsentieren eine Variation der Temperatur (T). Für die Berechnungen werden die Dotierstoffkonzentrationsabhängigkeit der effektiven Zustandsdichten und der Ionisierungsenergien berücksichtigt

Das umstrittene zweite Akzeptor-Energieniveau ($E_{ION,A,2}$) hat einen signifikanten Einfluss auf den Ionisierungsgrad. Wie in Abb. 2.7 verdeutlicht wird, ist dieser für den Akzeptor mit 369 meV vor allem bei niedrigen Akzeptorkonzentrationen deutlich geringer. Darüber hinaus ist bei geringen Temperaturen eine Unstetigkeit im Kurvenverlauf zu beobachten. Der Ursprung dafür findet sich in unglei-

[11] Der entsprechende *Octave*-Code ist in Anh. A *Ergänzungen zur Modellierung* aufbereitet.

chen Ionisierungsgraden der beiden Akzeptor-Zustände ($E_{ION,A,1}$ und $E_{ION,A,2}$) auf Grundlage der Position des Fermi-Niveaus. Für niedrige Werte von T liegt E_F näher an der Bandkante und ionisiert die Akzeptoren in Abhängigkeit ihrer energetischen Lage unterschiedlich stark. Die durchgezogenen Linien in Abb. 2.7 repräsentieren die von Ivanov *et al.* vorgeschlagenen Ionisierungsenergien. Da diese sehr dicht beieinander liegen, sind beide Akzeptorzustände stets gleichermaßen ionisiert. Sind $E_{ION,A,1}$ und $E_{ION,A,2}$ jedoch weit voneinander entfernt, wird der Zustand geringerer Energie bei deutlich kleineren Werten von T vollständig ionisiert.

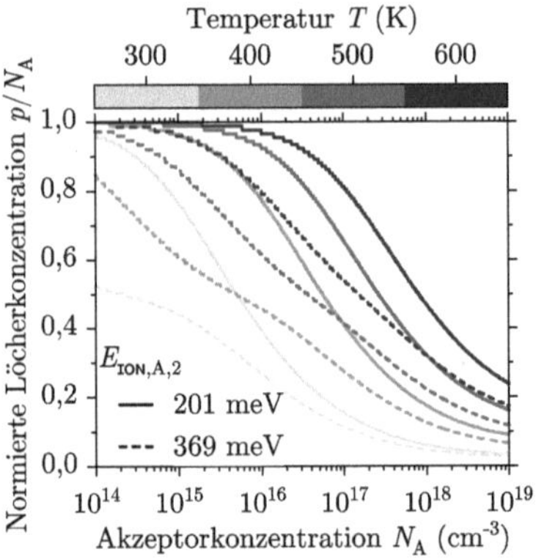

Abbildung 2.7 Freie Löcherkonzentration (p) normiert auf und als Funktion der Akzeptorkonzentration (N_A) für $E_{ION,A,1/2}$ gleich 198 meV und 201 meV) (durchgezogene Linien) und 195 meV und 369 meV (gestrichelte Linien). Die Kurvenscharen repräsentieren eine Variation der Temperatur (T). Für die Berechnungen werden die Dotierstoffkonzentrationsabhängigkeit der effektiven Zustandsdichten und der Ionisierungsenergien berücksichtigt

Dieser Effekt ist in Abb. 2.8 verdeutlicht. Hier ist ein auf N_A normierten Arrhenius-Auftrag von p für eine Variation von N_A zusammen mit den Kontributionen der individuellen Akzeptor-Zustände ($p_{A,1}$ und $p_{A,2}$) gezeigt. Da eine 1:1 Verteilung von Akzeptoren mit $E_{ION,A,1/2}$ angenommen wird, entspricht $p_{A,1/2}/N_A = 0,5$ vollständiger Ionisierung ($Q_{IONA,1/2} = 1$) des entsprechenden Zustands. Es wird deutlich, dass der Akzeptor-Zustand mit $E_{ION,A,1} = 195\,\mathrm{meV}$ für $N_A = 1 \times 10^{14}\mathrm{cm}^{-3}$ bereits bei Raumtemperatur fast vollständig ionisiert ist, während $p_{A,2}$ weniger als 10 % seines Endwertes erreicht hat.

ZUSAMMENFASSEND wirkt sich unvollständige Ionisierung insbesondere in p-Typ SiC signifikant auf die Anzahl der *freien* Ladungsträger aus. Der entstehende Verlust

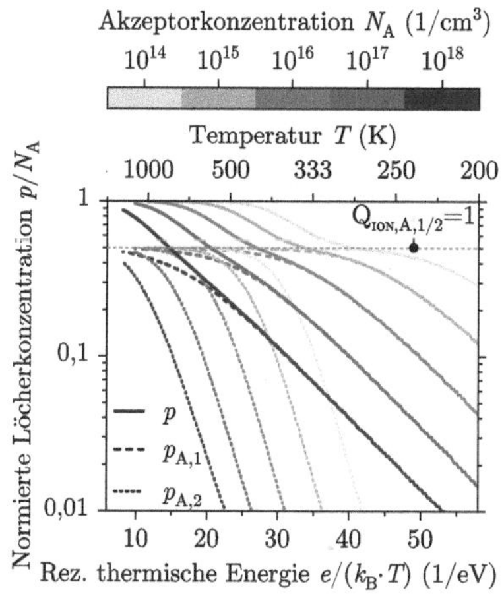

Abbildung 2.8 Auf N_A normierter Arrhenius-Auftrag der Löcherkonzentration (p) für Akzeptoren mit $E_{ION,A,1} = 195\,\text{meV}$ und $E_{ION,A,2} = 369\,\text{meV}$. Die gestrichelten Linien repräsentieren den Ionisierungsgrad von $p_{A,1}$, die gepunkteten den von $p_{A,2}$. Die totale Löcherkonzentration (p) als Ergebnis der Neutralitätsgleichung ist in durchgezogenen Linien dargestellt. Die Kurvenscharen repräsentieren eine Variation der Akzeptorkonzentration (N_A)

kann prinzipiell, trotz sich verringernder Ionisierungsgrade, durch höhere Dotierstoffkonzentrationen kompensiert werden. Zur besseren Einordnung werden die Auswirkungen von unvollständiger Ionisierung auf Bauelementeigenschaften in Kap. 3 *Analytische Bauelementmodellierung* ergänzend identifiziert. Im Hinblick auf den Ladungsträgertransport, haben hohe Dotierstoffkonzentrationen wegen generierter Streuzentren jedoch auch negative Auswirkungen.

2.6 Ladungsträgertransport

Die dominanten Ladungsträgertransportmechanismen der im Rahmen dieser Arbeit entwickelten Bauelemente lassen sich durch Driftströme beschreiben. Der Stromfluss entsteht also durch Majoritätsladungsträger, die aufgrund eines elektrischen Feldes ($\vec{\mathcal{E}}$) in eine Raumrichtung beschleunigt werden. In einem Volumen, in dem sämtliche Größen homogen verteilt sind, ergibt sich für geringe elektrische Felder gemäß

$$\vec{J}_n = \vec{\mathcal{E}} \cdot \sigma_n \tag{2.15a}$$

und

$$\vec{J}_{\mathrm{p}} = -\vec{\mathcal{E}} \cdot \sigma_{\mathrm{p}} \tag{2.15b}$$

eine direkte Proportionalität der Elektronen- und Löcherstromdichten ($\vec{J}_{\mathrm{n}}$ und $\vec{J}_{\mathrm{p}}$) zu $\vec{\mathcal{E}}$ [228, 229]. In Gl. 2.15 steht $\sigma_{\mathrm{n/p}}$ für die spezifische Leitfähigkeit in n- und p-dotierten Gebieten, die gemäß

$$\sigma_{\mathrm{n}} = e \cdot \mu_{\mathrm{n}} \cdot N_{\mathrm{D}}^{+} \tag{2.16a}$$

und

$$\sigma_{\mathrm{p}} = e \cdot \mu_{\mathrm{p}} \cdot N_{\mathrm{A}}^{-} \tag{2.16b}$$

von der Elementarladung (e), der Mobilität von Elektronen und Löchern (μ_{n} und μ_{p}) und der bereits ausführlich diskutierten Konzentration der ionisierten Donatoren und Akzeptoren (N_{D}^{+} und N_{A}^{-}) abhängt [228, 229].

DIE LADUNGSTRÄGERMOBILITÄT ($\mu_{\mathrm{n/p}}$) wird maßgeblich durch Phononen- und Gitter- bzw. Störstellenstreuung bestimmt und ist somit ebenfalls abhängig von der Temperatur und der Dotierstoffkonzentration.[12] Eingebrachte Dotierstoffatome bilden zusätzliche Streuzentren und beeinträchtigen mit zunehmender Konzentration die Mobilität. Die Zusammenhänge werden üblicherweise mithilfe des Caughey-Thomas-Modells empirisch beschrieben [230]. Zur Parametrisierung des Modells werden an dieser Stelle die jeweils von Kagamihara *et al.* und Matsuura *et al.* vorgeschlagenen Werte für n- und p-leitendes SiC verwendet (s. Anh. A, Gl. A.6) [211, 231]. Die entsprechenden, in Abb. 2.9a dargestellten, Verläufe verdeutlichen, dass die Mobilität im untersuchten Parameterraum für steigende Werte von $N_{\mathrm{D/A}}$ und T kontinuierlich abnimmt. Zudem ist zu erkennen, dass μ_{n} für $N_{\mathrm{D/A}} 1 \times 10^{17}\mathrm{cm}^{-3}$ etwa 10 mal höher ist als μ_{p}. Für $N_{\mathrm{D/A}} > 1 \times 10^{17}\mathrm{cm}^{-3}$ beginnen Störstellen die Mobilität zu limitieren. Dieser Effekt beeinträchtigt Elektronenleitung stärker als Löcherleitung.

DIE LEITFÄHIGKEIT in n- bzw. p-dotiertem SiC ($\sigma_{\mathrm{n/p}}$) lässt sich nun unter Kenntnis der Verläufe von N_{D}^{+}, N_{A}^{-} und $\mu_{\mathrm{n/p}}$ mithilfe von Gl. 2.16 ermitteln. Die resultierenden Kurven sind in Abb. 2.9b ebenfalls als Funktion von T und $N_{\mathrm{D/A}}$ dargestellt. Es ist hervorzuheben, dass $\sigma_{\mathrm{n/p}}$, trotz sich mit $N_{\mathrm{D/A}}$ verringerndem $\mu_{\mathrm{n/p}}$, kontinuierlich ansteigt. Zudem überträgt sich der Knick im Verlauf von $\mu_{\mathrm{n/p}}$ bei $N_{\mathrm{D/A}} \approx 1 \times 10^{17}\mathrm{cm}^{-3}$ auf $\sigma_{\mathrm{n/p}}$. Dies ist im Einklang mit den Beobachtungen von Asada *et al.* [232]. Darüber hinaus schneiden sich die Kurven für p-dotiertes SiC

[12] μ_{n} weist zudem eine leichte Isotropie auf und ist entlang der c-Achse ($\mu_{\mathrm{n},\parallel}$) etwa 20 % höher als orthogonal zu ihr ($\mu_{\mathrm{n},\perp}$) [178].

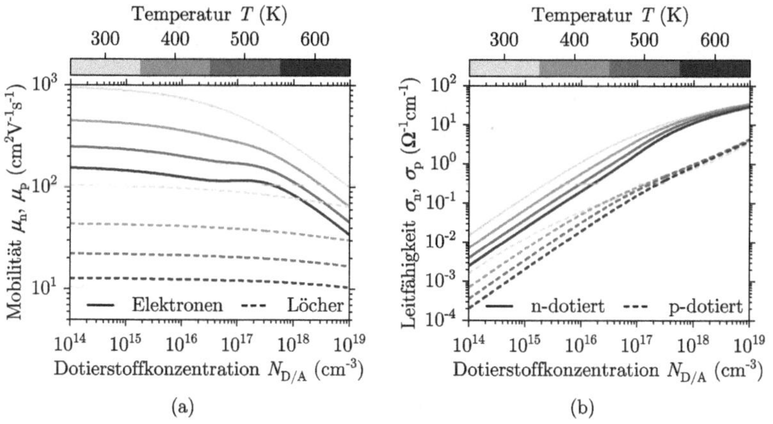

Abbildung 2.9 Mobilität von Elektronen und Löchern ($\mu_{n/p}$) orthogonal zur c-Achse (a) und Leitfähigkeit ($\sigma_{n/p}$) in n- und p-dotiertem SiC (b) als Funktion der Dotierstoffkonzentration ($N_{D/A}$). Die Kurvenscharen repräsentieren eine Variation der Temperatur (T)

bei ausreichend hohen Werten von N_A, sodass der Temperaturkoeffizient von σ_p sein Vorzeichen wechselt. In diesem Parameterbereich macht Störstellenstreuung an neutralen Al Atomen den dominierenden Streumechanismus aus und thermisch ionisierte Akzeptoren tragen stärker zur Leitfähigkeit bei als Phononenstreuung sie beeinträchtigt [178].

LADUNGSTRÄGER DIE HOHEN ELEKTRISCHEN FELDERN ausgesetzt sind transferieren beim Streuen mehr Energie in das Gitter und generieren dadurch mehr Phononen [178]. Dies führt zu einem nichtlinearen Zusammenhang zwischen $J_{n/p}$ und $\vec{\mathcal{E}}$, wodurch die Proportionalität in Gl. 2.15 für hohe Werte von $\vec{\mathcal{E}}$ seine Gültigkeit verliert. Der Effekt lässt sich anhand der Driftgeschwindigkeit der Ladungsträger (v_{DRIFT}) beschreiben. Bei geringen elektrischen Feldern ist v_{DRIFT} zunächst ebenfalls proportional zu $\vec{\mathcal{E}}$ [178, 233]:

$$v_{DRIFT} = E \cdot \mu_n \tag{2.17}$$

Mit steigendem elektrischen Feld werden die Elektronen zunehmend von den erzeugten Phononen verzögert. Als Resultat beginnt v_{DRIFT} bei $\vec{\mathcal{E}} \approx 1 \times 10^7\,\mathrm{Vcm^{-1}}$ schließlich zu sättigen [233]. Khan und Cooper haben die Sättigungsgeschwindigkeit von Elektronen in SiC ($v_{SAT,n}$) experimentell für etwa 300 K und 600 K zu 2,2

$\times 10^7$ cm s^{-1} und 1,6 $\times 10^7$ cm s^{-1} bestimmt [233]. Für Löcher wird die Sättigungsgeschwindigkeit auf 1,3 $\times 10^7$ cm s^{-1} abgeschätzt [178, 192].

FÜR DIE BAUELEMENTMODELLIERUNG wird $v_{\mathrm{SAT,n/p}}$ lediglich im Kontext der Durchbruchmechanismen (s. Abschn. 3.1.5) verwenden. Im nominell leitenden Betrieb wird $\mu_{\mathrm{n/p}}$ als feldunabhängige Größe betrachtet. Die Signifikanz des Unterschieds der Leitfähigkeit von n- und p-dotiertem SiC aufgrund der Mobilität und unvollständiger Ionisierung im Hinblick auf den Bauelemententwurf des inversen Thyristors soll im folgenden Kapitel umfänglich erläutert werden.

3 Analytische Bauteilmodellierung

Wenn die Mathematik erst einmal steht [...].

Prof. Martin Pfost, Technische Universität Dortmund

DIE ANALYTISCHE MODELLIERUNG soll dem Verständnis der physikalischen Zusammenhänge der Funktion des inversen Thyristors dienen. Eine quantitative Vorhersage der Charakteristika mithilfe des analytischen Modells ist explizit nicht angestrebt und angesichts der Komplexität eines monolithisch integrierten Leistungsbauelements auch nicht zielführend. Zur Abschätzung der tatsächlichen Eigenschaften eines spezifischen Bauelemententwurfs, werden die in Abschn. 4.2.3 erarbeiteten *numerischen Modelle* eingesetzt. Die dort ermittelten logisch unabhängigen Entwurfsregeln lassen jedoch jeden inhaltlichen Zusammenhang vermissen. Um das Kausalitätsbedürfnis zu erfüllen, wird das an dieser Stelle eingeführte analytische Modell zunächst auf die wesentlichen Wirkmechanismen in den Kanalbereichen der SFETs reduziert. Zu diesem Zweck erfolgt im ersten Teil dieses Kapitels eine umfassende Herleitung der elektrischen Eigenschaften eines SiC p-Kanal SFETs in Anlehnung an das von Kimoto und Cooper vorgestellte Modell eines n-Kanal SFETs [228]. Dieses Modell wird im Hinblick auf die Modellierung des inversen Thyristors im zweiten Teil des Kapitels um wesentliche Aspekte erweitert.[1] Auf Basis der im vorangegangenen Kapitel hergeleiteten Grundlagen wird außerdem

[1] Sämtliche Berechnungen werden in *Octave* durchgeführt. Teile des entsprechenden Codes sind in Anh. A *Ergänzungen zur Modellierung* einsehbar.

Ergänzende Information Die elektronische Version dieses Kapitels enthält Zusatzmaterial, auf das über folgenden Link zugegriffen werden kann https://doi.org/10.1007/978-3-658-50151-8_3.

N. Böttcher, *Monolithischer Überstromschutzschalter basierend auf 4H-SiC-Sperrschicht-FET-Technologie*,
https://doi.org/10.1007/978-3-658-50151-8_3

das Temperaturverhalten der Bauelemente modelliert. Teile dieses Modells wurden in eigenen Veröffentlichungen bereits publiziert [234, 235].

3.1 Sperrschicht-Feldeffekttransistor

Beim SFET handelt es sich um ein schaltbares Halbleiterbauelement, das üblicherweise als 3-Pol betrieben wird, wobei die Leitfähigkeit zwischen zwei Polen mithilfe des dritten Pols moduliert wird, um zwischen einem leitenden und einem sperrenden Zustand (EIN und AUS) zu wechseln. Zweck aller Leistungstransistoren ist es, eine möglichst hohe Stromtragfähigkeit im EIN-Zustand und zugleich eine hohe Sperrfähigkeit im AUS-Zustand zu erreichen. Im Gegensatz zu anderen Transistorkonzepten (bspw. MOSFET oder Bipolartransistor), wird das Kanalgebiet beim SFET über die Ausdehnung einer Raumladungszone (RLZ) moduliert. Je nach Weite der RLZ, wird das Kanalgebiet unterschiedlich stark abgeschnürt und die Leitfähigkeit des Kanals vom niederohmigen EIN-, bis zum hochohmigen AUS-Zustand variiert.

3.1.1 Aufbau und Funktionsprinzip

Die grundlegende Funktion von einem p-Kanal SFET (pSFET) lässt sich anhand der in Abb. 3.1 gezeigten schematischen Darstellung verstehen. Üblicherweise besteht der pSFET aus zwei gegenüberliegenden n-dotierten Regionen (n-Gate und n-Backgate), die von einem p-dotierten Kanalgebiet (p-Kanal) getrennt werden. Des Weiteren befinden sich Elektroden sowohl an den n-Gebieten (Gate (G) und Backgate (B)), als auch an den entgegengesetzten Seiten des Kanalgebiets (Source (S) und Drain (D)). Für die weiteren Betrachtungen wird angenommen, dass sich sowohl die Source-, als auch die Backgate-Elektrode auf dem Bezugspotential $U_\mathrm{S} = U_\mathrm{B} = 0\,\mathrm{V}$ befinden, sodass sich beim Anlegen einer negativen Drain-Spannung ($U_\mathrm{D} \leq 0\,\mathrm{V}$) ein Stromfluss mit negativem Vorzeichen von Drain nach Source ($I_\mathrm{D} \leq 0\,\mathrm{A}$) einstellt. Für die weiteren Betrachtungen wird angenommen, dass sich sowohl die Source-, als auch die Backgate-Elektrode auf dem Bezugspotential $U_\mathrm{S} = U_\mathrm{B} = 0\,\mathrm{V}$ befinden, sodass sich beim Anlegen einer negativen Drain-Spannung ($U_\mathrm{D} \leq 0\,\mathrm{V}$) ein Stromfluss mit negativem Vorzeichen von Drain nach Source ($I_\mathrm{D} \leq 0\,\mathrm{A}$) einstellt. Ströme zwischen anderen Elektroden sind grundsätzlich unerwünscht und werden erst in Abschn. 3.1.5 im Detail betrachtet.

In der Literatur sind der Aufbau und das Funktionsprinzip des nSFETs bereits ausführlich beschrieben - eine Entsprechung für den pSFET ist nicht bekannt [228, 236]. Ebenfalls wurde ein erstes analytisches Modell für den pSFET in einer eigenen

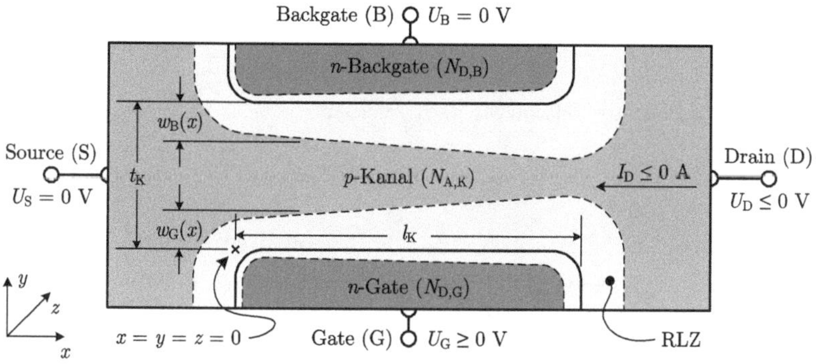

Abbildung 3.1 Schematische Darstellung eines p-Kanal SFETs

Publikation präsentiert. Allerdings werden dort zur Vereinfachung ausschließlich *einseitig* abrupte pn-Übergänge angenommen [234]. Im weiteren Verlauf dieser Arbeit wird jedoch deutlich, dass dies in der Praxis nicht notwendigerweise der Fall ist. Daher wurde das Modell hinsichtlich beliebiger Donator- ($N_{D,G}$ und $N_{D,B}$) und Akzeptorkonzentrationen ($N_{A,K}$) verfeinert und ebenfalls publiziert [235].[2]

Im folgenden Abschnitt sollen relevante theoretische Zusammenhänge am Beispiel des pSFETs im Detail hergeleitet und die erweiterten Betrachtungen auf den nSFET übertragen werden. Hierbei handelt es sich insbesondere um den Einschaltwiderstand (R_{EIN}), den Sättigungsstrom (I_{SAT}), die Abschnürspannung (U_{AB}) und die Spannungsfestigkeit der Gate-Struktur.

3.1.2 Abschnürspannung

An den stufenartigen pn-Übergängen zwischen Gate (und Backgate) zum Kanalgebiet, bildet sich selbst ohne äußere Stimuli im thermodynamischen Gleichgewicht jeweils eine RLZ aus. Im Falle eines abrupten pn-Übergangs mit beliebigen Ladungsträgerkonzentrationen gilt für die Ausdehnung dieser Raumladungszonen in das Kanalgebiet (w_B und w_G)

[2] Aus Übersichtsgründen sind im Folgenden, falls nicht anders erwähnt, netto-Konzentrationen gemeint. $N_{D,G}$ beschreibt bspw. den Überschuss an Donatoren im Gate-Gebiet unter Berücksichtigung einer etwaigen p-Hintergrunddotierung, wie $N_{A,K}$.

$$w_{B/G} = \sqrt{\frac{2\epsilon_{SiC}}{e \cdot N^{\nabla}_{B/G}}} \cdot \Psi_{b,B/G}, \tag{3.1}$$

wobei sich die Permittivität von SiC (ϵ_{SiC}) gemäß

$$\epsilon_{SiC} = \epsilon_0 \cdot \epsilon_{r,SiC} \tag{3.1a}$$

aus der elektrischen Feldkonstante (ϵ_0) und der relativen Permittivität von SiC ($\epsilon_{r,SiC} = 9{,}76$) ergibt und die Terme N^{∇}_{B} und N^{∇}_{G} die in der vereinfachenden Betrachtung einseitig abrupter pn-Übergänge verwendete Dotierstoffkonzentration im Kanalgebiet ersetzen [237]:

$$N^{\nabla}_{B/G} \overset{\text{def}}{=} \frac{N_{A,K}\left(N_{A,K} + N_{D,B/G}\right)}{N_{D,B/G}}. \tag{3.1b}$$

Der in Abb. 3.2 gezeigte Auftrag der Ersatzkonzentrationen $N^{\nabla}_{B/G}$ über $N_{A,K}$ verdeutlicht, dass diese Vereinfachung für einen weiten Parameterbereich keine Gültigkeit hat. Lediglich für sehr hohe Werte der Donatorkonzentration im Gate- oder Backgate-Gebiet, mindestens eine Größenordnung höher als die Akzeptorkonzentration im Kanalgebiet, sind die Kurven mit und ohne Vereinfachung annähernd deckungsgleich.

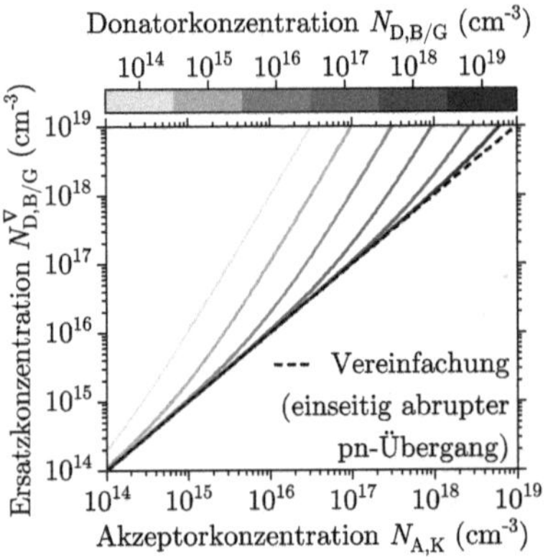

Abbildung 3.2 Analytische Simulation der Ersatzkonzentration ($N^{\nabla}_{D,B/G}$) unter Berücksichtigung beliebiger Dotierstoffkonzentrationen. Die Kurvenscharen werden durch eine Variation von $N_{D,B} = N_{D,G}$ erzeugt, um den Einfluss beliebiger Dotierstoffkonzentrationen zu verdeutlichen

Die Diffusionsspannungen[3] ($\Psi_{\mathrm{b,B}}$ und $\Psi_{\mathrm{b,G}}$) in Gl. 3.1 entstehen aufgrund der ionisierten Atomrümpfe innerhalb der RLZ im Gleichgewicht aus Drift- und Diffusionsstrom und lassen sich zu

$$\Psi_{\mathrm{b,B/G}} \approx \frac{k_{\mathrm{B}} \cdot T}{e} \cdot \ln \left(\frac{N^{+}_{\mathrm{D,B/G}} \cdot N^{-}_{\mathrm{A,K}}}{n_{\mathrm{i}}^{2}} \right) \tag{3.1c}$$

approximieren [192, 228, 237]. Wie in Abschnitt 2.3 *Extrinsisch generierte Ladungsträger* erläutert, verweisen $N^{+}_{\mathrm{D,B/G}}$ und $N^{-}_{\mathrm{A,K}}$ auf die Konzentration der ionisierten Donatoren und Akzeptoren im neutralen Gebiet außerhalb der RLZ.[4] Bei statischen Betrachtungen kann aufgrund des elektrischen Feldes innerhalb der RLZ vollständige Ionisierung angenommen werden [228, 238].

DURCH DAS ANLEGEN EINER POSITIVEN GATE- SPANNUNG (U_{G}) steigt die Weite der RLZ wurzelförmig mit der Potentialdifferenz über dem pn-Übergang. Zusätzlich führt eine negative Drain-Spannung (U_{D}), wie in Abb. 3.1 angedeutet, Drain-seitig zu einer stärkeren Ausdehnung der RLZ. Für die Beschreibung der resultierende Weite der Raumladungszonen im Kanalgebiet ($0 \leq x \leq l_{\mathrm{K}}$) unter Berücksichtigung der genannten Potentiale lässt sich Gl. 3.1 zu

$$w_{\mathrm{B}}(x) = \sqrt{\frac{2\epsilon_{\mathrm{SiC}}}{e \cdot N^{\nabla}_{\mathrm{B}}} \left(\Psi_{\mathrm{b,B}} - \Psi_{\mathrm{pn,B}}(x) \right)} \tag{3.2a}$$

und

$$w_{\mathrm{G}}(x) = \sqrt{\frac{2\epsilon_{\mathrm{SiC}}}{e \cdot N^{\nabla}_{\mathrm{G}}} \left(\Psi_{\mathrm{b,G}} - \Psi_{\mathrm{pn,G}}(x) + U_{\mathrm{G}} \right)} \tag{3.2b}$$

erweitern. Hier steht $\Psi_{\mathrm{pn,G}}(x)$ für die durch U_{D} erzeugte ortsabhängige Potentialdifferenz über dem pn-Übergang zwischen Kanal und Gate (und $\Psi_{\mathrm{pn,B}}(x)$ entsprechend für das Backgate). Diese wirkt unabhängig von U_{G}, sodass sich Source-seitig

$$\Psi_{\mathrm{pn,B}}(0) = \Psi_{\mathrm{pn,G}}(0) = 0 \tag{3.3a}$$

und Drain-seitig

$$\Psi_{\mathrm{pn,B}}(l_{\mathrm{K}}) = \Psi_{\mathrm{pn,G}}(l_{\mathrm{K}}) = U_{\mathrm{D}} \tag{3.3b}$$

---

[3] engl.: built-in potential

[4] Falls nicht anders erwähnt, wird für die folgenden Betrachtungen $T = 300\,\mathrm{K}$ angenommen.

ergibt [228, 236]. Bei der Betrachtung von Gl. 3.2a und Gl. 3.2b ist zu beachten, dass die Typen der Dotierungen (n und p) beim pSFET im Vergleich zum nSFET vertauscht sind und sich somit die Definition des Potentialbezugs von $\Psi_{\mathrm{b,B/G}}$ umdreht. Die Anordnung der Elektroden und des Bezugspotentials ändern sich hingehen nicht. Folglich wechseln verglichen mit den aus der Literatur bekannten Gleichungen zum nSFET lediglich die Vorzeichen von $\Psi_{\mathrm{pn,B/G}}$ und U_{G} [228, 236].

Nun lässt sich mithilfe von Gl. 3.2 die Abschnürspannung (U_{G}=U_{AB}) ermitteln, für welche die Summe der Ausdehnung beider Raumladungszonen am Sourceseitigen Ende des Kanals ($x = 0$) genau der Kanaltiefe (t_{K}) entspricht. Für diesen Spannungswert wird der Kanal vollständig abgeschnürt, sodass kein Strom mehr hindurchfließen kann und der SFET schließlich in den AUS-Zustand übergeht. Mit $w_{\mathrm{B}}(0) + w_{\mathrm{G}}(0) = t_{\mathrm{K}}$ ergibt sich:

$$U_{\mathrm{AB}} = \left(\frac{\epsilon_{\mathrm{SiC}}}{e \cdot N_{\mathrm{G}}^{\nabla}}\right)^{-1} \left\{\frac{t_{\mathrm{K}}{}^2}{2} - t_{\mathrm{K}}\sqrt{\frac{2\epsilon_{\mathrm{SiC}}}{e \cdot N_{\mathrm{B}}^{\nabla}} \cdot \Psi_{\mathrm{b,B}}} + \frac{\epsilon_{\mathrm{SiC}}}{e}\left(\frac{\Psi_{\mathrm{b,B}}}{N_{\mathrm{B}}^{\nabla}} - \frac{\Psi_{\mathrm{b,G}}}{N_{\mathrm{G}}^{\nabla}}\right)\right\} \tag{3.4}$$

DER EINFLUSS DER KANALPARAMETER t_{K} und $N_{\mathrm{A,K}}$ auf U_{AB} ist jeweils in Abb. 3.3a und Abb. 3.3b dargestellt. Die Kurvenscharen repräsentieren das Modell mit beliebigen Donatorkonzentrationen im Backgate- und Gate-Gebiet ($N_{\mathrm{D,B/G}}$). In

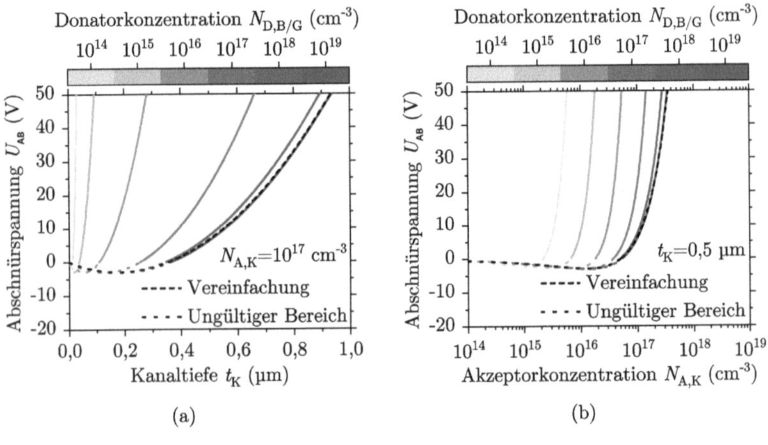

Abbildung 3.3 Analytische Simulation der Abschnürspannung (U_{AB}) in Abhängigkeit der Kanalparameter t_{K} (a) und $N_{\mathrm{A,K}}$ (b). Die Kurvenscharen werden durch eine Variation von $N_{\mathrm{D,B}} = N_{\mathrm{D,G}}$ erzeugt, um den Einfluss beliebiger Dotierstoffkonzentrationen zu verdeutlichen

beiden Fällen ist zu erkennen, dass sich die Kurvenschar dem Modell aus der Literatur (gestrichelte Linien) für steigende Werte von $N_{D,B/G}$ annähert. Für geringe Werte hingegen, weichen die Kurven sehr stark voneinander ab. Dies hat besondere Signifikanz im Kontext des Bauelemententwurfs und wird in Abschn. 3.2 *Inverser Thyristor* ausführlich diskutiert.

Überdies ist bei der Verwendung von Gl. 3.4 zu beachten, dass die Summe aus w_B und w_G für

$$t_K{}^2 \cdot N_{D,B/G}^{\nabla} < \frac{8\epsilon_{SiC} \cdot \Psi_{b,B/G}}{e} \tag{3.5}$$

schon im thermischen Gleichgewicht größer als t_K ist und sich, wie in Abb. 3.3 angedeutet (gepunktete Linien), rechnerisch negative Werte für U_{AB} ergeben. Daher verliert Gl. 3.4 in diesem Bereich seine Gültigkeit.

3.1.3 Strom-Spannung-Beziehungen

Unter der Annahme, dass die orthogonal zur Flussrichtung des Kanals (also in y-Richtung) gerichteten elektrischen Felder vernachlässigbar sind und kein Strom über die pn-Übergänge fließt, kann der in Abb. 3.1 eingezeichnete Drain-Strom (I_D) (analog zum nSFET aus der Literatur) aus der Löcherstromdichte an einem beliebigen Punkt im Kanal ($\vec{J}_p(x)$, $0 \leq x \leq l_K$) bestimmt werden [228]:

$$-\vec{J}_p(x) = \vec{\mathcal{E}}(x) \cdot \sigma_p, \tag{3.6}$$

mit

$$\vec{\mathcal{E}}(x) = \frac{-dU_D}{dx} \tag{3.6a}$$

und

$$\sigma_p = e \cdot \mu_p \cdot N_{A,K}^{-}. \tag{3.6b}$$

Da es sich hier um einen Driftstrom handelt, wird das elektrische Feld ($\vec{\mathcal{E}}(x)$), welches die Löcher in x-Richtung beschleunigt, wie in Abschn. 2.6 *Ladungsträgertransport* erläutert, mit der spezifischen Leitfähigkeit im p-Kanal (σ_p) multipliziert. Nach Integration von Gl. 3.6 über die ortsabhängige Querschnittsfläche des Kanals ($A_K(x)$) entsteht als Zwischenergebnis eine Beschreibung von $I_D(x)$ in Abhängigkeit der Ausdehnung der Raumladungszonen:

$$I_D(x) = \iint \vec{J}_p(x) dy dz = W_z \int_{w_G(x)}^{t_K - w_B(x)} \vec{J}_p(x) dy = \vec{\mathcal{E}}(x) \cdot \sigma_p \cdot A_K(x), \tag{3.7}$$

mit

$$A_K(x) = W_z\,(t_K - w_B(x) - w_G(x))\,, \tag{3.7a}$$

wobei W_z für die räumliche Ausdehnung der Zelle in z-Richtung steht.

Da es sich beim Drain-Strom des pSFETs um einen Löcherstrom handelt, der in Richtung des elektrischen Feldes und per Definition als negativ von außen in die Drain-Elektrode fließt, gleichen sich (im Gegensatz zum nSFET) die negativen Vorzeichen in Gl. 3.6 und Gl. 3.6a aus, wodurch dem Integral in Gl. 3.7 kein Minuszeichen vorangestellt wird. Zudem gilt die Annahme, dass I_D zwischen Drain und Source uniform sein muss und somit unabhängig des Ortes ist. Durch Integration von Gl. 3.7, über die Kanallänge (l_K) mit den Integrationsgrenzen 0 und U_D ergibt sich ein ortsunabhängiger Ausdruck von I_D:

$$I_D = \sigma_p \cdot \frac{W_z}{l_K} \int_0^{U_D} \vec{\mathcal{E}}\,\big(t_K - w_B(\Psi_{pn,B}) - w_G(\Psi_{pn,G})\big)\,dU\,. \tag{3.8a}$$

Durch Substitution von w_B und w_G aus Gl. 3.2 in Gl. 3.8a lässt sich der finale Ausdruck für I_D finden, der ausschließlich durch Material- und Entwurfsparameter und äußeren Spannungen beschrieben wird. Nach Durchführung der in Gl. 3.8a gezeigten Integration unter Verwendung von Gl. 3.6a ergibt sich I_D zu

$$\begin{aligned} I_D = \sigma_p \cdot t_K \cdot \frac{W_z}{l_K} \cdot U_D \Bigg\{ 1 + \frac{2}{3t_K \cdot U_D} \Bigg[\sqrt{\frac{2\epsilon_{SiC}}{e \cdot N_B^{\nabla}}} \left((\Psi_{b,B} - U_D)^{\frac{3}{2}} - \Psi_{b,B}{}^{\frac{3}{2}} \right) \\ + \sqrt{\frac{2\epsilon_{SiC}}{e \cdot N_G^{\nabla}}} \left((\Psi_{b,G} - U_D + U_G)^{\frac{3}{2}} - (\Psi_{b,G} + U_G)^{\frac{3}{2}} \right) \Bigg] \Bigg\}\,. \end{aligned} \tag{3.8b}$$

Der außerhalb der geschweiften Klammern stehende Term in Gl. 3.8b kann als Beschreibung des Stroms bei maximal aufgesteuertem Kanal, also im EIN-Zustand des SFETs, interpretiert werden und ist somit, unter Annahme feldunabhängiger Ladungsträgermobilität (s. Abschn. 2.6), konstant [236]. Die Terme innerhalb der eckigen Klammern geben den Einfluss der Ausbreitung der Raumladungszonen in das Kanalgebiet an. Wie in Abschn. 3.1.2 erläutert, bewirkt U_D eine asymmetrische Ausbreitung, wodurch beide Raumladungszonen bei ausreichend hohem U_D schließlich Drain-seitig aneinanderstoßen und der SFET in Sättigung geht. Die Sättigungsspannung ($U_D = U_{SAT}$), für welche es am Drain-seitigen Ende des Kanals ($x = l_K$) zum Abschnüren des Kanals kommt, also die Summe der Ausdehnung beider Raumladungszonen genau t_K entspricht, lässt sich aus Gl. 3.2 ermitteln. Ohne weitere Annahmen, ergibt sich jedoch ein unübersichtlich langer Term, weshalb hier zunächst $N_{D,B} = N_{D,G}$ gesetzt wird. Es ergibt sich

$$U_{SAT} = -\frac{U_G{}^2}{t_K{}^2} \cdot \frac{\epsilon_{SiC}}{2e \cdot N^\nabla} + \frac{U_G}{2} - t_K{}^2 \left(\frac{8\epsilon_{SiC}}{e \cdot N^\nabla}\right)^{-1} + \Psi_b, \tag{3.9}$$

mit

$$N^\nabla \stackrel{\text{def}}{=} N_B^\nabla = N_G^\nabla \tag{3.9a}$$

und

$$\Psi_b \stackrel{\text{def}}{=} \Psi_{b,B} = \Psi_{b,G}. \tag{3.9b}$$

Eine Erhöhung von U_D über den Wert von U_{SAT} hinaus bewirkt lediglich ein steigendes Potential über den Abschnürpunkt vom Drain- in das nicht ausgeräumte Kanalgebiet. Die Spannungsdifferenz zwischen Abschnürpunkt und Source-Elektrode kann U_{SAT} somit nicht überschreiten. Folglich verbleibt I_D für $U_D \geq U_{SAT}$ konstant auf dem Niveau des Sättigungsstroms (I_{SAT}).[5] Durch gedankliche Substitution von U_D in Gl. 3.8b durch U_{SAT} aus Gl. 3.9 lässt sich erkennen, dass I_{SAT} maßgeblich durch die von außen angelegte Gate-Spannung (U_G) manipulierbar ist.

DIE STROM- SPANNUNG- BEZIEHUNGEN DES nSFETs können nun analog hergeleitet werden. Die resultierenden Ausgangskennlinienfelder beider SFETs mit identischen Entwurfsparametern sind in Abb. 3.4 dargestellt. Aufgrund ihrer selbstleitenden Funktionsweise, weisen beide SFETs für $U_G = 0\,V$ ihre höchste Stromtragfähigkeit auf. Diese fällt wegen unvollständiger Ionisierung von Akzeptoren im p-Kanal und der höheren Ladungsträgermobilität von Elektronen beim nSFET etwa 25-mal höher aus als beim pSFET (s. Abschn. 2.6). Sättigungs- und Abschnürspannung hingegen sind unabhängig von der spezifischen Leitfähigkeit ($\sigma_{p/n}$), wodurch der Übergang vom Trioden- in den Sättigungsbereich bei identischen Werten von U_D erfolgt und die Kanäle beider SFETs für $|U_G| \geq 22\,V$ als vollständig abgeschnürt betrachtet werden können (vgl. Abb. 3.3).

Bezüglich des Entwurfs manifestieren sich die wesentlichen Unterschiede zwischen pSFET und nSFET in $\sigma_{p/n}$. Der offensichtlichste Unterschied der Ausgangskennlinienfelder beider SFETs besteht jedoch darin, dass jegliche Vorzeichen vertauscht sind. Diese Eigenschaft ist für den weiteren Verlauf dieser Arbeit essenziell und wird in Abschn 3.2 *Inverser Thyristor* ausführlich diskutiert.

[5] Bei Vernachlässigung von Kurzkanaleffekten. Diese werden in Abschn. 5.2.1 diskutiert.

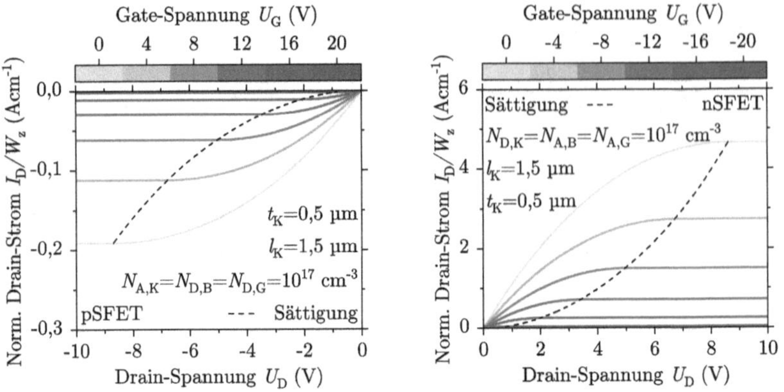

(a) (b)

Abbildung 3.4 Analytische Simulation der auf W_z normierten Ausgangskennlinienfelder ($I_D/W_z(U_D, U_G)$) von pSFET (a) und nSFET (b). Die Kurvenscharen verdeutlichen den Einfluss einer angelegten Gate-Spannung (U_G). Die gestrichelten Linien markieren den Übergang vom Trioden- in den Sättigungsbereich

3.1.4 Einschaltwiderstand

Der differentielle Einschaltwiderstand (R_{EIN}) ist ein Maß für die entstehende Verlustleistung im Betrieb und somit ein wichtiger Parameter beim Entwurf des SFETs. Er ist über den reziproken Anstieg im Ursprung des Ausgangskennlinienfeldes definiert und somit ebenfalls abhängig von $\sigma_{p/n}$ [228, 236]. Eine geeignetere Beschreibung für den Widerstand einer Bauelementzelle liefert ein flächenskalierbarer Ausdruck, wie der flächenspezifische Widerstand ($R_{EIN,sp}$). Hierfür wird R_{EIN} mit jener Fläche multipliziert, welche die Bauelementzelle in der xz-Ebene aufspannt:

$$R_{EIN,sp} = W_x \cdot W_z \left(\left. \frac{dI_D}{dU_D} \right|_{U_D=0\,V} \right)^{-1}, \tag{3.10a}$$

wobei W_x nicht nur den Kanalbereich, sondern die gesamte Zellweite in x-Richtung umfasst. Durch Substitution des geklammerten Terms in Gl. 3.10a durch die Ableitung von Gl. 3.8b an der Stelle $U_D = 0$ V ergibt sich $R_{EIN,sp}$ zu

$$R_{\mathrm{EIN,sp}} = \frac{W_{\mathrm{X}} \cdot l_{\mathrm{K}}}{\sigma_{\mathrm{p}} \cdot t_{\mathrm{K}}} \left\{ 1 - \frac{1}{t_{\mathrm{K}}} \left[\sqrt{\frac{2\epsilon_{\mathrm{SiC}}}{e \cdot N_{\mathrm{B}}^{\nabla}}} \cdot \sqrt{\Psi_{\mathrm{b,B}}} + \sqrt{\frac{2\epsilon_{\mathrm{SiC}}}{e \cdot N_{\mathrm{G}}^{\nabla}}} \cdot \sqrt{\Psi_{\mathrm{b,G}} + U_{\mathrm{G}}} \right] \right\}^{-1} . \tag{3.10b}$$

Neben der indirekten Proportionalität zu σ_{p} ist in Gl. 3.10b eine direkte Proportionalität $R_{\mathrm{EIN,sp}} \propto (W_{\mathrm{X}} \cdot l_{\mathrm{K}})$ zu erkennen. Da U_{SAT} und U_{AB} zudem unabhängig von W_{X} und l_{K} sind, eignen sich diese Parameter besonders zur Skalierung von $R_{\mathrm{EIN,sp}}$.

Der Verlauf des Einschaltwiderstands beider SFETs in Abhängigkeit der angelegten Gate-Spannung ist in Abb. 3.5 dargestellt. Die dort gezeigten Charakteristika ergeben sich als Konsequenz der bereits diskutierten Zusammenhänge. Im EIN-Zustand ($|U_{\mathrm{G}}| \ll |U_{\mathrm{AB}}|$) weist der pSFET wegen seiner geringeren spezifischen Leitfähigkeit einen deutlich höheren Einschaltwiderstand auf. U_{AB} hingegen ist unabhängig von der spezifischen Leitfähigkeit und somit für beide SFETs identisch. Zudem wird deutlich, dass die Kurven der jeweiligen Schar im Vergleich zur vereinfachenden Betrachtung einseitig abrupter pn-Übergänge (gestrichelte Linien) für geringe Dotierstoffkonzentrationen in den Gate- und Backgate-Regionen stark voneinander abweichen. Beispielsweise ergeben sich im Fall von $N_{\mathrm{D,B/G}} = N_{\mathrm{A,B/G}} = 1 \times 10^{16}\,\mathrm{cm}^{-3}$ für $R_{\mathrm{EIN,sp}}$ im EIN-Zustand und U_{AB} bereits signifikante Abweichungen in den Faktoren 2,7 und 30. Während diese

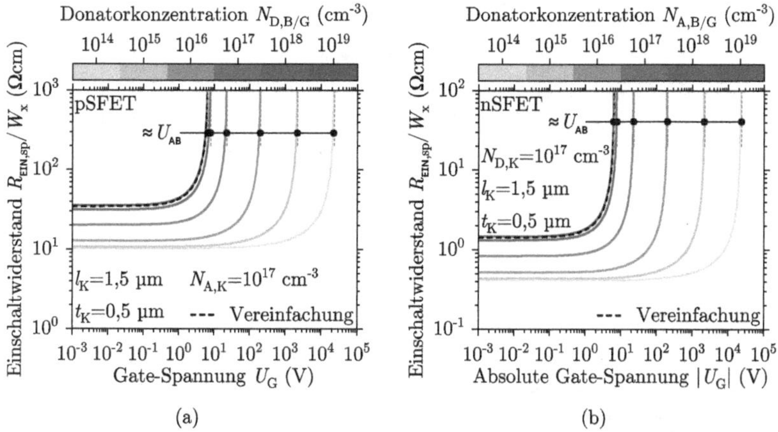

Abbildung 3.5 Analytische Simulation des auf W_{X} normierten flächenspezifischen Einschaltwiderstands ($R_{\mathrm{EIN,sp}}$) des pSFETs (a) und des nSFETs (b) als Funktion der angelegten Gate-Spannung (U_{G}). Die Kurvenscharen werden durch eine Variation von $N_{\mathrm{D,B}} = N_{\mathrm{D,G}}$ (a) bzw. $N_{\mathrm{A,B}} = N_{\mathrm{A,G}}$ (b) erzeugt, um den Einfluss beliebiger Dotierstoffkonzentrationen zu verdeutlichen

Zusammenhänge bei Missachtung fatale Auswirkungen auf die resultierenden Bauelementeigenschaften haben können, eröffnen sie zugleich neue Entwurfsfreiheiten, welche im Rahmen dieser Arbeit Anwendung finden sollen und in Abschn. 3.2 *Inverser Thyristor* ausführlich diskutiert werden.

3.1.5 Durchbruchmechanismen

Die relevanten Durchbruchmechanismen lassen sich anhand des in Abb. 3.6 gezeigten Schemas eines pSFETs im Sperrbetrieb verstehen. Im dargestellten Arbeitsbereich ist $U_G \geq U_{AB}$ und der Kanalbereich folglich vollständig ausgeräumt. Bisher wurde angenommen, dass kein Strom über in Sperrichtung gepolte pn-Übergänge oder das abgeschnürte Kanalgebiet fließen kann. Wird jedoch die maximal zulässige Spannung zwischen zwei Elektroden überschritten, verlieren diese Strukturen ihre Sperrfähigkeit. Als Konsequenz tritt ein extrem hoher Stromfluss auf, der häufig zur Zerstörung des Bauelements führt. Die Durchbruchmechanismen der Gate-Struktur sind für diese Arbeit von besonderer Relevanz und sollen im Folgenden ausführlich beschrieben werden.

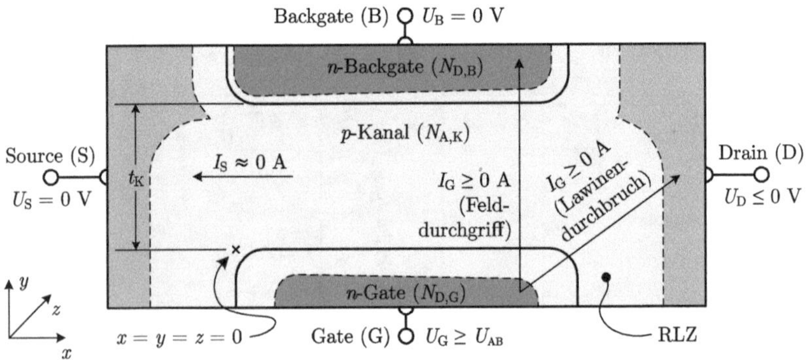

Abbildung 3.6 Schematische Darstellung eines p-Kanal SFETs im Sperrbetrieb bzw. im Durchbruch. Die Strompfade des Gate-Stroms (I_G) bei Überschreitung der Durchbruchspannung sind markiert

Bei entsprechendem Entwurf geht der SFET erst in den AUS-Zustand über, bevor es zum Durchbruch kommen kann. Der Übergang vom EIN- in den AUS-Zustand des pSFETs ist in Abb. 3.7 dargestellt. Hier repräsentiert der Betrag des Drain-Stroms

($|I_D|$) die Transferkennlinien bis zum Abschnüren des Kanals (U_{AB}). Wie bereits erläutert stoßen die Raumladungszonen aneinander sobald $U_G \geq U_{AB}$. Folglich kann der Stromfluss von Drain nach Source als vernachlässigbar klein angenommen werden ($I_S \approx 0$ A, s. Abb. 3.6). Allerdings stoßen zugleich die orthogonal zur Flussrichtung des Kanals (also in y-Richtung) ausgerichteten elektrischen Felder im Kanal aneinander und es kommt zum Felddurchgriff.[6]

ALS KONSEQUENZ DES FELDDURCHGRIFFS wird der pn-Übergang zwischen Kanal und Backgate in Vorwärtsrichtung gepolt. Daraufhin werden Elektronen aufgrund thermionischer Emission in das Kanalgebiet injiziert und schließlich vom elektrischen Feld in Richtung des Gates beschleunigt (dem technischen Strom I_G entgegen, s. Abb. 3.6, *Felddurchgriff*) [239]. Der injizierte Elektronenstrom ($I_{G,Th.Em.}$) ist zunächst sehr klein, steigt jedoch exponentiell mit U_G und kann mithilfe der Richardson-Gleichung beschrieben werden [240]:

$$I_{G,Th.Em.} = W_z \cdot l_K \cdot A_e^* \cdot T^2 \cdot \exp\left(-\frac{e\,(U_{FB} - U_G)^2}{4k_B \cdot T \cdot U_{FB}}\right), \qquad (3.11)$$

wobei A_e^* der effektiven Richardson-Konstante für Elektronen entspricht [241, 242]:

$$A_e^* = \frac{4\pi \cdot e \cdot m_0 \cdot m_{n,\parallel}^* \cdot {k_B}^2}{h^3}. \qquad (3.11a)$$

Der Term U_{FB} in Gl. 3.11 entspricht der Flachbandspannung, bei der die Energiebänder im Kanal- und Backgate-Gebiet jeweils auf demselben Energieniveau liegen. $U_G = U_{FB}$ ergibt sich aus Gl. 3.2b mit $w_G = t_K$ und $U_D = 0\,\text{V}$ zu

$$U_{FB} = \frac{e \cdot N_G^{\nabla} \cdot {t_K}^2}{2\epsilon_{SiC}} - \Psi_{b,G}. \qquad (3.11b)$$

Übersteigt die Anzahl der injizierten Ladungsträger den Wert der ionisierten Dopanden der Hintergrunddotierung, beeinflussen die mobilen Ladungsträger die Feldverteilung im Kanalgebiet. Da es sich bei $I_{G,Th.Em.}$ um einen Driftstrom handelt, bewirkt die Rückkopplung von elektrischem Feld und mobilen Ladungsträgern eine Limitierung von I_G aufgrund des Raumladungseffekts[7] [192, 240]. Im Sättigungsbereich ergibt sich dieser Stromwert ($I_{G,RLE}$) zu

[6] engl.: reach-through; nicht *punch*-through

[7] engl.: space-charge-limited current

$$I_{\mathrm{G,RLE}} = W_{\mathrm{Z}} \cdot l_{\mathrm{K}} \cdot e \cdot v_{\mathrm{SAT,n}} \cdot N_{\mathrm{A,K}} \cdot \frac{U_{\mathrm{G}}}{U_{\mathrm{FB}}}, \tag{3.12}$$

wobei $v_{\mathrm{SAT,n}}$ der Sättigungsgeschwindigkeit von Elektronen entspricht [240, 243].

Der Verlauf des Gate-Stroms ($I_{\mathrm{G}}\,(U_{\mathrm{G}})$) während des Durchbruchs der Gate-Struktur ist ebenfalls in Abb. 3.7 dargestellt. Der exponentielle Anstieg des Stroms aufgrund thermionischer Emission (Gl. 3.11) ist mit (1) markiert, die Limitierung des Stroms durch den Raumladungseffekt (Gl. 3.12) mit (2). Wie im späteren Verlauf dieser Arbeit gezeigt wird, sind, im Gegensatz zu den gezeigten Kurven, in der Realität kontinuierliche Übergänge von (1) nach (2) zu erwarten [240]. Die abrupten Übergänge sind der reduzierten Komplexität des Modells geschuldet, sollen für die Betrachtungen an dieser Stelle jedoch genügen.

Der sogenannte Lawinendurchbruch aufgrund von Stoßionisation[8] wird in Abb. 3.7 als ein weiterer relevanter Durchbruchmechanismus durch Markierung (3) gekennzeichnet. Hierbei werden bei ausreichend hoher Gate-Spannung Elektron-Loch-Paare generiert, die wegen des hohen elektrischen Feldes, entlang welchem sie beschleunigt werden, eine derart hohe kinetische Energie aufnehmen, sodass sie in der Lage sind während einer Kollision mit dem Kristallgitter weitere

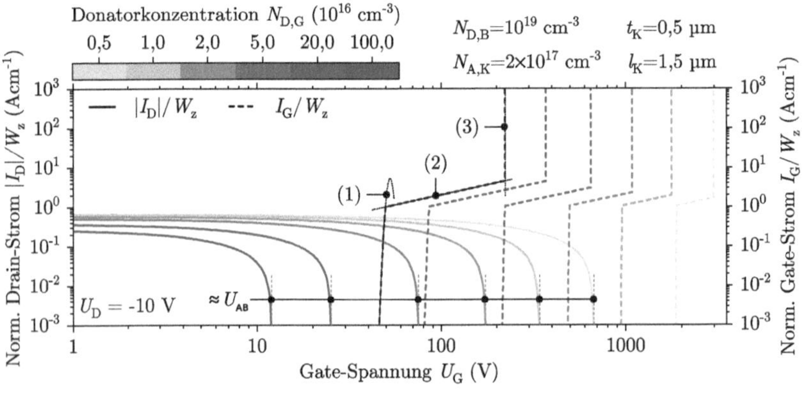

Abbildung 3.7 Analytische Simulation der Transfereigenschaften ($|I_{\mathrm{D}}|/W_{\mathrm{z}}\,(U_{\mathrm{G}})$) und des Durchbruchverhaltens der Gate-Struktur ($I_{\mathrm{G}}/W_{\mathrm{z}}\,(U_{\mathrm{G}})$) des pSFETs. Die Nummerierungen stehen für: thermionische Emission (1), Raumladungseffekt (2) und Lawinendurchbruch (3). Die Kurvenscharen werden durch eine Variation von $N_{\mathrm{D,G}}$ erzeugt, um den Einfluss beliebiger Dotierstoffkonzentrationen zu verdeutlichen

[8] engl.: avalanche breakdown due to impact ionization

Elektron-Loch-Paare zu erzeugen. In Bezug auf die Gate-Struktur des pSFETs, resultiert dieser Mechanismus in einem instantanen, praktisch unendlichen Stromanstieg von Gate nach Drain (s. Abb. 3.6, *Lawinendurchbruch*). Dieses Phänomen tritt auf, sobald das elektrische Feld am pn-Übergang zwischen Gate und Kanal den materialspezifischen Wert des kritischen elektrischen Feldes (E_{KRIT}) für SiC erreicht. Maßgeblich ist also das Maximum des elektrischen Feldes, welches bei gegebener Gate-Spannung lediglich abhängig von Materialparametern und den Dotierstoffkonzentrationen $N_{\mathrm{D,G}}$ und $N_{\mathrm{A,K}}$ ist [178].[9] Folglich ergibt sich der Wert von U_{G}, für den es zum Lawinendurchbruch kommt (U_{LAW}) zu

$$U_{\mathrm{LAW}} = \frac{{E_{\mathrm{KRIT}}}^2 \cdot \epsilon_{\mathrm{SiC}}}{2e} \left(\frac{1}{N_{\mathrm{D,G}}} + \frac{1}{N_{\mathrm{A,K}}} \right). \tag{3.13}$$

Ausgehend von der Bedingung $U_{\mathrm{FB}} \geq U_{\mathrm{LAW}}$ lässt sich in guter Näherung eine Entwurfsvorgabe herleiten, für die sich eine Durchbruchspannung (U_{DB}) ergibt, die durch Lawinendurchbruch anstelle von thermionischer Emission bestimmt wird. Aus Gl. 3.11b und Gl. 3.13 unter Annahme von $U_{\mathrm{FB}} \gg \Psi_{\mathrm{b,G}}$ und Substitution von N_{G}^{∇} durch Gl. 3.1b ergibt sich:

$$U_{\mathrm{DB}} = \begin{cases} U_{\mathrm{FB}} & : t_{\mathrm{K}} \cdot N_{\mathrm{A,K}} < \epsilon_{\mathrm{SiC}} \cdot E_{\mathrm{KRIT}} \cdot e^{-1} \\ U_{\mathrm{LAW}} & : t_{\mathrm{K}} \cdot N_{\mathrm{A,K}} \geq \epsilon_{\mathrm{SiC}} \cdot E_{\mathrm{KRIT}} \cdot e^{-1} \end{cases}. \tag{3.14}$$

Dieser Ausdruck ist zwar im Einklang mit der Literatur, hat allerdings nur eingeschränkte Gültigkeit für $U_{\mathrm{LAW}} \approx U_{\mathrm{FB}}$, da U_{FB} lediglich das Maximum des parabolischen Verlaufs von $I_{\mathrm{G,Th.Em.}}$ markiert (s. Abb. 3.7, (1)) [245]. Bei genauere Betrachtung ist darüber hinaus zu erkennen, dass Gl. 3.14 lediglich von der Tiefe und der Akzeptorkonzentration im Kanal bestimmt wird und unabhängig von $N_{\mathrm{D,G}}$ ist, weshalb sich in Abb. 3.7 eine Parallelverschiebung der Kurven ergibt.

Zur Veranschaulichung von Gl. 3.14, werden die Kurvenscharen in Abb. 3.8 durch eine Variation von $N_{\mathrm{A,K}}$ erzeugt. Zunächst wird deutlich, dass diese Variation einen signifikanten Einfluss sowohl auf U_{AB} als auch auf U_{DB} hat. Außerdem ist zu erkennen, dass die Bedingung $U_{\mathrm{FB}} \geq U_{\mathrm{LAW}}$ für $N_{\mathrm{A,K}}$ gleich $2,7 \times 10^{17}\mathrm{cm}^{-3}$ $3,0 \times 10^{17}\mathrm{cm}^{-3}$ erfüllt ist und der Lawinendurchbruch eintritt bevor I_{G} aufgrund von thermionischer Emission erkennbar ansteigt. Folglich kann der dominierende Durchbruchmechanismus durch geeigneten Zellentwurf vorgegeben werden.

---

[9] E_{KRIT} weist ebenfalls eine Abhängigkeit zur Dotierstoffkonzentration auf. Zur Berechnung wird die von Konstantinov *et al.* vorgeschlagene empirische Gl. A.9 in Anh. A verwendet [244].

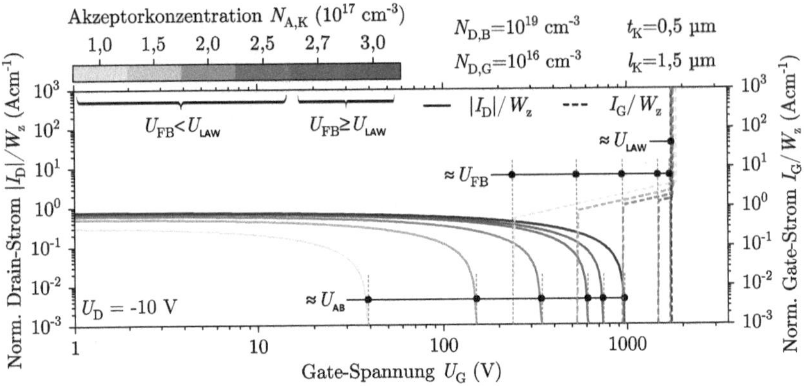

Abbildung 3.8 Analytische Simulation der Transfereigenschaften ($|I_D|/W_z$ (U_G)) und des Durchbruchverhaltens der Gate-Struktur (I_G/W_z (U_G)) des pSFETs. Die Kurvenscharen werden durch eine Variation von $N_{A,K}$ erzeugt, um die Bedingung in Gl. 3.14 zu verdeutlichen

3.1.6 Temperaturverhalten

Als letzten Parameter wird der Einfluss der Temperatur auf die bisher betrachteten Bauteileigenschaften erläutert. Zur Veranschaulichung sind in Abb. 3.9 die Transfereigenschaften des pSFETs inklusive des Durchbruchs der Gate-Struktur dargestellt. Es wird deutlich, dass sich die Temperatur im Wesentlichen lediglich auf den Verlauf von I_D im EIN-Zustand auswirkt. Die charakteristischen Spannungen während des Gate-Durchbruchs (U_{AB}, U_{FB} und U_{LAW}) hingegen sind praktisch unabhängig von der Temperatur.[10] Ebenso verhält es sich mit I_G. Wie sich mithilfe von Gl. 3.11 ermitteln lässt, erhöht sich der Strom aufgrund von thermionischer Emission ($I_{G,Th.Em.}$) bei 600 K im Vergleich zu 200 K und konstanter Spannung zwar etwa um den Faktor 20, jedoch weist U_{FB} gemäß Gl. 3.11b und Gl. 3.1c nur über $\Psi_{b,G}$ eine Temperaturabhängigkeit auf. Da diese allerdings im mV-Bereich liegt, ist der Einfluss der Temperatur im Hinblick auf das Durchbruchverhalten praktisch nicht sichtbar. Der Einfluss auf den leitenden Betrieb ist für die Funktion des inversen Thyristors jedoch signifikant. Genaue Betrachtung von Abb. 3.9 zeigt, dass I_D

[10] Die Wahrscheinlichkeit für Phononenstreuung steigt bei erhöhter Temperatur infolgedessen bei 4H-SiC erhöhte Werte von U_{LAW} beobachtet werden [245, 246]. In der Literatur wird von Temperaturkoeffizienten im Bereich von 50 ppm/K bis 280 ppm/K berichtet [247–249]. Für 1,2 kV sind etwa 200 ppm/K zu erwarten [250]. Dieser Effekt kann vom im Rahmen dieser Arbeit entwickelten analytischen Modell jedoch nicht abgebildet werden.

für 400 K zunächst ansteigt und bei einer weiteren Erhöhung von T abfällt. Dies beruht maßgeblich auf die gegenläufigen Effekte der zunehmenden Ionisierung der Dotierstoffe und der abnehmenden Ladungsträgermobilität bei erhöhten Temperaturen (s. Abschn. 2.5 und 2.6), welche sich letztendlich auf den Einschaltwiderstand ($R_{EIN,sp}$, Gl. 3.10b) und den Sättigungsstrom ($I_{SAT} = I_D(U_{SAT})$, Gl. 3.8b und 3.9) auswirken.

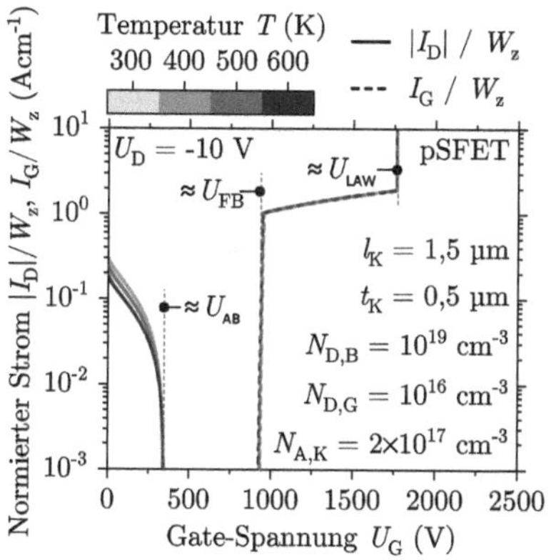

Abbildung 3.9 Analytische Simulation der Transfereigenschaften ($|I_D|/W_Z\,(U_G)$) und des Durchbruchverhaltens der Gate-Struktur ($I_G/W_Z\,(U_G)$) des pSFETs bei verschiedenen Temperaturen (T)

Der Temperaturverlauf beider Größen ist in Abb. 3.10 für beide SFETs dargestellt. Aus Abb. 3.10a wird deutlich, dass $R_{EIN,sp}$ des nSFETs kontinuierlich ansteigt, während sich beim pSFET ein Minimum bei etwa 365 K ergibt. Dies ist im Einklang mit den Beobachtungen in Abschn. 2.6 *Ladungsträgertransport*: In p-dotiertem SiC trägt die Ionisierung von Akzeptoren zunächst stärker zur Leitfähigkeit (σ_p) bei, als sie durch abnehmende Mobilität aufgrund von Phononenstreuung beeinträchtigt wird. Der qualitative Kurvenverlauf von I_{SAT} in Abb. 3.10b ist gemäß dem Zusammenhang aus Gl. 3.10a invers zu dem von $R_{EIN,sp}$. Der Einfluss beliebiger Dotierstoffkonzentrationen in den Gate- und Backgate-Gebieten ($N_{D/A,G/B}$) wird mithilfe der Kurvenscharen verdeutlicht. Für sehr geringe Werte ist die Ausbreitung der RLZ in das jeweilige Kanalgebiet vernachlässigbar, sodass die theoretischen Grenzen von

$$R_{EIN,sp,LIM} = \left(\sigma_{n/p} \cdot \frac{t_K}{l_K}\right)^{-1} \tag{3.15}$$

und

$$I_{\mathrm{SAT,LIM}} = \sigma_{n/p} \cdot \frac{t_K}{l_K} \cdot U_{\mathrm{SAT}} \bigg|_{U_G = 0\,\mathrm{V}} \tag{3.16}$$

für $N_{D/A,G/B} = 1 \times 10^{14}\,\mathrm{cm}^{-3}$ bereits erreicht sind. Dieser Zusammenhang wäre ohne die Erweiterung des Modells um nicht-einseitig abrupte pn-Übergänge nicht erkennbar (s. Abb. 3.5).

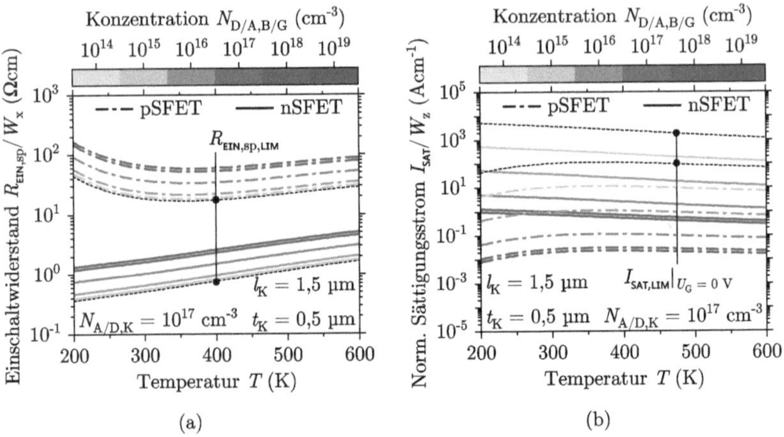

Abbildung 3.10 Analytische Simulation der Temperaturabhängigkeit des Einschaltwiderstands ($R_{\mathrm{EIN,sp}}$, a) und des Sättigungsstroms (I_{SAT}, b) des nSFETs (durchgezogene Linien) und des pSFETs (Strich-Punkt-Linien). Die Kurvenscharen werden durch eine Variation von $N_{D/A,G} = N_{D/A,B}$ erzeugt, um den Einfluss beliebiger Dotierstoffkonzentrationen zu verdeutlichen

Bezüglich der Temperaturabhängigkeit von σ_p ist die Diskrepanz der Ionisierungsenergien von Al als Akzeptor in SiC ($E_{\mathrm{ION,A,1/2}}$) im Stand der Wissenschaft zu beachten. Zur Abschätzung der Auswirkung von $E_{\mathrm{ION,A2}} = 369\,\mathrm{meV}$ anstelle des von Ivanov *et al.* vorgeschlagenen und üblicherweise verwendeten Literaturwerts von 201 meV, wird der Quotient aus den jeweils resultierenden Widerständen ($Q_{\mathrm{R,ION}}$) gemäß

$$Q_{\mathrm{R,ION}} = \frac{R_{\mathrm{EIN,sp}}(E_{\mathrm{ION,A,2}} = 369\,\mathrm{meV})}{R_{\mathrm{EIN,sp}}(E_{\mathrm{ION,A,2}} = 201\,\mathrm{meV})} \tag{3.17}$$

gebildet und in Abb. 3.11 als Funktion von T dargestellt [201]. Aufgrund des geringeren Ionisierungsgrades für 369 meV ist der temperaturabhängige Quotient der Widerstände permanent größer als 1, wobei er bspw. für $N_{A,K} = 2 \times 10^{16}\,\mathrm{cm}^{-3}$

bei 432 K ein Maximum von etwa 1,67 erreicht. Die qualitativen Kurvenverläufe ergeben sich aus der in Abschn. 2.3.2 erläuterten und praktisch sequenziellen Ionisierung der einzelnen Akzeptorzustände. Die Temperatur des Maximums im Verlauf von $Q_{\mathrm{R,ION}}(T)$ entspricht dabei ungefähr der Temperatur, bei dem der Akzeptor mit $E_{\mathrm{ION,A,1}}$ vollständig ionisiert ist und steigt daher mit $N_{\mathrm{A,K}}$ (s. Abb. 2.8). Bei sehr hohen Temperaturen werden auch die Akzeptoren mit einer hohen Ionisierungsenergie ionisiert, sodass die Kurven allmählich gegen 1 laufen.

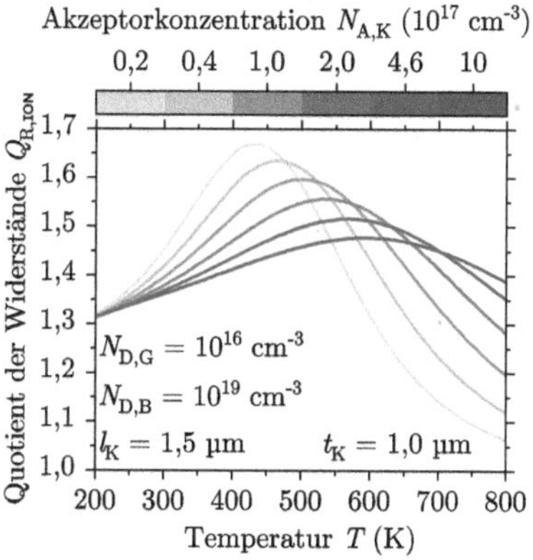

Abbildung 3.11 Analytische Simulation der Temperaturabhängigkeit des Verhältnisses der Einschaltwiderstände des pSFETs ($Q_{\mathrm{R,ION}}$) resultierend aus $E_{\mathrm{ION,A,1/2}}$ gleich 198 meV und 201 meV und 195 meV und 369 meV. Die Kurvenscharen werden durch eine Variation der Akzeptorkonzentration im Kanal ($N_{\mathrm{A,K}}$) erzeugt

ABSCHLIEẞEND IST HERVORZUHEBEN, dass nur aufgrund der Erweiterung des Modells durch die Berücksichtigung beliebiger Werte von $N_{\mathrm{D,B/G}}$ eine Sperrfähigkeit der Gate-Struktur von etwa 1 kV mit praktisch sinnvollen Entwurfsparametern ermittelt werden kann. Wie in Abschn. 3.2 erläutert wird, ist diese Erkenntnis für den Entwurf eines inversen Thyristors mit einer ebenso hohen Spannungsklasse essenziell.

3.2 Inverser Thyristor

Der inverse Thyristor zeichnet sich durch seine einzigartige Fähigkeit aus, beim Erreichen eines gewissen Anode-Stromwertes ($I_{\mathrm{A}} = I_{\Delta}$) selbstständig von einem leitenden (EIN) in einen sperrenden (AUS) Zustand zu wechseln und diesen zu halten. Das für diese Arbeit adaptierte Konzept basiert auf der Verwendung von zwei komplementären SFETs [171, 173]. Abb. 3.12 zeigt das zur Realisierung verwendete Ersatzschaltbild je eines SiC nSFETs und pSFETs in anti-serieller Anordnung. Folglich teilen sich beide SFETs eine gemeinsame Source-Elektrode (S), welche mit ihren Backgate-Elektroden (B) kurzgeschlossen ist. Darüber hinaus sind die Gate-Elektroden (G) mit der Drain-Elektrode (D) des jeweils anderen SFETs verbunden und bilden zugleich Anode (A) und Kathode (K) des inversen Thyristors. Wie in Abschn. 1.2 *Überstromschutzschalter* gezeigt, befindet sich die Anode auf dem hohen und die Kathode auf dem niedrigen Potential. Die Source-Elektrode hingegen ist in der Standardkonfiguration potentialfrei[11] und bewegt sich je nach Auslegung und Arbeitspunkt zwischen den Potentialen der Anode und der Kathode. Es handelt sich effektiv also um ein 2-Pol-Bauelement.[12] Da die SFETs selbstleitend[13] sind, stellt sich beim Anlegen einer Anode-Kathode-Spannung (U_{AK}) im EIN-Zustand ein Anode-Strom ($I_{A,EIN}$) ein, der wie in Abb. 3.12 illustriert durch die Kanäle der SFETs fließt. Im Durchbruch nimmt der Anode-Strom ($I_{A,DB}$) aufgrund

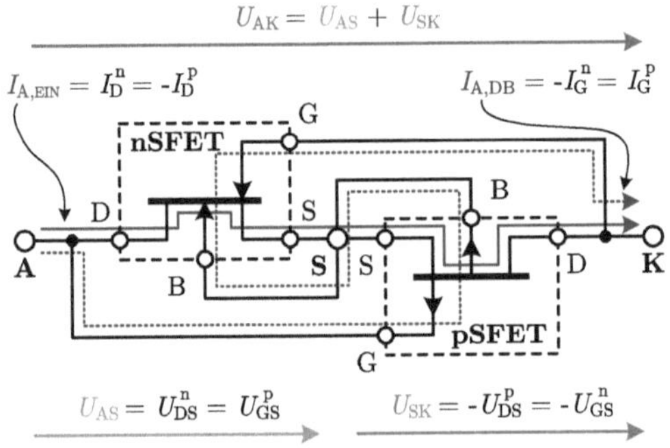

Abbildung 3.12 Ersatzschaltbild des inversen Thyristors. In dieser Arbeit wird das Konzept mit zwei komplementären, selbstleitenden SiC SFETs (nSFET und pSFET) realisiert. Der Strompfad im leitenden Zustand ($I_{A,EIN}$) führt wie markiert durch die Kanäle beider SFETs von der Anode (A) zur Kathode (S). Die Source-Elektrode (S) ist in der Standardkonfiguration potentialfrei

[11] engl.: floating

[12] In Abschn. 5.4 werden zusätzliche Funktionen diskutiert, die durch eine *aktive Ansteuerung* der Source-Elektrode ermöglicht werden.

[13] engl.: normally-on

des Felddurchgriffs den Pfad quer zu den Kanälen über die Gate- und Backgate-Strukturen der SFETs (s. Abschn. 3.1.5).

3.2.1 Aufbau und Funktionsprinzip

Das grundlegende Funktionsprinzip des inversen Thyristors lässt sich anhand seiner in Abb. 3.13 schematisch dargestellten quasi-statischen Ausgangskennlinie ($I_A(U_{AK})$) verstehen. Als prominenteste Eigenschaft fällt auf, dass er einen EIN- und einen AUS-Zustand in einer einzigen Kennlinie aufweist. Bei der Betrachtung der Kennlinie lässt sich im EIN-Zustand eine starke Ähnlichkeit zur *Ausgangskennlinie* eines Transistors erkennen. Im Bereich hoher Spannungen hingegen ähnelt sie dessen *Sperrkennlinie*. Es ist entscheidend, dass der inverse Thyristor die Ausgangs- und Sperreigenschaften eines Transistors in einer einzigen Kennlinie miteinander vereint. Denn nur dadurch ist es möglich, die Funktion einer konventionellen Sicherung, in einem 2-poligen Halbleiterbauelement zu realisieren.

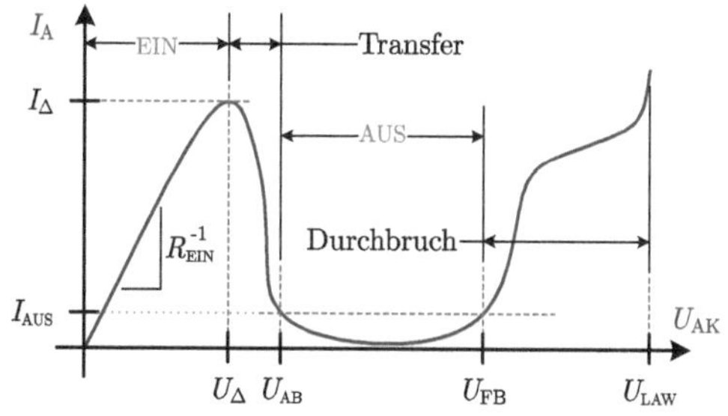

Abbildung 3.13 Schematische Darstellung der quasi-statischen Ausgangskennlinie des inversen Thyristors ($I_A(U_{AK})$). Der inverse Thyristor vereint einen leitenden EIN-Zustand und einen sperrenden AUS-Zustand in einer einzigen Kennlinie

Im EIN-Zustand zeigt die Kennlinie einen annähernd linearen Strom-Spannung-Zusammenhang, wodurch sich praktisch ein konstanter Einschaltwiderstand (R_{EIN}) ablesen lässt. In diesem Arbeitsbereich leitet der inverse Thyristor I_A als Laststrom der Applikation. Daher ist ein möglichst steiler Anstieg zur Reduzierung von R_{EIN} und somit der Verlustleistung im Nennbetrieb äußerst erstrebenswert. Nach dem Erreichen eines gewissen Auslösearbeitspunktes ($U_\Delta | I_\Delta$) fällt die Kennlinie und transferiert von U_Δ über die Abschnürspannung (U_{AB}) in den AUS-Zustand. Dieser Arbeitsbereich zeichnet sich durch einen unkritisch geringen Stromfluss aus, der unterhalb eines arbiträr gewählten Grenzwertes (I_{AUS}, z.B. 1 μA) liegt, und markiert den sicheren Sperrbetrieb, in den der inverse Thyristor übergeht nachdem er einen Fehlerstrom abgeschaltet hat. Es ist zu beachten, dass die Zwischenkreisspannung innerhalb des AUS-Spannungsfensters liegen muss, damit der inverse Thyristor den AUS-Zustand selbstständig aufrecht erhält. Oberhalb einer gewissen Durchbruchspannung (U_{DB}) kommt es aufgrund der in Abschn. 3.1.5 diskutierten Durchbruchmechanismen permanent zu einem signifikanten Leckstrom und beim Erreichen von U_{LAW} schließlich zum Lawinendurchbruch. Die wesentlichen Wirkmechanismen im leitenden und sperrenden Betrieb werden in den folgenden Abschnitten im Kontext des inversen Thyristors erneut erläutert.

DAS SCHEMATISCHE ERSATZSCHALTBILD des analytischen Modells zum inversen Thyristor ist in Abb. 3.14 gezeigt und entspricht grundsätzlich derselben Verschaltung wie in Abb. 3.12. Hier ist lediglich der in Abschn. 3.1 eingeführte schematische Querschnitt des SFETs als Darstellungsform gewählt, um die entscheidenden Entwurfsparameter hervorzuheben: die Kanallängen (l_K^*)[14], Kanaltiefen (t_K^*) und Dotierstoffkonzentrationen in den Kanal-, Gate- und Backgate-Gebieten ($N_{D/A,K}^*$, $N_{D/A,G}^*$ und $N_{D/A,B}^*$) beider SFETs. Neben den in Summe 10 Entwurfsparametern berücksichtigt das Modell außerdem den in den vorangegangenen Abschnitten diskutierten Einfluss der Temperatur auf die Ionisierung und Mobilität der Ladungsträger. Kontaktbereiche, Metall-Halbleiter-Übergänge und Leitungen hingegen werden nicht modelliert bzw. als ideal angenommen [251].

Prinzipiell gelten für die Modellierung des inversen Thyristors dieselben Annahmen und Modelle wie in Abschn. 3.1 für die SFETs. Aufgrund der in Abb. 3.14 gezeigten Verschaltung, sind die Ströme und Spannungen lediglich zusätzlichen Bedingungen unterworfen. So ist die Vorwärts- bzw. Drain-Source-Spannung des nSFETs (U_{DS}^n) identisch zur Kontroll- bzw. Gate-Source-Spannung des pSFETs (U_{GS}^p) und umgekehrt. Als Folge wird die Ausdehnung der RLZ im Kanal des einen SFETs durch U_{DS}^* des anderen moduliert. Ihre Zustände sind also miteinander verknüpft und beeinflussen sich gegenseitig. Dies macht hinsichtlich der Modellierung eine Diskretisierung der Arbeitsbereiche beider SFETs für jeden Arbeitspunkt des inversen Thyristors notwendig.

[14] Fortan werden dem nSFET zugeordnete Parameter mit dem hochgestellten Index „n“ gekennzeichnet. Die des pSFETs entsprechend mit „p“. Sind beide bzw. ein beliebiger SFET gemeint wird „*“ verwendet. Parameter die sich auf den inversen Thyristor als monolithisch integriertes Bauelement beziehen, wie bspw. sein Einschaltwiderstand ($R_{EIN,sp}$), erhalten keinen hochgestellten Index.

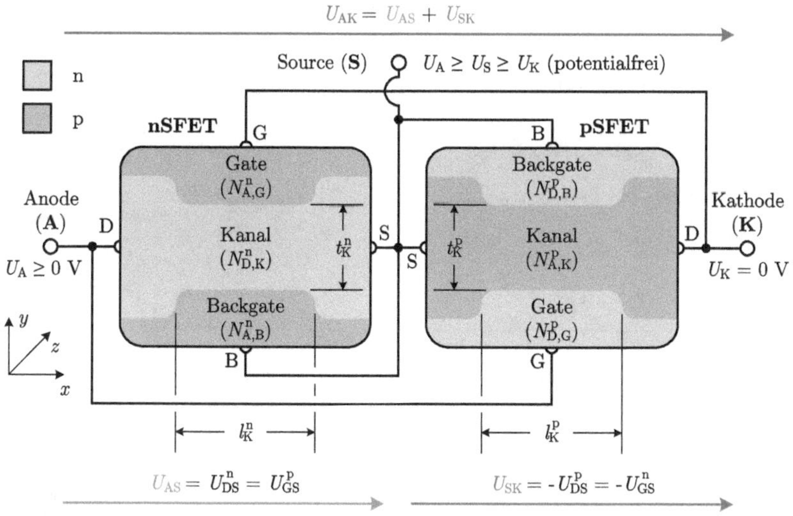

Abbildung 3.14 Schematische Darstellung des inversen Thyristors

3.2.2 Arbeitsbereiche und Trajektorien

Wie in Abschn. 3.1 beschrieben, finden je nach Arbeitspunkt der SFETs unterschiedliche Gleichungen zur Berechnung von I^*_D (im EIN-Zustand) und I^*_G (im Gate-Durchbruch) Anwendung. In der Verschaltung des inversen Thyristors hängen U^*_{DS} und U^*_{GS} gemäß des zweiten Kirchhoffschen Gesetzes vom U_{AK}-Spannungsteiler ab:

$$U_{AK} = U_{AS} + U_{SK}, \tag{3.18}$$

mit

$$U_{AS} = U^n_{DS} = U^p_{GS} \tag{3.18a}$$

und

$$U_{SK} = -U^p_{DS} = -U^n_{GS}. \tag{3.18b}$$

Mit einem U_{AK}-Spannungsdurchlauf von 0 V bis U_{AD} wird somit eine Trajektorie durch die Ausgangskennlinienfelder der SFETs bis in den AUS-Zustand gefahren.

Unter Berücksichtigung der drei Zustandsbereiche: Trioden- (1), Sättigungs- (2) und Abschnürbereich (3), befinden sich die SFETs stets in einer von insgesamt 9 diskreten Kombinationen der Arbeitsbereiche. Abb. 3.15a illustriert diese für jeden

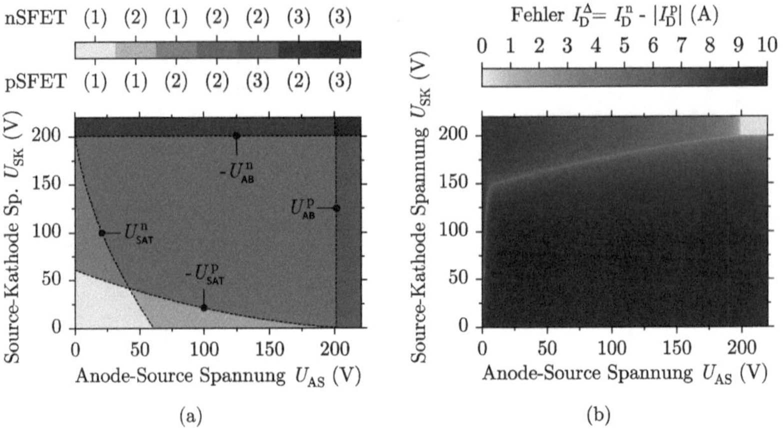

Abbildung 3.15 Arbeitsbereiche (a) und Fehler der Lösungsmenge (b) jedes möglichen Arbeitspunkts ($U_{AS}|U_{SK}$) von $U_{AK} = 0\,V$ bis $U_{AK} = 440\,V$. In (a) sind die drei berücksichtigten SFET-Zustände Trioden-Bereich (1), Sättigungsbereich (2) und Abschnürbereich (3) illustriert. Aus (b) geht eine diskrete Lösung mit minimalem Fehler (I^1_D) hervor, die zugleich die Trajektorie der Arbeitspunkte verdeutlicht. Die Entwurfsparameter können Tab. 3.1 entnommen werden

Tabelle 3.1 Entwurfsparameter zu den in Abb. 3.15 und Abb. 3.16 gezeigten Simulationen

	$N^*_{D/A,K}$ (cm^{-3})	$N^*_{D/A,B}$ (cm^{-3})	$N^*_{D/A,G}$ (cm^{-3})	t^*_K (µm)	l^*_K (µm)
nSFET	1×10^{17}	1×10^{16}	1×10^{16}	0,5	1,5
pSFET	1×10^{17}	1×10^{16}	1×10^{16}	0,5	1,5

möglichen Arbeitspunkt ($U_{AS}|U_{SK}$) von $U_{AK} = 0\,V$ bis $U_{AK} = 440\,V$. Die in für den dargestellten Fall verwendeten Entwurfsparameter sind in Tab. 3.1 aufgelistet und für beide SFETs identisch.

Es wird deutlich, dass beide SFETs im Bereich geringer Spannungen im Triodenbereich arbeiten. Bei $U_{AS} \approx U_{SK} \approx 40\,V$ ist die Sättigungsspannung (U^*_{SAT}, Gl. 3.9) beider SFETs erreicht. Da $U_{AS} = U^p_{GS}$, sinkt die Sättigungsspannung des pSFETs gemäß Gl. 3.9 graduell, während U_{AS} zunimmt. Entsprechendes gilt für den nSFET und U_{SK}. Bei $U_{AS} \approx U_{SK} \approx 200\,V$ sind die Abschnürspannungen (U^*_{AB}, Gl. 3.4) erreicht und beide SFETs gehen simultan in den AUS-Zustand über.

Es sei erwähnt, dass die Diffusionsspannung (Ψ_b, Gl. 3.1c) hier der einzige Parameter ist, der die Berücksichtigung von unvollständiger Ionisierung notwendig macht und daher für beide SFETs unterschiedlich ist. Der Einfluss ist allerdings derart gering ($< 100\,\text{mV}$), dass in Abb. 3.15a eine augenscheinliche Spiegelsymmetrie entsteht. Die Trajektorie der Arbeitspunkte bei einem U_{AK}-Spannungsdurchlauf hingegen wird maßgeblich durch die geringere Leitfähigkeit im p-Kanal (σ_p, Abb. 2.9b) beeinflusst und ist daher stark asymmetrisch.

DIESE TRAJEKTORIE geht aus Abb. 3.15b hervor. Ihre Ermittlung bedarf aufgrund der Verknüpfung von U^*_{DS} und U^*_{GS} das numerische Lösen eines Optimierungsproblems.[15] Basierend auf der Annahme, dass I_{A} im EIN-Zustand ausschließlich durch die Kanäle der SFETs fließt ($I_{\text{A,EIN}} = |I^*_{\text{D}}|$), lässt sich auf Grundlage des ersten Kirchhoffschen Gesetzes über die Differenz der absoluten Drain-Ströme (I^Δ_{D}) eine geeignete Bewertungsfunktion der Lösung jedes Arbeitspunkts ($U_{\text{AS}}|U_{\text{SK}}$) finden:[16]

$$I^\Delta_{\text{D}}(U_{\text{AS}}, U_{\text{SK}}) \stackrel{\text{def}}{=} I^{\text{n}}_{\text{D}}(U_{\text{AS}}, U_{\text{SK}}) - |I^{\text{p}}_{\text{D}}(U_{\text{AS}}, U_{\text{SK}})|. \tag{3.19}$$

Zur Veranschaulichung werden I^{n}_{D} und I^{p}_{D} mithilfe von Gl. 3.19 für jeden Arbeitspunkt berechnet und die resultierenden Werte von I^Δ_{D} in Abb. 3.15b aufgetragen. Diese Darstellung illustriert also den Fehler der vollständigen Lösungsmenge des U_{AK}-Spannungsdurchlaufs. Es ist zu erkennen, dass eine diskrete Lösung mit minimalem I^Δ_{D} für jeden Wert von U_{AK} existiert (aufgrund der gewählten Skalierung, für Spannungswerte oberhalb von U^*_{AB} nicht sichtbar). Diese Lösungen werden für die nachfolgenden Diskussionen mithilfe des Bisektionsverfahrens ermittelt.

3.2.3 Ausgangskennlinie

Um die vollständige Ausgangskennlinie des inversen Thyristors $I_{\text{A}}(U_{\text{AK}})$ zu berechnen, wird I_{A} im Arbeitsbereich des Durchbruchs ($U_{\text{FB}} \leq U_{\text{AK}} \leq U_{\text{LAW}}$) unter der Annahme, dass I_{A} ausschließlich über die Gate-Strukturen fließt ($I_{\text{A,DB}} = |I^*_{\text{G}}|$) auf ähnliche Weise mithilfe von Bisektion bestimmt. Das resultierende Ergebnis für den in Tab. 3.1 aufgelisteten Parametersatz ist in Abb. 3.16 gezeigt. Prinzipiell illustrieren alle Unterabbildungen den Anode-Strom derselben Simulation. In

[15] Der entsprechende *Octave*-Code ist in Anh. A *Ergänzungen zur Modellierung* aufbereitet.

[16] Das Bilden von Beträgen negativer Größen wie I^{p}_{D} dient ausschließlich der Veranschaulichung. Im Zuge der Modellierung wird die Vorzeicheninformation mit großer Sorgfalt behandelt.

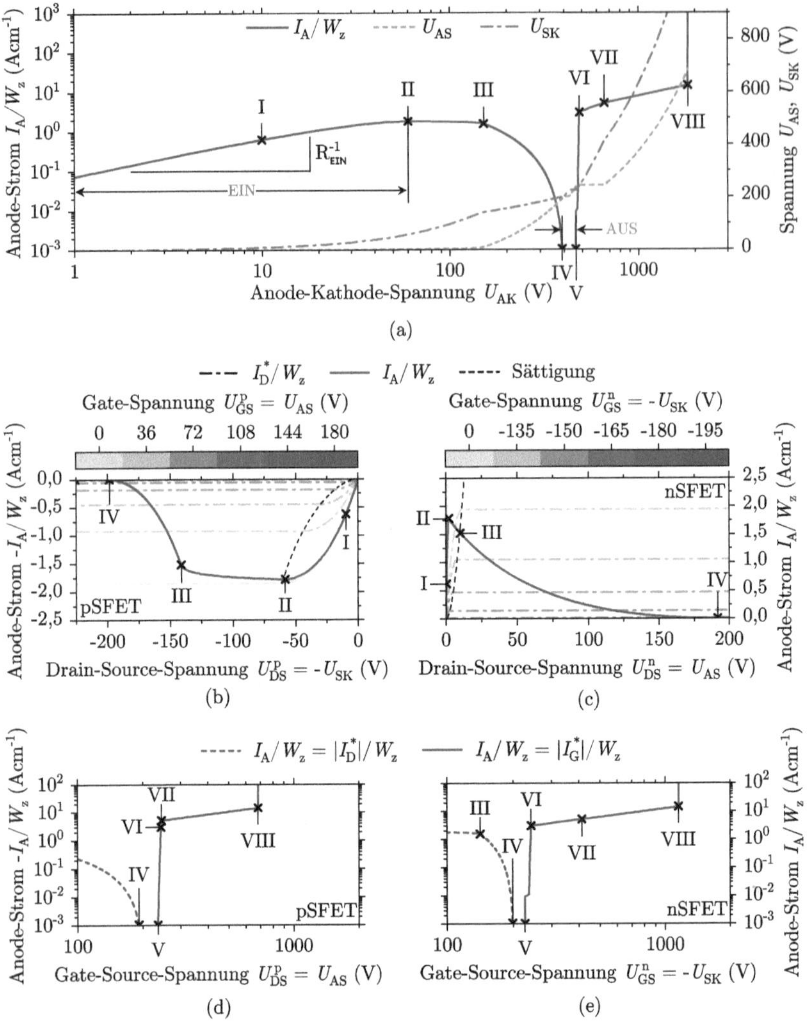

Abbildung 3.16 Analytische Simulation der Ausgangscharakteristik des inversen Thyristors (a). In (b) und (c) ist I_A bis zum Abschnürpunkt als Trajektorie durch die Ausgangskennlinienfelder der SFETs dargestellt. Das Durchbruchverhalten wird in (d) und (e) in Form von $|I_G^*|$ illustriert. Die Entwurfsparameter können Tab. 3.1 entnommen werden

(a) als Ausgangskennlinie des inversen Thyristors, in (b) und (c) als Trajektorie durch die Ausgangskennlinienfelder der SFETs und in (d) und (e) in Form ihrer Transferkennlinien zur Verdeutlichung des Gate-Durchbruchs.

Die Ausgangskennlinie des inversen Thyristors weist 8 charakteristische Arbeitspunkte (I bis VIII) auf, welche ebenfalls in die Kennlinien der Unterabbildungen (b) bis (e) übertragen sind, um die entsprechenden Arbeitspunkte der SFETs zu veranschaulichen. Ihre Bedeutung ist zur Übersicht in Tab. 3.2 aufgelistet. Neben den charakteristischen Kenngrößen des inversen Thyristors (R_{EIN}, I_{Δ}, U_{AB}, U_{DB} und U_{LAW}), die zugleich wesentliche Entwurfsziele darstellen, werden dort auch die Zustände der SFETs den Arbeitspunkten zugeordnet. Die im vorangegangen Abschnitt eingeführten Zustände ((1) bis (3)) werden zur Beschreibung des Durchbrucharbeitsbereichs um die durch thermionische Emission (4), Raumladungseffekt (5) und Lawinendurchbruch (6) dominierten Zustände ergänzt.

Tabelle 3.2 Übersicht über die in Abb. 3.16 markierten Arbeitspunkte (I bis VIII) des inversen Thyristors. Diese ergeben sich aus den Zuständen der SFETs: Trioden- (1), Sättigungs- (2), Abschnürbereich (3), thermionische Emission (4), Raumladungseffekt (5) und Lawinendurchbruch (6)

	I	II	III	IV	V	VI	VII	VIII
Inverser	EIN-Zustand		$\rightarrow$	AUS-Zustand		Durchbruch		
Thyristor	R_{EIN}	I_{Δ}		U_{AB}	U_{DB}			U_{LAW}
nSFET	(1)	(1)	(2)	(3)	(4)	(5)	(5)	(6)
pSFET	(1)	(2)	(2)	(3)	(4)	(4)	(5)	(6)

Abb. 3.16 zeigt, dass beide SFETs in Arbeitspunkt I im linearen Trioden-Bereich arbeiten, weshalb sich im EIN-Zustand wie erwartet ein annähernd konstanter Wert des EIN-Widerstands (R_{EIN}) ablesen lässt. Arbeitspunkt II markiert genau den Arbeitspunkt, in dem der erste SFET (hier der pSFET) in Sättigung geht und stellt zugleich den Auslösearbeitspunkt des inversen Thyristors dar. Der Wert des Sättigungsstroms der SFETs ($|I^*_{\mathrm{SAT}}|$) bestimmt daher jenen des Auslösestroms des inversen Thyristors (I_{Δ}). Der zweite SFET sättigt in Arbeitspunkt III und bewirkt anschließend einen starken Abfall von I_{A} im Transferbereich. Wie bereits in Abb. 3.15 zu beobachten war, markiert Arbeitspunkt IV schließlich das simultane Abschnüren beider Kanäle und somit den Übergang des inversen Thyristors in den AUS-Zustand bei U_{AB}.

In Arbeitspunkt V überschreitet I_{A} aufgrund von thermionischer Emission (s. Abschn. 3.1.5) den arbiträr gewählten Grenzwert von $I_{\mathrm{AUS}} = 1\,\mathrm{mA\,cm^{-1}}$. Dieser

Strom fließt wie im Ersatzschaltbild in Abb. 3.12 illustriert als $I_{A,DB}$ quer zu den Kanälen von der Anode zur Kathode. Bei VI dominiert im ersten SFET (hier der nSFET) der Raumladungseffekt und limitiert I_A bevor der zweite SFET bei VII ebenfalls vom Raumladungseffekt betroffen ist. Schließlich ist in Arbeitspunkt VIII das kritische elektrische Feld (E_{KRIT}) erreicht und es erfolgt der charakteristisch steile Stromanstieg aufgrund von Stoßionisation. Im Gegensatz zu den Betrachtungen in Abschn. 3.1.5 muss hier nicht $U_{GS}^{p} = U_{AS}$, sondern U_{AK} den Wert von U_{LAW} erreichen damit es zum Lawinendurchbruch kommt. Als Vorgriff auf eine Entwurfsmaßnahme zur Abschirmung gegen das elektrische Feld in der Gate-Struktur des nSFETs in Kap. 4 *Praktische Auslegung und monolithische Integration*, wird im Folgenden lediglich der Lawinendurchbruch im pSFET in Betracht gezogen.

KONKRET BERUHT DER INTRINSISCHE SPERRMECHANISMUS des inversen Thyristors auf einer Art Mitkopplung des Widerstands der SFETs (R^*), die ihren Kipppunkt mit I_Δ erreicht. Wie aus den Ausgangskennlinienfeldern der SFETs in Abb. 3.16b und 3.16c hervorgeht, führt eine Erhöhung von I_A zu einer Erhöhung von $|U_{DS}^*|$ und $|U_{GS}^*|$ beider SFETs und folglich zur Abschnürung deren Kanäle. Im EIN-Zustand lässt sich der inverse Thyristor also als stromgesteuert verstehen. Der Kipppunkt der Mitkopplung ist erreicht, sobald I_A den Sättigungsstromwert ($|I_{SAT}^*|$) eines der SFETs erreicht. Mit dem Erreichen der Sättigung geht der differentielle Widerstand (ΔR^*) gemäß

$$\lim_{I_A \to |I_{SAT}^*|} \Delta R^*(I_A) = \left| \frac{dI_A}{dU_{DS}^*} \right|^{-1} = \infty\ \Omega \tag{3.20}$$

gegen unendlich. Da es sich prinzipiell um eine Serienschaltung der SFETs handelt, kann I_A also nicht weiter ansteigen, sobald der erste SFET sättigt.

Im Verlauf des Transferbereichs geht auch der zweite SFET in Sättigung bevor beide schließlich bei $U_{AK} = U_{AB}$ in den Sperrzustand übergehen. Da eine Änderung von U_{AK} (gekennzeichnet mit vorangestelltem „Δ“) gemäß dem U_{AK}-Spannungsteiler immer eine Änderung von U_{AS} und U_{SK} bewirkt, ist es dem Verständnis zuträglich, den Betrieb des inversen Thyristors für $U_{AK} \geq U_\Delta$ als spannungsgesteuert zu interpretieren. Unter Berücksichtigung der Grenzwertbetrachtung in Gl. 3.20 ändert sich mit dem Erreichen der Sättigung des ersten SFETs ($\Delta R^* = \infty\ \Omega$) zunächst nur noch eine der Teilspannungen:

$$\Delta U_{\mathrm{AK}} = \overbrace{I_{\mathrm{A}} \cdot \Delta R^{\mathrm{n}}}^{\Delta U_{\mathrm{AS}}} + \overbrace{I_{\mathrm{A}} \cdot \Delta R^{\mathrm{p}}}^{\Delta U_{\mathrm{SK}}}$$
$$= \begin{cases} \Delta U_{\mathrm{AS}} & : I_{\mathrm{A}} = I^{\mathrm{n}}_{\mathrm{SAT}},\; I_{\mathrm{A}} < |I^{\mathrm{p}}_{\mathrm{SAT}}| \\ \Delta U_{\mathrm{SK}} & : I_{\mathrm{A}} < I^{\mathrm{n}}_{\mathrm{SAT}},\; I_{\mathrm{A}} = |I^{\mathrm{p}}_{\mathrm{SAT}}| \\ \Delta U_{\mathrm{AS}} + \Delta U_{\mathrm{SK}} & : I_{\mathrm{A}} = I^{\mathrm{n}}_{\mathrm{SAT}},\; I_{\mathrm{A}} = |I^{\mathrm{p}}_{\mathrm{SAT}}| \end{cases} . \tag{3.21}$$

Für den in Abb. 3.16 betrachten Fall ist zwischen den Arbeitspunkten II und III nur der pSFET gesättigt und ΔU_{SK} daher identisch zu ΔU_{AK}, während U_{AS} annähernd konstant bleibt. Es erhöht sich also primär die Gate-Source-Spannung des nSFETs und zwingt diesen ebenfalls in die Sättigung. $I^{\mathrm{p}}_{\mathrm{SAT}}$ und somit I_{A} bleiben währenddessen ebenfalls annähernd konstant. Erst mit dem Sättigen des nSFETs kann auch U_{AS} ansteigen. Dadurch wird der eigentliche Abschnürprozess der Kanäle initiiert, der letztendlich mit dem Erreichen von U_{AB} abgeschlossen ist.

IM TRANSIENTEN FALL würde der inverse Thyristor je nach Verschaltung und Fehlerfall mit unterschiedlichen $I_{\mathrm{A}}(U_{\mathrm{AK}})$-Trajektorien in den AUS-Zustand transferieren und währenddessen die Zwischenkreisspannung (U_{ZK}) des abgesicherten Pfades als Sperrspannung aufnehmen (s. Abschn. 5.3 *Transiente elektrische Bauteileigenschaften*). Er verbleibt nach dem Transferieren daher in einem Arbeitspunkt, in dem U_{AK} gleich U_{ZK} ist, solange U_{ZK} aufrechterhalten wird. Im Gegensatz zu konventionellen Sicherungskonzepten, ist es daher eine notwendige Voraussetzung, dass U_{ZK} nicht nur unterhalb der zulässigen Sperrspannung, sondern auch innerhalb des AUS-Spannungsfensters liegt. Ist dies nicht der Fall, transferiert der inverse Thyristor in einen Arbeitspunkt, in dem ein gegebenenfalls unzulässig hoher Strom fließt ($I_{\mathrm{A}} > I_{\mathrm{AUS}}$). Die Position und Größe des AUS-Spannungsfensters sind daher ein wesentliches Entwurfsziel.

3.2.4 Entwurfsparameter und Temperaturverhalten

Bei genauerer Betrachtung von Abb. 3.16b und 3.16c ist zu erkennen, dass der pSFET bei den gewählten Entwurfsparametern (s. Tab. 3.1) nahezu voll aufgesteuert in Sättigung geht, wohingegen der nSFET, verglichen zu seiner maximalen Stromtragfähigkeit, bei einem sehr geringen Stromwert sättigt. Es ist daher naheliegend, die Entwurfsparameter hinsichtlich einer ausgewogeneren Bauteilauslastung zu optimieren. Die Interaktion der SFETs führt dabei zu entscheidenden Herausforderungen, da die Anpassung eines SFETs den Arbeitspunkt des anderen beeinflusst.

Anhand der Ausgangskennlinie des inversen Thyristors lassen sich der Einschaltwiderstand (R_{EIN}) und der Auslösestrom (I_{Δ}) als die relevanten Charakteristika des EIN-Zustands erkennen. Im AUS-Zustand sind es die Abschnürspannung (U_{AB}) und die beiden Durchbruchspannungen, welche den Felddurchgriff (U_{FB}) sowie den Lawinendurchbruch (U_{LAW}) markieren. Diese charakteristischen Kennwerte werden maßgeblich durch den Einschaltwiderstand (R^*_{EIN}), den Sättigungsstrom (I^*_{SAT}), die Abschnürspannung (U^*_{AB}) und schließlich dem Gate-Durchbruch der SFETs bestimmt. In Abb. 3.17 werden deren Zusammenhänge anhand exemplarischer Entwurfsparametervariationen aufgezeigt, wobei der in Tab. 3.3 aufgelistete Parametersatz stets als Basis verwendet wird.

Tabelle 3.3 Entwurfsparameter zu den in Abb. 3.17 gezeigten Simulationen

	$N^*_{\text{D/A,K}}$ (cm^{-3})	$N^*_{\text{D/A,B}}$ (cm^{-3})	$N^*_{\text{D/A,G}}$ (cm^{-3})	t^*_{K} (µm)	l^*_{K} (µm)
nSFET	1×10^{17}	1×10^{19}	1×10^{19}	0,5	1,5
pSFET	1×10^{17}	1×10^{19}	1×10^{19}	0,5	1,5

Abb. 3.17a und 3.17c zeigen jeweils die Verläufe von I_{Δ} und $R_{\text{EIN,sp}}$ als Funktion der Tiefe (t^{p}_{K}) und der Akzeptorkonzentration ($N^{\text{p}}_{\text{A,K}}$) des p-Kanals. Aufgrund der anti-seriellen Verschaltung der SFETs ergibt sich der flächenspezifische Widerstand des inversen Thyristors ($R_{\text{EIN,sp}}$) zu

$$R_{\text{EIN,sp}} = R^{\text{n}}_{\text{EIN,sp}} + R^{\text{p}}_{\text{EIN,sp}}, \tag{3.22}$$

wobei $R^*_{\text{EIN,sp}}$ mithilfe von Gl. 3.10b berechnet wird. I_{Δ} korreliert erwartungsgemäß mit I^*_{SAT} (s. Abschn. 3.2.3). Identisch zum pSFET, verhalten sich $R_{\text{EIN,sp}}$ und I_{Δ} gemäß Gl. 3.8b, 3.9 und 3.10b gegenläufig zueinander. Es wird deutlich, dass der Widerstand des inversen Thyristors für einen weiten Parameterbereich vom pSFET limitiert wird. Erst für relativ hohe Werte von t^{p}_{K} und $N^{\text{p}}_{\text{A,K}}$ (etwa 5,5 µm und $6 \times 10^{18}\text{cm}^{-3}$) erreicht der pSFET das Widerstand-Niveau des nSFETs.

In Abb. 3.17b und 3.17d ist der Einfluss von t^{p}_{K} und $N^{\text{p}}_{\text{A,K}}$ auf U_{AB}, U_{LAW} und das AUS-Spannungsfenster (U_{AUS}) im selben Parameterbereich gezeigt. Analog zu U_{DB} in Gl. 3.14, wird auch U_{AUS} je nach gewählten Entwurfsparametern entweder durch U_{FB} oder U_{LAW} bestimmt:

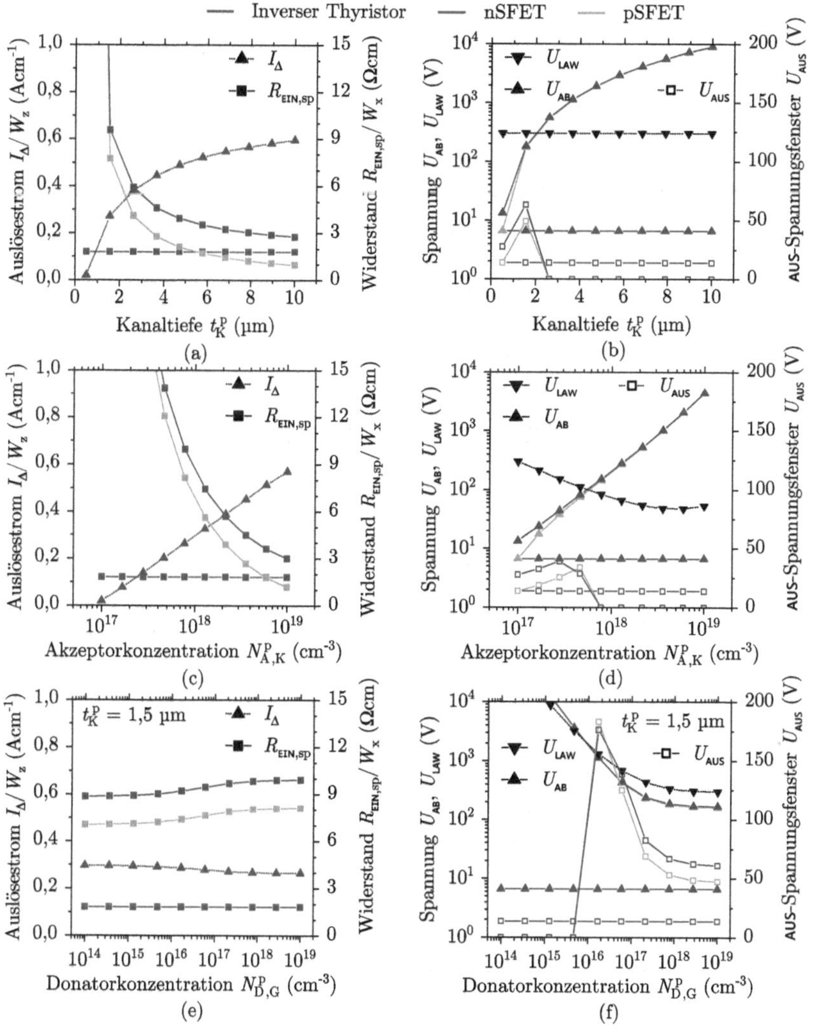

Abbildung 3.17 Analytische Simulation der Abhängigkeit des Auslösestroms (I_Δ) und des spezifischen Einschaltwiderstand ($R_{EIN,sp}$) (a, c und e) und der Abschnürspannung (U_{AB}), der Durchbruchspannung aufgrund des Lawinendurchbruchs (U_{LAW}) und des AUS-Spannungsfensters (U_{AUS}) (b, d und f) von der Kanaltiefe (t_K^p, a und b), der Akzeptorkonzentration im Kanal ($N_{A,K}^p$, c und d) und der Donatorkonzentration im Gate und Backgate ($N_{D,G/B}^p$, e und f) des pSFETs. Der Basissatz der Entwurfsparameter kann Tab. 3.3 entnommen werden

$$U_{\text{AUS}} = \begin{cases} U_{\text{FB}} - U_{\text{AB}} & : t_{\text{K}}^{\text{p}} \cdot N_{\text{A,K}}^{\text{p}} < \epsilon_{\text{SiC}} \cdot E_{\text{KRIT}} \cdot e^{-1} \\ U_{\text{LAW}} - U_{\text{AB}} & : t_{\text{K}}^{\text{p}} \cdot N_{\text{A,K}}^{\text{p}} \geq \epsilon_{\text{SiC}} \cdot E_{\text{KRIT}} \cdot e^{-1} \end{cases} . \tag{3.23}$$

Gemäß Gl. 3.11b steigt U_{FB} mit $N_{\text{A,K}}^{\text{p}}$, ist in guter Näherung proportional zu $\left(t_{\text{K}}^{\text{p}}\right)^2$ und der Logik nach stets größer als U_{AB}. U_{LAW} hingegen ist unabhängig von t_{K}^{p} und sinkt gemäß Gl. 3.13 mit $N_{\text{A,K}}^{\text{p}}$, wodurch lediglich ein Maximum von etwa 300 V erreicht wird. Als Resultat überschreitet U_{AB} bei $t_{\text{K}}^{\text{p}} \approx 2\,\mu\text{m}$ bzw. $N_{\text{A,K}}^{\text{p}} \approx 5,5 \times 10^{17}\,\text{cm}^{-3}$ den Wert von U_{LAW}, wodurch es zum Lawinendurchbruch kommt, bevor die Kanäle abgeschnürt sind. U_{AUS} wird folglich zu null und die angestrebte Sperrspannung von etwa 1 kV um mehr als den Faktor 3 verfehlt.

Wie in Abschn. 3.1 erläutert, eignet sich die Dotierstoffkonzentration in den Gate-Gebieten der SFETs ($N_{\text{D/A,G}}^*$) zur Erhöhung der Durchbruchspannung des inversen Thyristors. Verdeutlicht wird dieser Zusammenhang in Abb. 3.17e und 3.17f. Während der Einfluss auf I_Δ und $R_{\text{EIN,sp}}$ vernachlässigbar ist, steigen U_{LAW} und U_{AUS} für geringe Werte von $N_{\text{D,G}}^{\text{p}}$ signifikant an. So ergibt sich bspw. für $N_{\text{D,G}}^{\text{p}} = 2 \times 10^{16}\,\text{cm}^{-3}$ ein AUS-Spannungsfenster von etwa 175 V und eine Sperrspannung von etwa 1,2 kV.

Es sei erwähnt, dass $R_{\text{EIN,sp}}$ gemäß Gl. 3.10b auch über die Kanallängen (l_{K}^*) skaliert werden kann. Üblicherweise geben technologische Einschränkungen oder diverse Kurzkanaleffekte ein unteres Limit für l_{K}^* vor. Diese spielen für die in Abschn. 4.2 vorgestellte *Zelltopologie* der Einheitszelle des inversen Thyristors eine essenzielle Rolle und werden im Verlauf der Arbeit diskutiert (s. Abschn. 4.1 und 5.2.1). Es wird jedoch stets das Ziel sein, l_{K}^* unter Berücksichtigung dieser Limitierungen zu verringern, um $R_{\text{EIN,sp}}$ zu minimieren.

DAS TEMPERATURVERHALTEN des inversen Thyristors beruht analog zu den SFETs auf unvollständiger Ionisierung der Ladungsträger und Phononenstreuung (s. Abschn. 3.1.6). Folglich ist kein signifikanter Einfluss der Temperatur auf den AUS-Zustand oder den Betrieb im Gate-Durchbruch zu erwarten. Abb. 3.18a zeigt den EIN-Zustand der Ausgangskennlinien des iTs für Temperaturen von 300 K bis 600 K. Für die Berechnung werden die Entwurfsparameter aus Tab. 3.4 verwendet. Im Bereich geringer Spannung lässt sich bei gegebener Temperatur ein annähernd konstanter spezifischer Einschaltwiderstand ($R_{\text{EIN,sp}}$) ablesen. Anhand der Kurvenschar ist ein kontinuierlicher Trend im dargestellten Temperaturbereich von sowohl $R_{\text{EIN,sp}}$ als auch I_Δ zu beobachten. $R_{\text{EIN,sp}}$ fällt mit der Temperatur, während I_Δ steigt.

Die Verläufe von $R_{\text{EIN,sp}}$ und I_Δ von 200 K bis 600 K sind in Abb. 3.18b gezeigt. Die Kurvenscharen verdeutlichen hier den Einfluss eines donatorartigen Kompensationszentrums mit der Konzentration $N_{\text{D,KOMP}}$. Wie bereits bei den SFETs, verhalten

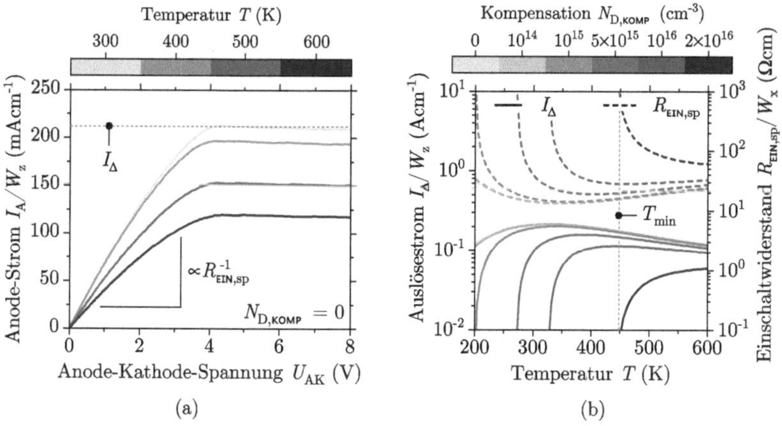

Abbildung 3.18 Analytische Simulation der Ausgangskennlinien (a) und des Temperaturverlaufs des spezifischen Einschaltwiderstands und des Auslösestroms ($R_{EIN,sp}$ undI_Δ) (b) des inversen Thyristors. Die Kurvenschar in (a) verdeutlichen den Einfluss der Temperatur (T). In (b) repräsentiert sie ein donatorartiges Kompensationszentrum mit der Konzentration $N_{D,KOMP}$. Die verwendeten Entwurfsparameter sind in Tab. 3.4 aufgelistet

Tabelle 3.4 Entwurfsparameter zu den in Abb. 3.18 gezeigten Simulationen

	$N^*_{D/A,K}$ (cm^{-3})	$N^*_{D/A,B}$ (cm^{-3})	$N^*_{D/A,G}$ (cm^{-3})	$N^*_{D/A,KOMP}$ (cm^{-3})	t^*_K (µm)	l^*_K (µm)
nSFET	1×10^{17}	1×10^{19}	1×10^{19}	0	0,5	1,5
pSFET	1×10^{17}	1×10^{19}	1×10^{16}	0 – 2×10^{16}	0,5	1,5

sich die qualitativen Verläufe gemäß Gl. 3.10b reziprok zueinander. Quantitativ wird $R_{EIN,sp}$ vom hohen Widerstand des pSFETs dominiert. Es existiert ein prominenter Grenzwert der Temperatur (T_{min}), bei dessen Unterschreitung die nicht kompensierten Löcher praktisch *ausfrieren* und die Leitfähigkeit im p-Kanal gegen 0 geht. Es ist zu beobachten, dass $N_{D,KOMP}$ einen signifikanten Einfluss auf T_{min} hat. Es sei erwähnt, dass eine Erhöhung von $N_{D,KOMP}$ nur dann zu zusätzlichen Streuereignissen führt, wenn es sich um zusätzliche Verunreinigungen im Kristall handelt. Dies ist in der vorliegenden Implementierung nicht der Fall. Stattdessen wird $N_{D,KOMP}$ lediglich als positive Ladung in der Neutralitätsgleichung berücksichtigt. Sie beeinflusst μ_p in Gl. 2.16b also ausschließlich über N_A^-.

ZUSAMMENFASSEND ist festzuhalten, dass das vorgestellte Modell in der Lage ist, die elektrischen Eigenschaften des inversen Thyristors umfänglich zu beschreiben. Es basiert ausschließlich auf halbeiterphysikalischen Grundprinzipien, denen rigoros bis zur finalen Bauelementeigenschaft entsprochen wird. Nur so ist es möglich wertvolle kausale Zusammenhänge zu erkennen, die es schließlich bei der physikalischen Realisierung des inversen Thyristors zu berücksichtigen gilt.

4 Bauelementauslegung und Monolithische Integration

„Das Ding monolithisch zu integrieren, macht überhaupt keinen Sinn […].“

Prof. Nando Kaminski, Universität Bremen

DIE MONOLITHISCHE INTEGRATION des inversen Thyristors wird mithilfe einer neu entwickelten 4H-SiC-SFET-Technologie umgesetzt. Zunächst werden die verwendeten Technologiebausteine vorgestellt, die Konzeptionierung und Skalierbarkeit der Zelltopologien beschrieben und mithilfe von TCAD[1]-Modellen diskutiert. Im Anschluss wird der Fertigungsprozess der in Kapitel 5 *charakterisierten* Bauelemente und Teststrukturen im Detail erläutert.

4.1 4H-SiC-SFET-Technologie

Der gemeinsam mit dem Fraunhofer Institut für integrierte Systeme und Bauelementtechnologie (IISB) organisierte Reinraum der Friedrich-Alexander-Universität Erlangen-Nürnberg (FAU) verfügte zum Zeitpunkt der Konzeptfindung zur monolithischen Integration bereits über eine betriebsbereite 4H-SiC-BiCMOS[2]-Linie [252]. Soweit möglich, werden bereits etablierte Prozessschritte und Prozessschrittfolgen für die Entwicklung der 4H-SiC-SFET-Technologie bausteinartig in

[1] Technology computer-aided design (TCAD), dt.: computerunterstützter Technologieentwurf
[2] BiCMOS, dt.: bipolar, komplementär Metall-Oxid-Halbleiter

Ergänzende Information Die elektronische Version dieses Kapitels enthält Zusatzmaterial, auf das über folgenden Link zugegriffen werden kann https://doi.org/10.1007/978-3-658-50151-8_4.

N. Böttcher, *Monolithischer Überstromschutzschalter basierend auf 4H-SiC-Sperrschicht-FET-Technologie*,
https://doi.org/10.1007/978-3-658-50151-8_4

geeigneter Form miteinander kombiniert. Um die angestrebte Eignung für die Massenfertigung zu gewährleisten, soll der pSFET in die Zelltopologie eines vertikalen nSFETs integriert werden, wie sie bspw. von kommerziellen Bauelementen bekannt ist [253]. Außerdem wird teilweise auf Forschungsarbeiten zur eingangs erwähnten BiFET-Technologie zurückgegriffen [175, 176].

Ausgewählte Teilprozesse, die besondere Bedeutung für die Entwicklung der SFET-Technologie im Hinblick auf den Entwurf und die Funktion der inversen Thyristor-Bauelemente haben, werden im Folgenden näher erläutert. Hierzu zählen das epitaktische Wachstum, die Ionenimplantation und das SiC-Trockenätzen. Zur Orientierung soll an dieser Stelle ein Vorgriff auf das in Abschn. 4.3, Abb. 4.16 dargestellte Flussdiagramm des Herstellungsprozesses dienen.

4.1.1 Epitaktisches Wachstum

Für den Herstellungsprozess einer SiC-Scheibe folgt der Bereitstellung eines geeigneten Substrats, das aus einem SiC-Ingot gewonnen wird, üblicherweise das epitaktische Aufwachsen mindestens einer weiteren SiC-Schicht mithilfe eines CVD[3]-Verfahrens [190, 254]. Die aktiven Gebiete des Halbleiterbauelements, also die im vorherigen Kapitel beschriebenen Strukturen, werden erst im Anschluss erzeugt. Wie in Abb. 4.1 schematische gezeigt, befinden sie sich daher in der Regel an der Oberfläche der zuletzt aufgewachsenen Epitaxieschicht [255].

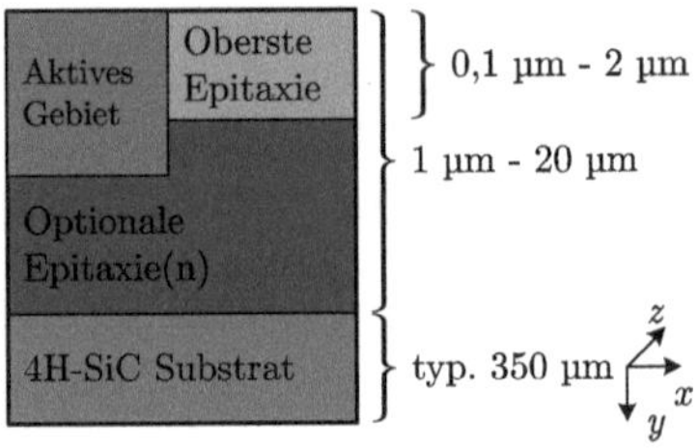

Abbildung 4.1 Schematische Querschnittdarstellung eines Halbleiterbauelements zur Illustration der Anordnung und Dimensionen des Substrats, der Epitaxieschichten und der aktiven Gebiete

Epitaktisch gewachsen Schichten sind typischerweise nur wenige Mikrometer dick [255]. Die Wachstumsraten sind ausgiebig untersucht und können beispiels-

[3] Chemical vapor deposition (CVD), dt.: chemische Gasphasenabscheidung

weise über die Temperatur und den Druck in der Prozesskammer oder durch Variation der individuellen Flussraten der Precursorgase (auch Vorläufergase, hier Monosilan (SiH_4) und Propan (C_3H_8)) reguliert werden [254]. Als Trägergas wird Argon (Ar) verwendet. Um dotierte Schichten zu erzeugen, werden den Reaktionsgasen entweder N_2 (für n-Typ) oder Trimethylaluminium ($Al(CH_3)_3$) (für p-Typ) beigemischt [254]. Die Dicke und die Dotierstoffkonzentration weisen allerdings filamentartige Inhomogenitäten über die Halbleiterscheibe auf. Auch die Reproduzierbarkeit im selben Prozess gewachsener Schichten ist nicht ideal. Um den Entwurf der Bauelemente möglichst akkurat abzuschätzen, werden die tatsächlichen Parameter der hergestellten Proben stichprobenartig experimentell ermittelt (s. Abschn. 4.3 *Herstellungsprozess* und 5.1 *Technologieparameter*).

DAS UMGESETZTE KONZEPT zur monolithischen Integration des inversen Thyristors macht zudem das epitaktische Überwachsen von Halbleiterscheiben notwendig, die bereits über aktive Gebiete innerhalb einer Epitaxieschicht verfügen. Diese Art von Re-Epitaxie ist grundsätzlich bekannt und wird bspw. für die Erzeugung von vertikal ausgedehnten Ladungskompensationsstrukturen für *Superjunction*-Transistoren verwendet [186]. Dennoch führt es im Hinblick auf den Entwurfsprozess des inversen Thyristors zu nicht trivialen Herausforderungen.

Abb. 4.2 zeigt das schematische Diagramm einer im Rahmen dieser Arbeit verwendeten Wachstumssequenz. Nach dem Beladen und Evakuieren wird die Prozesskammer zur Reinigung mit Wasserstoff (H_2) geflutet. Anschließend erfolgt der Aufheizvorgang mit einer Temperaturrampe von etwa 30 °C/min. Erst nachdem die Prozesstemperatur von etwa 1550 °C erreicht ist, werden die Reaktionsgase zugeführt.

Die Kammer ist bis zur Gasphasenabscheidung also mit H_2 geflutet, weshalbt es für die Dauer des Aufheizvorgangs zu einem leichten Oberflächenabtrag durch Wasserstoffätzen kommt. Da dadurch natives Oxid entfernt und die Oberfläche *in situ*

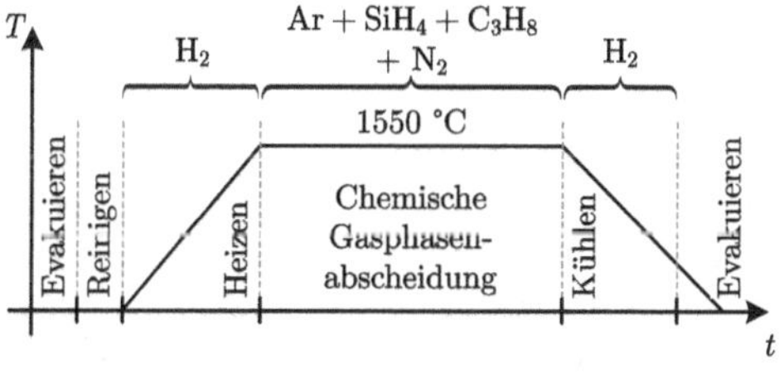

Abbildung 4.2 Schematisches Diagramm einer Wachstumssequenz für eine n-dotierte SiC Epitaxieschicht

von anderen Verunreinigungen befreit wird, ist dieser Abtrag im Hinblick auf die Grenzfläche zur aufzuwachsenden Schicht durchaus erwünscht [256, 257]. Befinden sich während des Wachstumsprozesses bereits aktive Gebiete in der zu überwachsenden Schicht, muss der zu erwartende Abtrag jedoch als Entwurfsvorhalt berücksichtigt werden. Die Ätzrate von H_2 für 1500 °C ist in der Literatur umfangreich untersucht und je nach Prozessdruck mit bis zu 100 nm min^{-1} angegeben [255, 257, 258]. Akiyama *et al.* haben zudem einen starken Abfall der Ätzrate unterhalb einer Temperatur von etwa 1250 °C festgestellt, sodass sie bei 1000 °C nur noch weniger als 1 nm min^{-1} beträgt [259]. Auf Grundlage einer Extrapolation der Literaturdaten und der prinzipiellen Proportionalität der Ätzrate zu $\exp\left(T^{-1}\right)$, wird die Menge des Abtrags für die Betrachtungen im weiteren Verlauf dieser Arbeit auf 75 nm abgeschätzt.

4.1.2 Fotolithografie

Im Herstellungsprozess des monolithisch integrierten inversen Thyristors werden insgesamt 10 Lithographie-Ebenen zur Strukturübertragung von Fotomasken auf die Halbleiterscheibe verwendet. 6 davon werden erst nach der Re-Epitaxie durchgeführt. Aufgrund von Kontaminationsrichtlinien kommen hierfür je nach Zustand der Halbleiterscheibe zwei verschiedene Belichtungsanlagen zum Einsatz, die jeweils nach unterschiedlichen Prinzipien funktionieren. Lithografien an Halbleiterscheiben ohne Metallkontamination werden im Rahmen dieser Arbeit am *Ultratech Sapphire 100E* Stepper (fortan stets *Stepper* genannt) durchgeführt. Hier werden schrittweise Teilflächen des Fotolacks mithilfe einer, im Vergleich zur 150 mm Halbleiterscheibe kleinen (15 mm × 30 mm), Fotomaske belichtet. Bereits metallisierte Scheiben werden am *SÜSS MicroTec* Mask-Aligner (fortan stets *Mask-Aligner* genannt) mithilfe einer 7-Zoll-Maske in einem einzigen Belichtungsschritt belichtet. Im Vergleich zur Belichtung am *Mask-Aligner* lassen sich beim *Stepper* beispielsweise höhere Strukturauflösungen aufgrund von verringerten Beugungs- und Verzerrungseffekten erreichen [260, 261].

DIE ERSTBELICHTUNG erfolgt am *Stepper* und dient der Erzeugung der Justierstrukturen. Abb. 4.3 stellt den verwendeten Belichtungsplan[4] der prozessierten 150 mm Halbleiterscheiben dar. Die 28 Belichtungsfelder werden hier praktisch blind aneinandergesetzt. Die Präzision der Positionierung wird somit von der Verfahrgenauigkeit des *Steppers* limitiert, welche im Rahmen dieser Arbeit auf Grundlage von

[4] engl.: shot plan

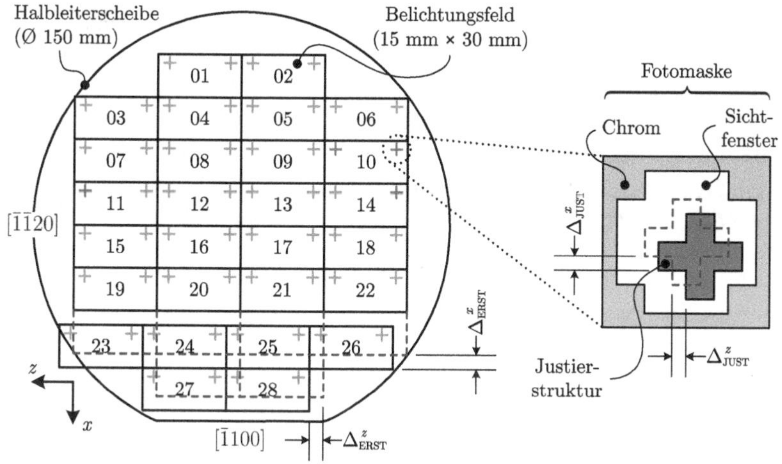

Abbildung 4.3 Schematische Prinzipdarstellung der resultierenden Fehljustierung aufgrund von Toleranzen bzgl. der Verfahrgenauigkeit des *Steppers* bei der Erstbelichtung (Δ_{ERST}) und der Justiergenauigkeit bei allen folgenden Fotolithografie-Schritten (Δ_{JUST})

Erfahrungswerten mit einer Toleranz von ± 400 nm spezifiziert wird. Dadurch kann es zu einem Versatz von einzelnen Feldern oder ganzen Kollektiven (hier Belichtungsfelder 23 bis 28) kommen. Im Hinblick auf nachfolgende Lithografien, die ebenfalls am *Stepper* durchgeführt werden, ist sie jedoch unkritisch, da diese individuell auf die ggf. fehlplatzierten Strukturen justiert werden.

Aus Abb. 4.3 ist zudem zu erkennen, dass vor jedem Belichtungsschritt simultan auf zwei Strukturen justiert wird, um einer relativen Verdrehung von Maske und Halbleiterscheibe vorzubeugen. Ebenfalls auf Basis von Erfahrungswerten ist am *Stepper* von einer Justiergenauigkeit in x- und z-Richtung ($\Delta^{x}_{\mathrm{JUST}}$ und $\Delta^{z}_{\mathrm{JUST}}$) von ± 250 nm auszugehen. Da die Maske am *Mask-Aligner* manuell justiert werden muss, werden hier ± 750 nm als Toleranz angenommen. Es ist zu berücksichtigen, dass am *Mask-Aligner* in der Praxis nur auf Strukturen justiert werden kann, die sich jeweils am linken und rechten Rand der Halbleiterscheibe befinden (bspw. Belichtungsfelder 11 und 14). Abb. 4.3 verdeutlicht die dadurch entstehende Fehljustierung in x- und z-Richtung ($\Delta^{x}_{\mathrm{ERST}}$ und $\Delta^{z}_{\mathrm{ERST}}$) zu Belichtungsfeldern, die während der Erstbelichtung nicht ideal zueinander positioniert worden sind. Folglich muss beim Entwurf der *Mask-Aligner*-Masken, neben der eigenen Justiergenauigkeit auch die Verfahrgenauigkeit des Steppers toleriert werden. Die daraus resultierenden Entwurfsregeln werden in Abschn. 4.2.2 ausführlich erläutert.

DAS SPEZIFIZIERTE AUFLÖSUNGSVERMÖGEN stellt ein weiteres technologisches Limit beim Maskenentwurf dar und wird maßgeblich von der notwendigen Lackdicke bestimmt. Die für den in Abschn. 4.3 beschriebenen Herstellungsprozess verwendeten Strukturgrößen sind grundsätzlich so gewählt, dass sie mit dem gewählten Belichtungsverfahren auflösbar sind. Dennoch ist zu berücksichtigen, dass die eigentlich auf die Halbleiterscheibe zu übertragene Struktur erst mit einem Folgeprozess erzeugt wird, der mithilfe des strukturierten Lacks lediglich maskiert wird. Bei dieser Strukturübertragung degradiert die Strukturtreue je nach Prozess auf unterschiedliche Weise und führt bspw. zur Verrundung von Kanten. Isotrope (Nass-) Ätzprozesse führen darüber hinaus zu Unterätzungen, die zu signifikanten Strukturvergrößerungen führen können und ebenfalls beim Maskenentwurf berücksichtigt werden müssen. Als weiteres Beispiel tritt bei Ionenimplantation Unterstreuung auf, weshalb üblicherweise auch die implantierten Gebiete größere Abmessungen aufweisen, als die Strukturen auf der Maske und im Lack [262–264]. Dieser Effekt wird in Abschn. 5.1.1 anhand der hergestellten Proben genauer untersucht und diskutiert.

4.1.3 Ionenimplantation

Das Dotieren von SiC ist praktisch nur während des epitaktischen Wachstums einer SiC-Schicht oder in Form von Ionenimplantation der Dotierstoffe möglich. Die von Si-Technologien bekannte Dotierung durch Diffusion, ist wegen der äußerst geringen Diffusionskoeffizienten in SiC nicht sinnvoll nutzbar [265, 266]. Daher bietet Ionenimplantation die einzig valide Möglichkeit zur Erzeugung von selektiv dotierten Gebieten. Im Gegensatz zur Dotierung während des epitaktischen Wachstums, sind Implantationen jedoch auf Bereiche nahe der Oberfläche des Halbleiters beschränkt [255, 267, 268].

Im Rahmen dieser Arbeit werden hierfür N- oder Al-Ionen in Richtung der Halbleiterscheibe beschleunigt, welche typischerweise einige hundert Nanometer unterhalb der Oberfläche statistisch verteilt zum Stillstand kommen. Abb. 4.4 verdeutlicht, dass dadurch je nach gewählter Dosis (D_{IMP}) und Beschleunigungsenergie (E_{IMP}) Dotierprofile mit verschiedener projizierter Tiefe und mehr oder weniger stark gestreckter Verteilung entstehen. In der verwendeten Technologie stehen Energien bis zu 540 keV zur Verfügung, wodurch sich eine maximale projizierte Tiefe von jeweils etwa 680 nm und 550 nm für N und Al ergeben [255]. Im Rahmen dieser Arbeit werden alle Dotierprofile durch Superposition mehrere Implantationen variierender Parameter zur Erzeugung spezifischer Dotierprofile verwendet. In Abb. 4.4

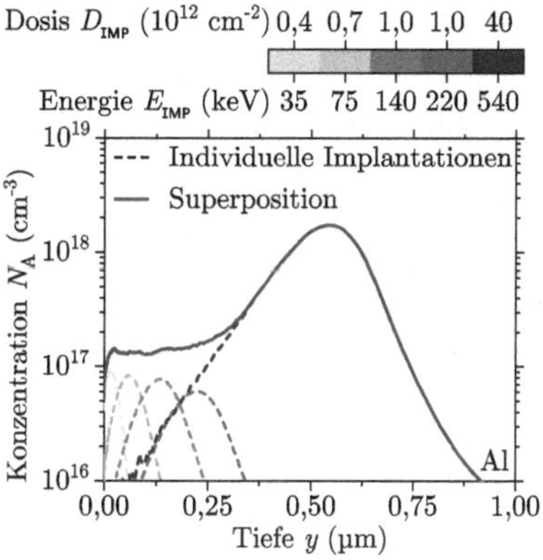

Abbildung 4.4 Monta-Carlo-Simulation zur Illustration des Superpositionsprinzips bei der Ionenimplantation. Gezeigt ist hier das retrograde Wannenprofil als Ergebnis der Superposition von fünf Al-Ionen-Implantationen mit unterschiedlichen Dosen (D_{IMP}) und Beschleunigungsenergien (E_{IMP})

ist beispielhaft die (netto[5] -) Konzentration einer im Herstellungsprozess des inversen Thyristors verwendeten p-dotierten Wanne gezeigt.

DIE PROJIZIERTE TIEFE der Dotierprofile wird bei einer gegebenen Beschleunigungsenergie im Wesentlichen von Streuvorgängen der Ionen am Kristallgitter bestimmt. Maßgeblich ist hier die Einfallsrichtung der Ionen. Dringen die Ionen exakt in [0001]-Richtung in die Oberfläche der Halbleiterscheibe ein, treffen sie verglichen mit zu ihr verkippten Implantationen auf eine minimale Anzahl an Gitterstellen und geben ihre kinetische Energie aufgrund der geringeren Anzahl an Streuvorgängen über eine längere Distanz an das Gitter ab [269].[6] Die in diesem Fall entstehenden Dotierprofile sind derart stark gestreckt, sodass praktisch kein ausgeprägtes Maximum erkennbar ist [270, 271]. Da beim Entwurf von Halbleiterbauelementen typischerweise möglichst abrupte pn-Übergängen angestrebt werden, ist dieser Effekt unerwünscht. Um das Auftreten von Streuvorgängen zu erhöhen

[5] Üblicherweise überlagern sich in der Praxis Dotierungen sowohl gleichartiger als auch gegensätzlicher Spezies. Der Begriff der im weiteren Verlauf der Arbeit verwendeten Netto-Konzentration bezeichnet bei gleichartigen Spezies die Summe ihrer brutto-Konzentrationen und bei gegensätzlichen ihre Differenz.

[6] engl.: channeling effect

und besonders stark abfallende Dotierprofile zu ermöglichen, werden die Ionen in einem bestimmten Winkel auf die Halbleiterscheibe beschleunigt.

Wie in Abb. 4.5 dargestellt, kann die Bühne, auf welcher die Halbleiterscheibe während der Ionenimplantation platziert ist, um die Winkel ρ und ϕ rotiert und verkippt werden. In der Literatur ist üblicherweise $\rho = 90°$ zu finden, wodurch sich eine Verkippung in $[11\bar{2}0]$-Richtung ergibt [255]. Sowohl Yaguchi *et al.* als auch Pichler *et al.* schlagen $\phi = 7°$ vor, sodass sich aufgrund der Neigung der *c*-Achse um $\alpha_c = 4°$ in die $[\bar{1}\bar{1}20]$-Richtung (s. Abb. 2.2b) ein Implantationswinkel von 11° relativ zur *c*-Achse ergibt [190, 272, 273]. Es wird anhand von Monte-Carlo-Simulationen gezeigt, dass sich mit diesen Parametern ein zufriedenstellendes Ergebnis mit gering ausgeprägtem *channeling effect* erzielen. Pichler zeigt in einer weiteren Studie, dass für $\rho = 0°$ und $\phi = \pm 7°$ Dotierprofile von vergleichbarer Qualität zu erwarten sind [274]. Daher wird in dieser Arbeit auf die Rotation der Bühne verzichtet, um Prozesskomplikationen vorzubeugen.

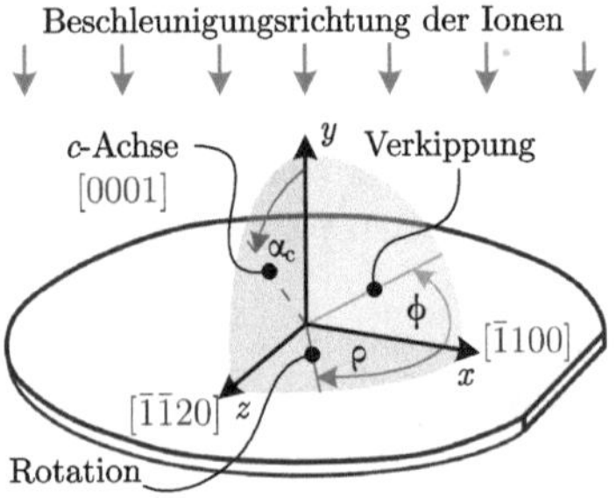

Abbildung 4.5 Schematische Prinzipdarstellung der Ionenimplantation zur Illustration der Neigung der *c*-Achse um 4° in $[\bar{1}\bar{1}20]$-Richtung, sowie der Rotation und der Verkippung der Bühne um die Winkel ρ und ϕ. Es sei darauf hingewiesen, dass sich ρ und ϕ auf einen gemeinsamen starren Bezugspunkt beziehen, der unabhängig von der Lage der Halbleiterscheibe ist

DA ES SICH BEI DER IONENIMPLANTATION, verglichen mit der Dotierung während des epitaktischen Wachstums oder durch Diffusion bei Si-Technologien, um einen vergleichbar invasiven Prozess handelt, werden Si- und C-Atome währenddessen aus ihren Gitterplätzen geschlagen und die Kristallstruktur lokal zerstört. Auch die eingebrachten Fremdatome liegen direkt nach der Implantation zunächst auf Zwischengitterplätzen der ungeordneten Halbleitermatrix. Um die periodische Kristallstruktur wiederherzustellen, ist eine anschließende Temperaturbehandlung im Bereich von typischerweise 1500 °C bis 1950 °C notwendig [265, 275–277]. Durch diesen sogenannten Ausheil- oder Aktivierungsschritt besetzen die eingebrachten Ionen Ersatzgitterplätze und spielen erst dann eine Rolle als *elektrisch* aktive Donatoren bzw. Akzeptoren (s. Abschn. 2.1.2).

Auf Grundlage der Erläuterungen in Kap. 2 und Kap. 3 ist es im Hinblick auf die elektrischen Bauteileigenschaften äußerst erstrebenswert den Anteil der aktivierten Dotierstoffe zu maximieren [278, 279]. Dieser steigt grundsätzlich mit dem thermischen Budget des Aktivierungsschritts [255, 280, 281]. Negoro *et al.* haben den Aktivierungsgrad von Al bei einer Temperaturbehandlung von 30 min bei 1700 °C mit Kapazität-Spannung-Messungen zu etwa 100 % bestimmt [282]. Untersuchungen des Schichtwiderstands gleichsam ausgeheilter Halbleiterscheiben von Nipoti *et al.* bestätigen diese Beobachtung [277, 283]. Da auch N bei diesem thermischen Budget nachweislich annähernd perfekt aktiviert ist, werden in dieser Arbeit beide Spezies simultan mit demselben Ausheilschritt behandelt [255, 284, 285].

4.1.4 SiC Trockenätzen

Zur Umsetzung der monolithischen Integration des inversen Thyristors ist das Ätzen sogenannter Mesa-Strukturen notwendig [286]. Konkret handelt es sich dabei um Gräben in der SiC-Oberfläche mit etwa 1 µm und relativ geringem Aspektverhältnis. Das Ätzen von SiC wird wegen der hohen Bindungsenergie von Si und C von etwa 2,57 eV praktisch nur mithilfe physikalisch-chemischer Trockenätzverfahren durchgeführt [287, 288].[7] Im Rahmen dieser Arbeit wird dabei ein RIE[8]-Verfahren mit induktiv gekoppeltem Plasma verwendet. Als Ätzgas kommt Schwefelhexaflourid (SF_6) zum Einsatz. Ein Sauerstoff (O)-Plasma erzeugt freie Radikale, die in die SiC-Oberfläche diffundieren und dort die chemische Ätzkomponente induzieren. Zeitgleich wird die Oberfläche von in Richtung der Halbleiterscheibe beschleunigte Ionen bombardiert, wodurch es zu einem physikalischen Abtrag, dem sogenannten Sputtern, von SiC kommt [255].

Das Ätzverhalten von RIE-Verfahren kann bei gegebenen Ätzgas durch den Plasmadruck und die eingebrachte Sputter-Leistung eingestellt werden [290]. Für das Ätzen von SiC, sind diese Parameter üblicherweise auf das Entfernen von C optimiert. Kohlenstoffbasierte Fotolacke eignen sich aufgrund der daraus resultierenden geringen Selektivität von weniger als 0,5 schlecht zur Maskierung von Ätzprozessen in SiC [255]. Im Rahmen dieser Arbeit wird daher, wie in Abb. 4.6 schematisch dar-

---

[7] Vereinzelt wird von konventionellen (nass-) Ätzverfahren in Phosphor- oder alkalischen Lösungen bei bis zu 600 °C berichtet [289]. Im Rahmen dieser Arbeit wird allerdings vor allem wegen der schlecht einzustellenden Linienbreite von dieser Option Abstand genommen.

[8] Reaktives Ionenätzen (RIE), engl.: reactive ion etching

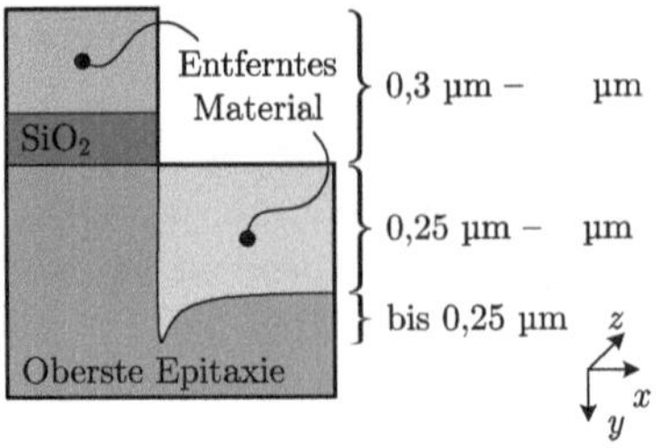

Abbildung 4.6 Schematische Prinzipdarstellung des SiC-Trockenätzens zur Illustrierung der Dimensionen der SiO2-Maske, der Grabentiefe und den entstehenden Mikrogräben

gestellt, eine strukturierte Siliziumdioxid (SiO_2)-Schicht als Maske für das Ätzen von Gräben verwendet. In der Literatur sind RIE-Prozesse zur Strukturierung von SiC zu finden, die eine Selektivität zu SiO2 im Bereich von 0,8 bis 10 aufweisen [255]. In der verwendeten Technologie wird eine Selektivität von etwa 1,5 erreicht. Mit dem zur Verfügung stehenden RIE-Prozess, können Gräben mit einer Tiefe von etwa 1 µm also, unter Berücksichtigung einer gewissen Sicherheitsmarge, mit einer 1 µm bis 1,5 µm dicken SiO2-Maske geätzt werden.

Bei genauerer Betrachtung von Abb. 4.6 zeigt sich, dass sich an der Wand des Grabens ein Mikrograben[9] mit einer Tiefe von bis zu 250 nm fortsetzt [291]. Als Ursache für diese unerwünschten Substrukturen werden in der Literatur mehrheitlich streuende Ionen genannt [288]. Ruixue *et al.* hingegen machen eine Ablenkung der Ionen aufgrund von Aufladungseffekten an der Grabenwand und einer sich bildenden SiF_xO_y-Schicht verantwortlich [292]. Die äußerst hohe Krümmung an der Spitze des Mikrograbens kann im Betrieb des Bauelements lokal zu einer kritischen Feldüberhöhung führen. Daher wird üblicherweise ein thermischer Umformprozess[10] bei 1400 °C bis 1600 °C in H_2-Atmosphäre durchgeführt, der zum Auffüllen der Mikrogräben und zur Verrundung der Kanten führt [291]. Da in der entwickelten Zelltopologie keine hohen Potentiale im Grabenboden zu erwarten sind und zudem eine relativ dicke dielektrische Isolationsschicht im Graben vorgesehen ist (s. Abschn. 4.3.4), wird auf diesen Umformschritt verzichtet. Dennoch wird mit großer Sorgfalt berücksichtigt, dass relevante Regionen nicht durch den Mikrograben vom Rest der Bauelementzelle abgeschnitten werden.

---

[9] engl.: micro trench

[10] engl.: reshape

4.2 Monolithisch integrierte Zelltopologie

Bei der Zelltopologie handelt es sich um den konkreten Entwurf der monolithischen Integration auf Grundlage der vorgestellten 4H-SiC-SFET-Technologie. In den folgenden Abschnitten wird also eine Blaupause der Einheitszelle der inversen Thyristor-Bauelemente erarbeitet.

4.2.1 Zellaufbau

In den Abbildungen 4.7, 4.8 und 4.9 sind jeweils schematische Querschnitte der halben Einheitszellen des nSFETs, des pSFETs und deren Kombination zum monolithisch integrierten inversen Thyristor gezeigt. Zur Bildung der vollen Einheitszellen, werden diese an den jeweiligen Symmetrielinien gespiegelt. Die Implikationen zur Erzeugung dieser Zellen werden in Abschn. 4.3 *Herstellungsprozess* im Detail erläutert. An dieser Stelle soll es zunächst genügen zu erkennen, dass sich der Kanal des nSFETs in einer zweiten Epitaxie (nEpi 2) befindet, während der p-Kanal vergraben in einer ersten Epitaxie (nEpi 1) liegt.

DER nSFET ist, wie in Abb. 4.7 gezeigt, als vertikales Bauelement mit lateralem Kanal ausgeführt. Seine Source- und Gate-Elektroden (S und G) befinden sich auf der Oberseite, seine Drain-Elektrode (D) auf der Unterseite der Zelle. Die Gate- und Backgate-Strukturen werden jeweils vom pGate- und pWanneS-Gebiet gebildet. Der laterale n-Kanal befindet sich zwischen diesen Strukturen in nEpi 2.

Beim Anlegen einer positiven Drain-Source-Spannung (U^{n}_{DS}) stellt sich somit ein Drain-Strom (I^{n}_{D}) mit dem in Abb. 4.7 eingezeichneten Strompfad von Drain nach Source ein. Beim Anlegen einer negativen Gate-Source-Spannung (U^{n}_{GS}) wird der pn-Übergang zwischen pGate und nEpi 2 in Sperrrichtung gepolt und die sich in y-Richtung ausbreitende RLZ schnürt das Kanalgebiet ab. Wird der Betrag von U^{n}_{GS} darüber hinaus weiter erhöht, kommt es, wie in Abschn. 3.1.5 für den pSFET beschrieben, zum Gate-Durchbruch aufgrund thermionischer Emission (s. Abb. 4.7, I^{n}_{G}).

Sobald der nSFET im AUS-Zustand beginnt Drain-Source-Spannung aufzunehmen, wird nEpi 1 ausgehend von pWanneS ebenfalls ausgeräumt. Das elektrische Feld richtet sich in diesem Zustand hauptsächlich in y-Richtung aus und hat sein Maximum am pn-Übergang zwischen pWanneS und nEpi 1. Erreicht das lokale Maximum schließlich den Wert des kritischen elektrischen Felds, kommt es zum Lawinendurchbruch. Da nEpi 2 von pWanne gegen das elektrische Feld abgeschirmt wird, ist es dort selbst bei äußerst hohen Werten von U^{n}_{DS} vergleichsweise gering [234].

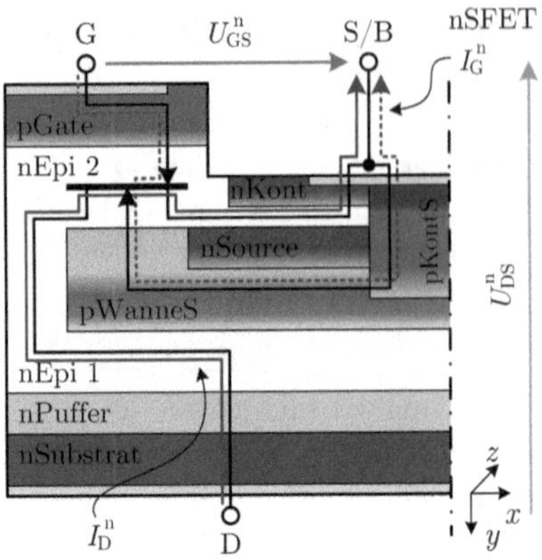

Abbildung 4.7 Schematische Querschnittdarstellung der Zelltopologie des nSFETs mit eingefügtem Ersatzschaltbild. Die Strompfade im EIN-Zustand (I_D^n, durchgezogene Linie) und während des Gate-Durchbruchs bzw. thermionischer Emission (I_G^n, gepunktete Linie) sind illustriert. Die Darstellung ist nicht maßstabsgetreu

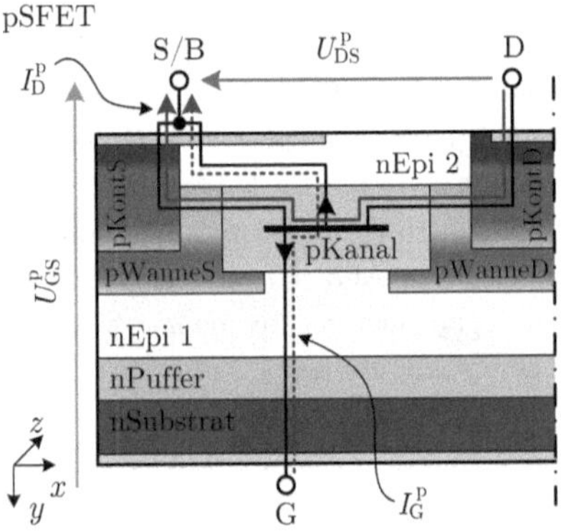

Abbildung 4.8 Schematische Querschnittdarstellung der Zelltopologie des pSFETs mit eingefügtem Ersatzschaltbild. Die Strompfade im EIN-Zustand (I_D^p, durchgezogene Linie) und während des Gate-Durchbruchs bzw. thermionischer Emission (I_G^p, gepunktete Linie) sind illustriert. Die Darstellung ist nicht maßstabsgetreu

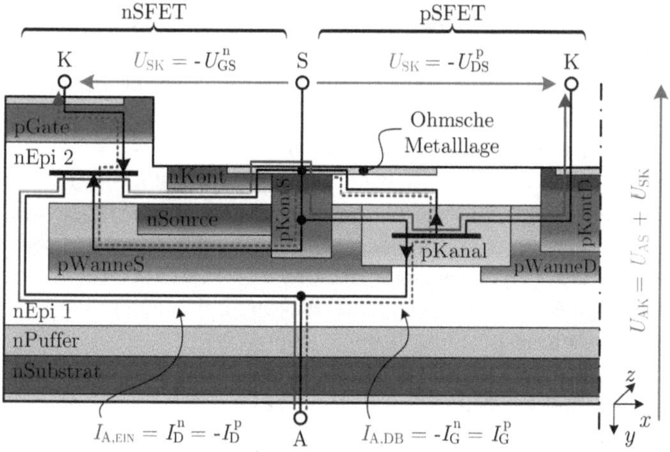

Abbildung 4.9 Schematische Querschnittdarstellung der monolithisch integrierten Zelltopologie des inversen Thyristors mit eingefügtem Ersatzschaltbild. Die Strompfade im EIN-Zustand ($I_{A,EIN}$, durchgezogene Linie) und während des Gate-Durchbruchs bzw. thermionischer Emission ($I_{A,DB}$, gepunktete Linie) sind illustriert. Die Darstellung ist nicht maßstabsgetreu

DER ZELLENTWURF DES pSFETs ist in Abb. 4.8 gezeigt und weist starke Ähnlichkeit zur Zelle der analytischen Modellierung auf. Im Gegensatz zum nSFET befinden sich die Drain- und Source-Elektroden (D und S) des pSFETs auf der Oberseite und seine Gate-Elektrode (G) auf der Unterseite der Zelle. Sein Gate wird also von nEpi 1 und sein Backgate von nEpi 2 geformt. Das dedizierte Kanalgebiet (pKanal) bildet den p-Kanal. Die p-dotierten Kontaktgebiete (pKontS und pKontD) verbinden den vergrabenen Kanal schließlich mit der Oberfläche.

Wie in Abschn. 3.1 ausführlich beschrieben, stellt sich beim pSFET durch das Anlegen einer negativen Drain-Source-Spannung (U_{DS}^{p}) ein negativer Drain-Strom (I_{D}^{p}) ein, der wie in Abb. 4.8 illustriert über pKontD den Kanal erreicht und die Zelle über pKontS wieder verlässt. Auch der bereits diskutierte Strompfad während des Gate-Durchbruchs (I_{G}^{p}) ist markiert.

DIE EINHEITSZELLE DES INVERSEN THYRISTORS entsteht prinzipiell durch simples Aneinandersetzen der SFET-Zellen. Der schematische Querschnitt der resultierenden Zelle ist in Abb. 4.9 dargestellt. Hier befinden sich die Kathode (K) auf der Oberseite und die Anode (A) auf der Unterseite der Zelle. Die Gate-Elektrode des nSFETs und die Drain-Elektrode des pSFETs werden in einer nicht dargestellten Metallebene miteinander kurzgeschlossen, sodass pGate und pKontD über eine einzige Elektrode (K) kontaktiert werden (s. Abschn. 4.3.4). Der Kurzschluss von Drain des nSFETs und Gate des pSFETs geschieht intrinsisch in nEpi 1. An der gemeinsamen Source-Elektrode (S) entsteht ein natürlicher pn-Übergang, der mithilfe einer ohmschen Metalllage ebenfalls kurzgeschlossen wird, damit er in beide Richtungen von Ladungsträgern überwunden werden kann.

Wie bereits diskutiert, stellt sich beim Anlegen einer positiven Anode-Kathode-Spannung (u_{AK}) im EIN-Zustand ein positiver Anode-Strom ($I_{A,EIN}$) ein. Dieser fließt, wie in Abb. 4.9 gezeigt, zunächst über nEpi 1 in nEpi 2 und schließlich durch den Kanal des nSFETs zum gemeinsamen Source-Gebiet. Dort fließt $I_{A,EIN}$ über die dünne Metalllage der Source-Elektrode zurück in nEpi 1, durch den p-Kanal und letztendlich über pKont zur Kathode.

Im AUS-Zustand baut sich das elektrische Feld wie beim nSFET maßgeblich in nEpi 1 auf und führt wie bereits diskutiert bei ausreichend hoher Anode-Kathode-Spannung zum Durchbruch aufgrund von thermionischer Emission oder zum Lawinendurchbruch. Der Strompfad während thermionischer Emission ($I_{A,DB}$) führt wie in Abb. 4.9 illustriert von nEpi 1 über pKanal und nEpi 2 zum gemeinsamen Source-Gebiet. Von dort aus fließt $I_{A,DB}$ über pKont und pWanne zum nSFET und quer zu dessen Kanal zu pGate und schließlich zur Kathode.

Bei genauerer Betrachtung wird deutlich, dass die entwickelte Einheitszelle des inversen Thyristors in Wesentlichen Teilen identisch zum in Abb. 3.12 gezeigten Ersatzschaltbild ist. Folglich ist eine vergleichbare Funktionalität zu erwarten. Dies wird in Abschn. 4.2.3 mithilfe numerischer Modelle verifiziert. Ebenso können die in Kap. 3 identifizierten Entwurfsabhängigkeiten nun auf die entwickelte Zelltopologie angewendet werden, um die elektrischen Eigenschaften des inversen Thyristors zu skalieren.

4.2.2 Entwurfsegeln

Zunächst gilt es die identifizierten Entwurfsparameter (t_K^*, l_K^*, $N_{D/A,K}^*$, $N_{D/A,B}^*$ und $N_{D/A,G}^*$) in der Einheitszelle zu lokalisieren und Methoden zu deren Manipulation zu bestimmen. Alle 10 Parameter sind der schematischen Querschnittdarstellung in Abb. 4.10 zu finden. Darüber hinaus sollen die Ausdehnungen der Zellen in z-Richtung (W_z) für beide SFETs identisch sein.

Die Tiefe des n-Kanals (t_K^n) wird durch den Abstand von pGate und pWanne in y-Richtung bestimmt. Seine Länge (l_K^n) entspricht dem Überlapp von pWanne und dem n-dotierten Source-Gebiet (nSource) in x-Richtung. Die Donatorkonzentration im n-Kanal ($N_{D,K}^n$) wird durch die Dotierung während des epitaktischen Wachstums von nEpi 2 ($N_{D,nEpi2}$) vorgegeben. Die Akzeptorkonzentrationen in Gate und

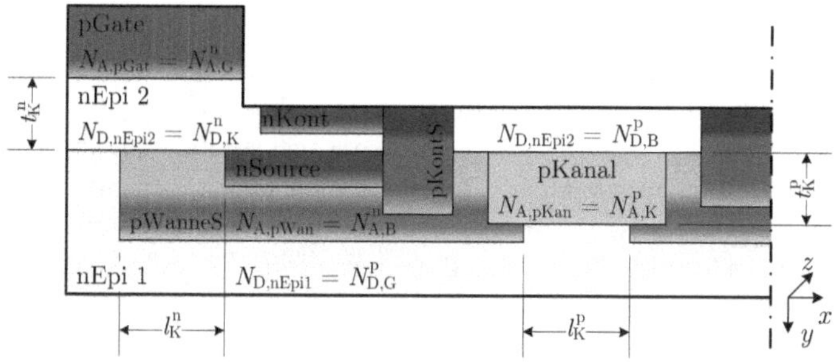

Abbildung 4.10 Schematische Querschnittdarstellung der monolithisch integrierten Zelltopologie des inversen Thyristors mit relevanten Entwurfsparametern. Die Darstellung ist nicht maßstabsgetreu

Backgate ($N^n_{A,B}$ und $N^n_{A,G}$) werden mithilfe der Implantationsparameter für pGate und pWanne eingestellt.

Das Kanalgebiet des pSFETs (pKanal) schließt in y-Richtung nach oben mit nEpi 1 ab und wird in x-Richtung jeweils von pWanneS und pWanneD terminiert. Somit entspricht die Tiefe des p-Kanals (t^p_K) der vertikalen Ausdehnung des pKanal-Gebiets und seine Länge (l^p_K) dem Abstand der beiden pWanne-Gebiete. Die Akzeptorkonzentration im p-Kanal ($N^p_{A,K}$) wird ebenfalls mithilfe von Implantationsparametern eingestellt. Die Donatorkonzentrationen in Gate und Backgate ($N^p_{D,B}$ und $N^p_{D,G}$) werden durch die Dotierung während des epitaktischen Wachstums von nEpi 1 und nEpi 2 ($N_{D,nEpi1}$ und $N_{D,nEpi2}$) vorgegeben.

Der Entwurf des inversen Thyristors wird also im Wesentlichen über die Konzentrationen und Geometrien der dotierten Gebiete bestimmt. Prinzipiell können daher alle relevanten Entwurfsparameter beim Maskenentwurf und im Herstellungsprozess adressiert werden. Der Wertebereich der Parameter ist allerdings gewissen technologischen Einschränkungen unterworfen. Konkret sind hier Auflösungs- und Prozessgrenzen, sowie Limitierungen durch Justiertoleranzen gemeint. Entwürfe, die bspw. zu selbst-sperrenden Bauelementen oder anderen nachteiligen Effekten (z. B. Kurzkanaleffekt) führen würden, finden an dieser Stelle keine Berücksichtigung [293].

DIE IM FOLGENDEN ERÖRTERTEN ENTWURFSREGELN motivieren sich maßgeblich aus den Erläuterungen in Abschn. 4.1 und ergeben sich grundsätzlich immer aus einer Worst-Case-Analyse. Wird bspw. $l^n_K = 500\,\text{nm}$ in der Maske vorgesehen, ist es bei einer Justiertoleranz von pWanne und nSource von jeweils $\pm 250\,\text{nm}$ möglich, dass sich in Realität ein n-Kanal mit einer Länge von 0 nm bis 1 µm ausbildet (s. Abschn. 4.1.2). Ebenso müssen die Auflösungsgrenze der Lithografie und die laterale Unterstreuung bei Ionenimplantation beim Entwurf der pWanne-Gebiete berücksichtigt werden, da sich sonst ggf. kein p-Kanal ausbildet (s. Abschn. 4.1.3).

Beim Maskenentwurf sind daher Regeln bezüglich der x-z-Ebene zu beachten. Eine schematische Übersicht, sowie Kategorisierung dieser Entwurfsregeln ist in Abb. 4.11 anhand von drei arbiträren Prozessebenen (z. B. jeweils eine Lithografie mit anschließender Implantation) dargestellt. Grundsätzlich wird hier zwischen Grenzen innerhalb einer einzigen Prozessebene (Kategorie 1) und denen zweier Ebenen zueinander (Kategorie 2) unterschieden. Kategorie 1 betrachtet also die Weite (W) und den Abstand (A_1) von Strukturen einer einzigen Prozessebene. Der Abstand von Strukturen in zwei verschiedenen Ebenen (A_2) wird in Kategorie 2 beschrieben. Dort wird außerdem die Distanz (D), mit der eine Struktur einer ersten Ebene über die Struktur einer zweiten hinausragt, sowie deren Überlapp (Ü) spezifiziert. Mithilfe dieser Kategorisierung lassen sich Minimalwerte für W, D, Ü und $A_{1/2}$ festlegen, um einen umfangreichen Regelsatz für den Maskenentwurf zu definieren. Diese Minimalwerte sind in Tab. B.1 in Anh. B *Ergänzungen zur Fertigung* für alle relevanten Kombinationen der Lithografie-Ebenen in der Zelle aufgelistet.

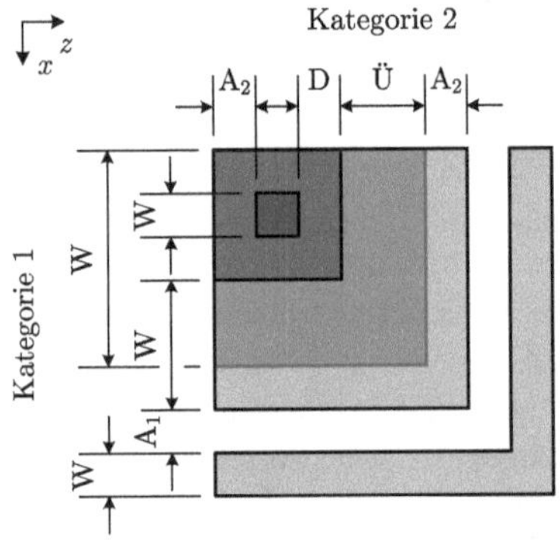

Abbildung 4.11 Schematische Übersicht und Kategorisierung der Entwurfsregeln. Die Kürzel repräsentieren Weite (W), Distanz (D), Ausdehnung ($A_{1/2}$) und Überlapp (Ü)

Der Herstellungsprozess weist zudem Toleranzen, Limitierungen und unerwünschte Nebeneffekte auf, die Regeln mit Bezug zur x-y-Ebene notwendig machen. So gehen bspw. bis zu 100 nm der implantierten Gebiete an der Oberfläche von nEpi 1 aufgrund des H_2-Ätzens während der Wachstumsphase von nEpi 2 verloren (s. Abschn. 4.1.1), was u. a. zu einer Reduzierung von t_K^p um denselben Betrag führt. Dieser Verlust kann jedoch bis zu einem gewissen Grad durch einen Technologievorhalt in Form eines tieferen pKanal-Profils kompensiert werden, wobei die maximal erreichbare projizierte Tiefe aufgrund der höchsten Beschleunigungsenergie (E_{ION}, s. Abschn. 4.1.3) zu berücksichtigen ist. Darüber hinaus sind die bisher vernachlässigten Hintergrunddotierungen ($N_{D,HG}$ und $N_{A,HG}$) zu beachten. So bestimmen die Grunddotierungen von nEpi 1 und nEpi 2 ($N_{D,nEpi1}$ und $N_{D,nEpi2}$) u. a. die untere Grenze der Akzeptorkonzentration im pKanal- und im pGate-Gebiet.

Hinsichtlich des SiC-Trockenätzens zur Erzeugung der Mesa-Struktur sind die Toleranz der Ätzrate und das Formen von Mikrogräben samt ihrer Inhomogenität über die Halbleiterscheibe kritisch in Betracht zu nehmen (s. Abschn. 4.1.4). Zum einen muss sichergestellt sein, dass die Ätzung den pn-Übergang zwischen pGate und nEpi 2 überwindet, sodass der Mesa-Boden vollständig auf n-dotiertem Gebiet liegt.[11] Zugleich gilt es zu verhindern, dass eine Ätztiefe erreicht wird, bei der das nSource-Gebiet durch einen bis zu 250 nm tiefen Mikrograben vom n-Kanal abgetrennt wird. Die Geometrien in y-Richtung müssen außerdem so gewählt sein, dass der vergrabene pSFET von den maximal etwa 700 nm tiefen pKont-Implantationen erreicht werden kann.

Es sei erwähnt, dass die Funktion des inversen Thyristors nicht mehr gewährleistet ist, sobald eine der aufgelisteten Bedingungen nicht erfüllt wird. Falls nicht anders erwähnt, werden die in Tab. B.1 aufgelisteten Werte daher im weiteren Verlauf der Arbeit stets als Nominalwerte angenommen.

4.2.3 Numerische Simulation

Zur qualitativen Abschätzung der elektrischen Eigenschaften der Bauelemente werden numerische Modelle in der Simulationsumgebung *Sentaurus* TCAD erstellt. Im Gegensatz zu den in Kap. 3 erarbeiten analytischen Modellen, werden hier die konkreten Zelltopologien in ihrer tatsächlichen Komplexität implementiert. Alle relevanten physikalischen Größen (z. B. elektrisches Feld, Ladungsträgerdichte, etc.) werden lokal für eine Vielzahl an Knotenpunkten eines definierten Gitters[12] berechnet, das sich über die gesamte Zelle erstreckt. Diese Art der Simulation ist zwar deutlich rechenintensiver, allerdings können dadurch bspw. inhomogene Ver-

---

[11] Die minimale Tiefe der pGate-Implantation (t_G^n) wurde experimentell zu etwa 200 nm bestimmt. Bei flacheren Profilen besteht die Gefahr, dass die silizidierten Ohmkontakte (s. Abschn. 4.3.4) den besagten pn-Übergang kurzschließen und die Gate-Diode ihre sperrende Funktion verliert. Details zu diesem Experiment sind in Anh. B zu finden.

[12] engl.: mesh

teilungen von Dotierstoffkonzentrationen oder richtungsabhängige Komponenten berücksichtigt werden. Sämtlicher Code, der zur Generierung und Simulation dieser Modelle verwendet wird, ist in Anh. B zu finden. Teile dieser Modellierung wurden in eigenen Veröffentlichungen bereits publiziert [234, 294, 295].

Das TCAD-Modell der im vorangegangenen Abschnitt vorgestellten Zelltopologie des inversen Thyristors ist in Abb. 4.12 dargestellt. Zu dessen Erzeugung werden zwei von *Synopsis* bereitgestellte Werkzeuge verwendet: der Sentaurus Struktureditor (SDE) und der Sentaurus Prozesssimulator (sProcess). Strukturen mit homogen verteilten Materialeigenschaften (z. B. Epitaxie-, Metall- und Isolationsschichten) werden im Rahmen dieser Arbeit als zweidimensionale Geometrien in SDE erstellt und mit entsprechenden Materialparametern versehen. Die dargestellte Mesa-Struktur in der zweiten Epitaxieschicht (nEpi 2) wird bspw. mithilfe eines n-dotierten SiC-Polygons erzeugt, das zusätzlich eine gewisse Stickstoffkonzentration aufweist. Um der statistischen Verteilung von Dotierstoffatomen nach Ionenimplantation gerecht zu werden, wird für jede Implantation eine Monte-Carlo-Simulation mit 3×10^6 Partikeln und den entsprechenden Implantationsparametern ($D_{D/A}$ und E_{IMP}) in sProcess durchgeführt. Die Ergebnisse dieser Simulationen werden anschließend als eindimensionale Profile in SDE importiert und in x-Richtung expandiert, um zweidimensionale Dotierprofile zu erhalten.[13]

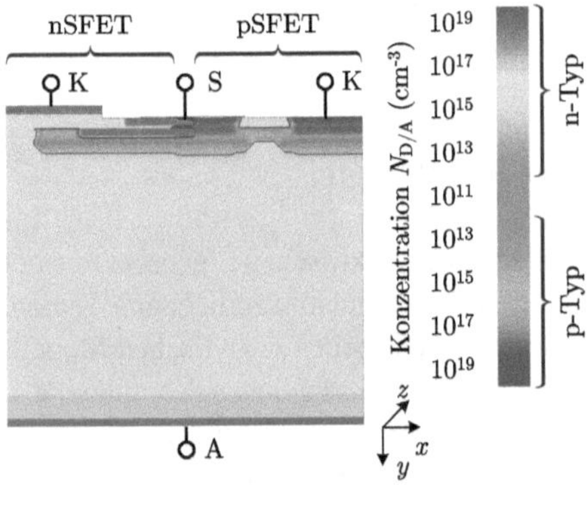

Abbildung 4.12 TCAD-Modell der halben Einheitszelle des inversen Thyristors. Die Farbskala verdeutlicht die lokale Verteilung der Dotierstoffkonzentration in der Zelle

[13] Auch hier wird ein Aktivierungsgrad von 100 % angenommen. Ein expliziter Ausheilschritt wird in der Simulation nicht durchgeführt.

Zur Modellierung lateraler Unterstreuung der Ionen unter den Rand der Lackmaske, wird ein eher pragmatischer Ansatz gewählt, der einen exponentiellen Abfall der Dotierstoffkonzentration in x-Richtung annimmt. Wie in Abb. 4.13 illustriert, ähnelt das laterale Profil der Konzentration bei einer bestimmten Tiefe ($N_{\mathrm{STREU}}(x, y)$) dabei gemäß

$$N_{\mathrm{STREU}}(x, y) = N_{\mathrm{D/A}}(y) \cdot \exp\left[-\left(\frac{x}{x_{\mathrm{STREU}}}\right)^2\right] \tag{4.1}$$

der rechten Hälfte einer Normalverteilung, deren Maximum der Dotierstoffkonzentration bei genau dieser Tiefe ($N_{\mathrm{D/A}}(y)$) entspricht. Die Funktionsvariable sei direkt an der Maskenkante zu $x = 0$ definiert. Der Parameter x_{STREU} entspricht daher jenem Wert von x, für den N_{STREU} auf $N_{\mathrm{D/A}} \cdot \exp(-1)$ abgefallen ist und dient der Kalibrierung der Funktion und wird in Abschn. 5.1.1 experimentell zu etwa 100 nm bestimmt [295].[14]

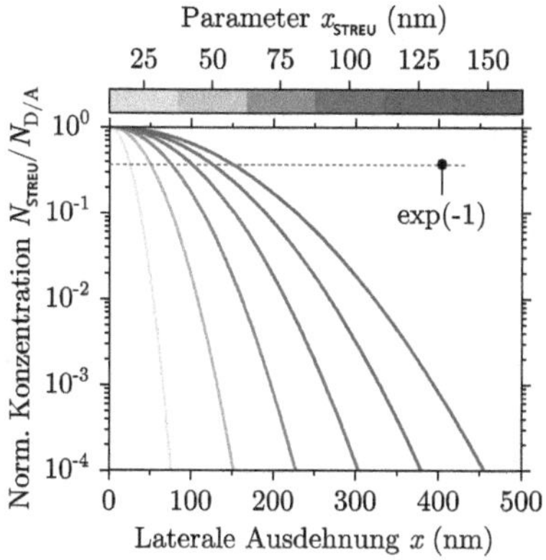

Abbildung 4.13 Modellierung der lateralen Unterstreuung von Implantationen. Gezeigt ist die normierte Konzentration der unter die Lackmaske gestreuten Ionen (x_{STREU}). Die Kante der Maskierung befindet sich bei $x = 0$. Die Kurvenschar illustriert den Einfluss des Parameters x_{STREU} aus Gl. 4.1

[14] Dieser Ansatz ist nicht physikalisch motiviert und weist insbesondere an der Oberfläche eine deutlich ausgeprägtere Unterstreuung auf, als bei realen Strukturen zu beobachten ist. Eine zweidimensionale Monte-Carlo-Simulation bildet die tatsächliche Unterstreuung nachweislich besser ab, bringt für die Ziele dieser Arbeit allerdings einen unsinnig hohen Rechenaufwand mit sich, sodass die Erstellung einer einzigen Entwurfsvariation mit der zur Verfügung stehenden Rechenleistung mehrere Wochen anstelle von wenigen Sekunden benötigt.

Weiterhin ist der Oberflächenabtrag während der Wachstumsphase von nEpi 2 zu berücksichtigen. Hierfür werden nach der Erzeugung der implantierten Gebiete in nEpi 1 (nSource, pWanne und pKanal), $y_{H2} = 75\,\text{nm}$ von dessen Oberfläche entfernt bzw. durch Vakuum ersetzt. Anschließend wird nEpi 2 mit einer um y_{H2} in y-Richtung verschobenen Basislinie erzeugt.

Außerdem sei darauf hingewiesen, dass Metall-Halbleiter-Übergänge in den erarbeiteten TCAD-Modellen nicht explizit modelliert werden. Die ohmsche Metalllage zur Überwindung des pn-Übergangs an der Source-Elektrode wird stattdessen durch eine Nickelschicht auf der Oberfläche von nEpi 2 erzeugt. Um den elektrischen Widerstand dieser Legierungen auf n- und p-Gebieten abzubilden, wird den Elektroden jeweils ein spezifischer Kontaktwiderstand von $500\,\mu\Omega\,\text{cm}^2$ und $5\,\text{m}\Omega\,\text{cm}^2$ zugewiesen. Diese Werte sind im Einklang mit den experimentellen Untersuchungen in Abschn. 5.1.3 *Schicht- und Kontaktwiderstand.*

Die Simulation der elektrischen Eigenschaften erfolgt im Sentaurus Bauelementsimulator (sDevice), der ebenfalls von *Synopsis* bereitgestellt wird. Das entwickelte Modell berücksichtigt dabei u. a. unvollständige Ionisierung von Donatoren und Akzeptoren, den Einfluss der Dotierstoffkonzentration, der Temperatur und des elektrischen Feldes auf die Ladungsträgermobilität und das Auftreten von Stoßionisation. Der entsprechende Code zur Konfiguration der Simulationen ist ebenfalls in Anh. B zu finden.

Zur Berechnung des Ionisierungsgrades werden für N die von Kagamihara *et al.* vorgeschlagenen Ionisierungsenergien ($E_{\text{ION},1/2}$) von 71 meV und 124 meV verwendet [231]. Für Al werden die in Abschn. 5.1.2 ermittelten Werte von 195 meV und 369 meV angenommen und in einem Verhältnis von 46 : 54 aufgeteilt. Die Mobilität wird mithilfe der Modelle von Masetti *et al.* und Arora *et al.* berechnet, wobei das Arora-Modell nur zur Simulation ihrer Temperaturabhängigkeit zum Einsatz kommt [296, 297]. Für die Ermittlung des kritischen elektrischen Feldes, wird das von *Synopsis* empfohlene Okuto-Crowell-Modell verwendet und mit den von Hatakeyama *et al.* und Niwa *et al.* vorgeschlagenen Ionisierungs- und Temperaturkoeffizienten parametrisiert [298–300].

Abb. 4.14 zeigt die simulierte Anode-Stromdichte (J_A) in den Kanalbereichen im EIN- und AUS-Zustand und während des Durchbruchs aufgrund thermionischer Emission. Wie erwartet, fließt der Strom im EIN-Zustand ausschließlich durch die Kanäle der SFETs. Der pn-Übergang an der gemeinsamen Source-Elektrode wird mithilfe der dünnen Nickelschicht überwunden (aufgrund der gewählten Vergrößerung schlecht zu erkennen). Im AUS-Zustand sind die Kanäle vollständig ausgeräumt, sodass nahezu kein Stromfluss zu verzeichnen ist. In diesem Zustand hat sich die RLZ bereits weit in das Driftgebiet (nEpi 1) ausgedehnt. Im unteren Querschnitt

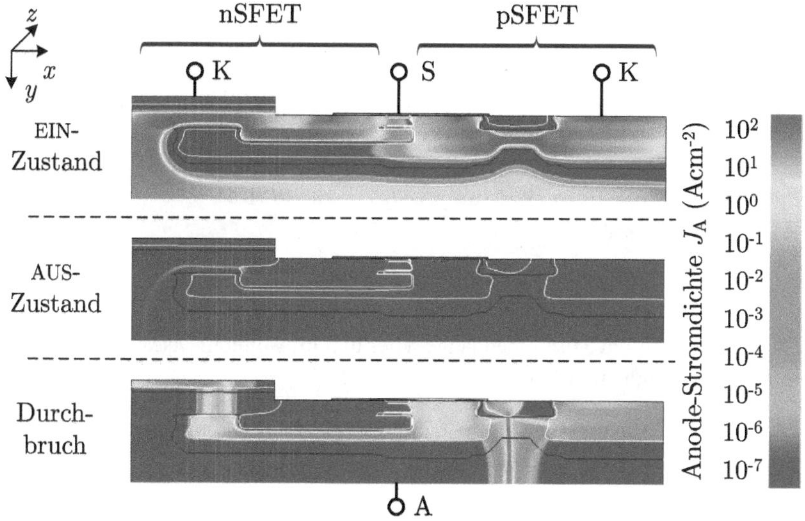

Abbildung 4.14 Querschnittdarstellungen des TCAD-Modells zur Verdeutlichung des Stromflusses im EIN- und AUS-Zustand und während des Durchbruchs des inversen Thyristors

ist der Stromfluss aufgrund thermionischer Emission bereits stark ausgeprägt. Wie zu erkennen ist, fließen die Ladungsträger von nEpi 1 quer über den p-Kanal in nEpi 2. Von dort führt ihr Pfad über die Nickelschicht, die pKont- und pWanne-Gebiete und schließlich quer über den n-Kanal zur Kathode. Prinzipiell deckt sich das Funktionsprinzip also mit den Annahmen zur analytischen Modellierung des inversen Thyristors in Abschn. 3.2.

WIE EINGANGS ERWÄHNT, dient das entwickelte TCAD-Modell der quantitativen Abschätzung der elektrischen Eigenschaften des inversen Thyristors und somit der Bestimmung geeigneter Entwurfsparameter für die Herstellung der realen Bauelemente. Zu diesem Zweck wird zunächst eine Parameterstudie durchgeführt. Die angesetzten Variationen sind dabei identisch zu den Untersuchungen des analytischen Modells in Abschn. 3.2.4 (s. Abb. 3.17). Als Basisparametersatz werden die in Tab. 4.1 aufgelisteten Werte verwendet. Die Ergebnisse der Simulationen sind in Abb. 4.15 dargestellt.

Im Vergleich zum analytischen Modell sind hinsichtlich des Einflusses der Kanaltiefe (t_K^p, a und b) und der Kanaldotierung ($N_{A,K}^p$, c und d) keine qualitativen Diskrepanzen zu beobachten. Es dominieren also trotz vereinfachender Annahmen die

Tabelle 4.1 Entwurfsparameter zu den in Abb. 4.15 gezeigten Simulationen

	$N^*_{\mathrm{D/A,K}}$ (cm^{-3})	$N^*_{\mathrm{D/A,B}}$ (cm^{-3})	$N^*_{\mathrm{D/A,G}}$ (cm^{-3})	t^*_{K} (µm)	l^*_{K} (µm)
nSFET	5×10^{16} (nEpi 2)	1×10^{17} (pWanne)	5×10^{18} (pGate)	0,55	1,5
pSFET	$7{,}5 \times 10^{16}$ (pKanal)	5×10^{16} (nEpi 2)	$7{,}5 \times 10^{15}$ (nEpi 1)	0,5	1,5

in Kap. 3 diskutierten Zusammenhänge. Hier und im weiteren Verlauf werden mit der Auslösestromdichte (J_Δ)

$$J_\Delta = \frac{I_\Delta}{A_{\mathrm{AKT}}} = \frac{I_\Delta}{W_{\mathrm{X}} \cdot W_{\mathrm{Z}}} \tag{4.2}$$

und dem spezifischen Einschaltwiderstand ($R_{\mathrm{EIN,sp}}$)

$$R_{\mathrm{EIN,sp}} = R_{\mathrm{EIN}} \cdot A_{\mathrm{AKT}} = R_{\mathrm{EIN}} \cdot W_{\mathrm{X}} \cdot W_{\mathrm{Z}} \tag{4.3}$$

lediglich auf die aktive Fläche (A_{AKT}) normierte Größen herangezogen. Die Weite der Zellen in x-Richtung (W_{X}) des nSFETs, des pSFETs und des inversen Thyristors betragen für $l^*_{\mathrm{K}} = 1{,}5$ µm jeweils 7,75 µm, 7 µm und 13,75 µm.[15] Die Ausdehnung der Zellen in z-Richtung (W_{Z}, auch Kanalweite genannt) wird in den Simulationen zu etwa 12,9 m, 14,3 m und 7,3 m gewählt, sodass sich jeweils eine aktive Fläche von exakt 1 cm^2 ergibt.[16]

Aus Abb. 4.15b wird deutlich, dass das AUS-Spannungsfenster (U_{AUS}) ab einer Kanaltiefe ($t^{\mathrm{p}}_{\mathrm{K}}$) von etwa 1 µm durch den Lawinendurchbruch (s. U_{LAW}) bestimmt wird und für weiter steigende Werte von $t^{\mathrm{p}}_{\mathrm{K}}$ kontinuierlich abfällt.[17] Ebenso kann aus Abb. 4.15a entnommen werden, dass für $t^{\mathrm{p}}_{\mathrm{K}} \geq 1$ µm keine signifikante Verrin-

[15] Die Summe der Weiten beider SFETs ist nicht identisch zur Weite des inversen Thyristors, da der Überlapp im Source-Bereich beiden SFETs individuell attribuiert wird.

[16] Zur Skalierung wird in *sDevice* der sog. *area factor* verwendet (s. Code in Anh. B).

[17] Aus dem analytischen Modell lässt sich kein Zusammenhang zwischen $t^{\mathrm{p}}_{\mathrm{K}}$ und U_{LAW} ableiten. Die in Abb. 4.15b beobachtete Verringerung von U_{LAW} ist auf die abschirmende Wirkung von pWanne zurückzuführen. Bei $t^{\mathrm{p}}_{\mathrm{K}} \approx 0{,}7$ µm erreicht das pKanal-Gebiet dieselbe Tiefe wie pWanne. Folglich werden die elektrischen Feldlinien nicht mehr in Richtung der pWanne-Gebiete abgelenkt. Weiterhin sei erwähnt, dass die Diskontinuität der Datenpunkte von U_{LAW} auf Konvergenzprobleme bei der Simulation zurückgeht.

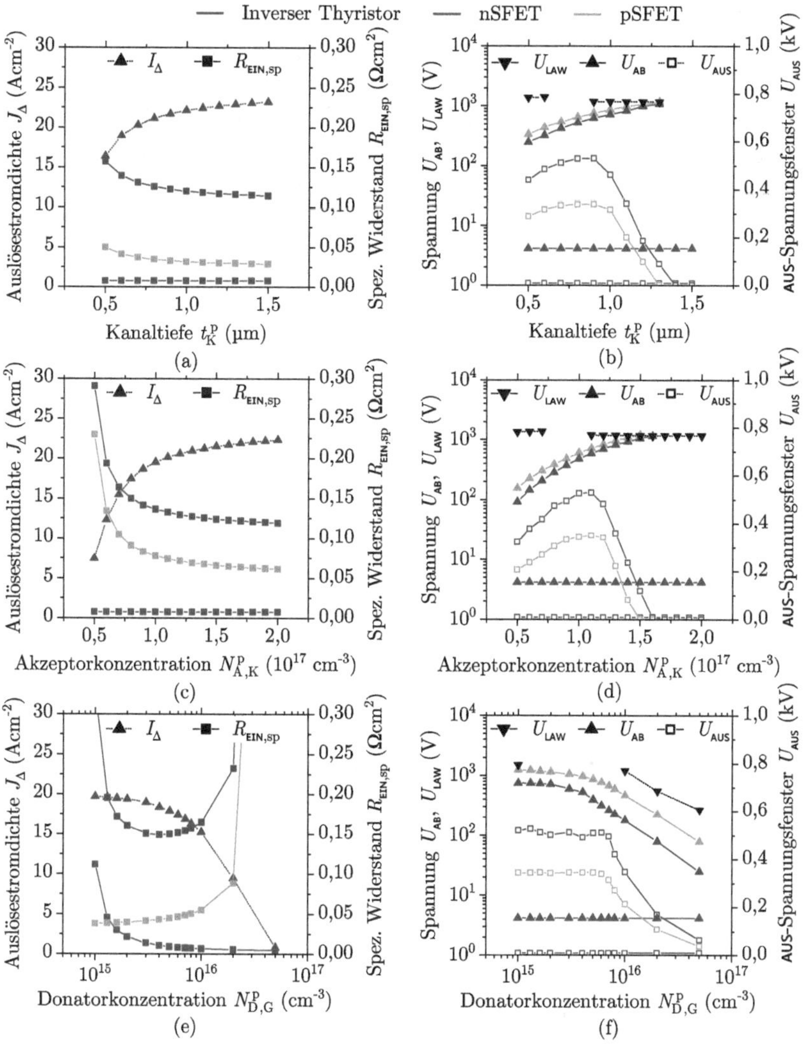

Abbildung 4.15 Numerische Simulation der Abhängigkeit des Auslösestroms (I_Δ) und des spezifischen Einschaltwiderstand ($R_{EIN,sp}$) (a, c und e) und der Abschnürspannung (U_{AB}), der Durchbruchspannung aufgrund des Lawinendurchbruchs (U_{LAW}) und des AUS-Spannungsfensters (U_{AUS}) (b, d und f) von der Kanaltiefe (t_K^p, a und b), der Akzeptorkonzentration im Kanal ($N_{A,K}^p$, c und d) und der Donatorkonzentration im Gate und Backgate ($N_{D,G/B}^p$, e und f) des pSFETs. Der Basissatz der Entwurfsparameter kann Tab. 4.1 entnommen werden

gerung des spezifischen Widerstands ($R_{\mathrm{EIN,sp}}$) erreicht wird. Auf dieser Grundlage werden für die Herstellung Werte von $t_{\mathrm{K}}^{\mathrm{p}}$ im Bereich von 0,5 µm bis 1 µm in Betracht gezogen.

Ähnlich verhält es sich bei der Variation der Akzeptorkonzentration im p-Kanal ($N_{\mathrm{A,K}}^{\mathrm{p}}$). So ist in Abb. 4.15c bei geringen Werten von $N_{\mathrm{A,K}}^{\mathrm{p}}$ ein signifikanter Einfluss auf J_{Δ} und $R_{\mathrm{EIN,sp}}$ zu erkennen, der bei etwa $1 \times 10^{17}\mathrm{cm}^{-3}$ deutlich abnimmt. Aus Abb. 4.15d hervor, dass U_{AUS} ebenfalls bei etwa $1 \times 10^{17}\mathrm{cm}^{-3}$ ein Maximum aufweist und bei etwa $1,5 \times 10^{17}\mathrm{cm}^{-3}$ schließlich zu null wird. Weiterhin ist zu beachten, dass U_{AB} das untere Limit der möglichen Versorgungsspannung markiert und einen Wert von typischerweise 400 V nicht überschreiten sollte (s. Kap. 1). Für die Herstellung werden daher Werte von $N_{\mathrm{A,K}}^{\mathrm{p}}$ im Bereich von $0,5 \times 10^{17}\mathrm{cm}^{-3}$ bis $1 \times 10^{17}\mathrm{cm}^{-3}$ in Betracht gezogen.

Für den Effekt der Donatorkonzentration im Gate des pSFETs ($N_{\mathrm{D,G}}^{\mathrm{p}}$, e und f) ergibt sich im Vergleich zum analytischen Modell ein verändertes Bild. In der entwickelten Zelltopologie bildet nEpi 1 sowohl das Gate des pSFETs als auch das Driftgebiet des nSFETs. Somit beeinflusst eine Variation von $N_{\mathrm{D,G}}^{\mathrm{p}} = N_{\mathrm{D,nEpi1}}$ den Einschaltwiderstand beider SFETs simultan. Für geringe Werte von $N_{\mathrm{D,G}}^{\mathrm{p}}$ steigt $R_{\mathrm{EIN,sp}}$ des inversen Thyristors aufgrund des höheren Driftwiderstands des nSFETs stark an. Für hohe Werte hingegen breitet sich die RLZ auch im thermodynamischen Gleichgewicht zunehmend in das pKanal-Gebiet aus, sodass es ab etwa $3 \times 10^{16}\mathrm{cm}^{-3}$ auch ohne angelegte Spannung nahezu ausgeräumt ist. Folglich ergibt sich hinsichtlich $R_{\mathrm{EIN,sp}}$ ein Optimum für $N_{\mathrm{D,nEpi1}}$ bei etwa $5 \times 10^{15}\mathrm{cm}^{-3}$. Genauere Betrachtung von Abb. 4.15f zeigt, dass U_{AB} des pSFETs bei etwa demselben Wert beginnt zu sättigen. Dies erklärt sich dadurch, dass sich die RLZ für geringere Werte von $N_{\mathrm{D,G}}^{\mathrm{p}}$ bereits vollständig in nEpi 1 ausgedehnt hat und auf die hochdotierte Pufferschicht stößt, bevor der p-Kanal ausgeräumt ist (s. Abb. 4.9). Folglich steigt auch U_{AUS} für $N_{\mathrm{D,G}}^{\mathrm{p}} \leq 5 \times 10^{15}\mathrm{cm}^{-3}$ nicht weiter an.

ANHAND DER ERGEBNISSE der numerischen Simulation ist also zu erwarten, dass die angestrebte Ausgangskennlinie des inversen Thyristors mit ihrem charakteristischen EIN- und AUS-Zustand in der entwickelten Zelltopologie realisiert werden kann. Darüber hinaus kann die erreichbare Abschnürstromdichte (J_{Δ}) auf etwa $10\,\mathrm{A\,cm}^{-2}$ bis $20\,\mathrm{A\,cm}^{-2}$ abgeschätzt werden. Der spezifische Einschaltwiderstand ($R_{\mathrm{EIN,sp}}$) wird vom pSFET dominiert und liegt in den Simulationen im Bereich von $0,1\ \Omega\mathrm{cm}^2$ bis $0,2\,\Omega\mathrm{cm}^2$. Im entsprechenden Entwurfsparameterbereich liegt die Abschnürspannung (U_{AB}) bei einigen hundert Volt und das AUS-Spannungsfenster (U_{AUS}) bei mindestens 400 V. Für die maximale Sperrspannung in Form von U_{LAW} werden zwischen 1 kV und 2 kV prognostiziert. Hierbei wird allerdings lediglich die

Sperrfähigkeit der aktiven Zellen berücksichtigt. Der Entwurf des gesamten Bauelements inklusive der Kontaktbereiche und Randabschlüsse wird im nachfolgenden Abschnitt erläutert.

4.3 Herstellungsprozess

Die verwendete SiC-SFET-Technologie beruht im Wesentlichen auf Ionenimplantation, dem epitaktischen Überwachsen bereits implantierter Gebiete und dem anschließenden SiC-Trockenätzen von Mesa-Strukturen. Der Herstellungsprozess lässt sich in drei Phasen unterteilen: erstes Epitaxiesystem (1), zweites Epitaxiesystem (2) und Metallisierung und Passivierung (3). Das Flussdiagramm in Abb. 4.16 zeigt schematisch den chronologischen Ablauf der Herstellung. In Phase 1 werden die Justiermarken für nachfolgende Lithografien geätzt und erste Ionenimplantationen durchgeführt. Phase 2 beginnt mit dem epitaktischen Überwachsen der ersten Epitaxieschicht. Weiterhin wird die Mesa-Struktur geätzt und die Kontaktimplantationen durchgeführt. Abschießend, in Phase 3, werden die Ohmkontakte prozessiert und makroskopische Metall- und Passivierungsschichten aufgebracht und strukturiert. Die Details jeder Phase sollen in den Abschnitten 4.3.2 bis 4.3.4 vorgestellt werden. Dort werden auch relevante Zwischenergebnisse aus Prozesskontrollen in verkürzter Form präsentiert. Zunächst wird jedoch der konkrete Entwurf der hergestellten Bauelemente dargelegt. Erläuterungen zum nachfolgenden Herstellungsprozess wurden in eigenen Veröffentlichungen bereits publiziert [234, 295, 301–303].

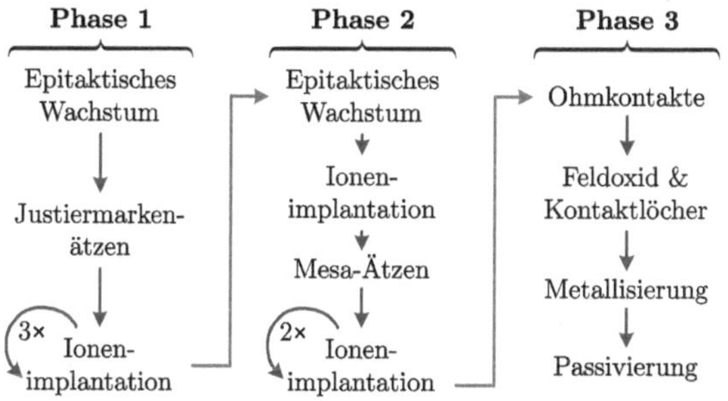

Abbildung 4.16 Flussdiagramm des Herstellungsprozesses. Phase 1 und 2 umfassen Fertigungsschritte im ersten und zweiten Epitaxiesystem. Phase 3 beschreibt Schritte zur Metallisierung und Passivierung der Bauelemente

4.3.1 Entwurfsvariationen und Maskenentwurf

Im Rahmen dieser Arbeit wurde lediglich ein einziger Fertigungsdurchlauf zur Herstellung des inversen Thyristors durchgeführt. Um einen möglichst umfangreichen empirischen Einblick in die Skalierbarkeit der Bauelemente zu erhalten werden nSFETs, pSFETs und inverse Thyristoren simultan in einer Vielzahl an Entwurfsvariationen in eben diesem Durchlauf hergestellt.

Beim Maskenentwurf werden die in Tab. 4.2 aufgelisteten Kanallängen (l_{K}^{*}) und aktiven Flächen[18] (A_{AKT}) vorgesehen. Weiterhin werden die gelisteten Variationen jeweils in vier verschiedenen Varianten der p-Kanal-Dotierung hergestellt. Abb. 4.17 zeigt Ergebnisse aus Monte Carlo Simulationen zu den entworfenen Dotierprofilen. Das Plateau der Dotierprofile A bis C liegt bei etwa $8 \times 10^{16}\mathrm{cm}^{-3}$ und wird im Folgenden als Akzeptorkonzentration im p-Kanal ($N_{\mathrm{A,K}}^{\mathrm{p}}$) interpretiert. Die Tiefe des p-Kanals ($t_{\mathrm{K}}^{\mathrm{p}}$) wird auf den Wert angenähert, der 50 % von $N_{\mathrm{A,K}}^{\mathrm{p}}$ entspricht. Die Intention der pKanal-Varianten A bis C liegt also lediglich in der Variation von $t_{\mathrm{K}}^{\mathrm{p}}$. Alle Implantationsparameter können Tab. B.3 in Anh. B *Ergänzungen zur Fertigung* entnommen werden.

Tabelle 4.2 Entwurfsparametervariationen die während des Herstellungsprozesses der diskreten SFETs und des monolithisch integrierten inversen Thyristors verwendet werden.

Parameter	nSFET	pSFET	Inverser Thyristor						
$l_{\mathrm{K}}^{\mathrm{n}}$ (µm)	1,25	–	1,25	1,25	1,50	1,50	1,75	1,75	1,25
$l_{\mathrm{K}}^{\mathrm{p}}$ (µm)	–	1,50	1,75	1,50	1,50	1,25	1,25	1,00	1,50
$t_{\mathrm{K}}^{\mathrm{n}}$ (nm)	550	–	550						
$t_{\mathrm{K}}^{\mathrm{p}}$ (nm)	–	460 & 550 & 630							
A_{AKT} (mm^2)	19,6	21,1	3,5 & 7,5						19,6 & 89,3

Darüber hinaus sind keine bewussten Variationen vorgesehen. Dennoch ist aufgrund von Toleranzen im Herstellungsprozess von weiteren, nicht intentionalen, Variationen auszugehen. Dies betrifft bspw. die Tiefe und Dotierstoffkonzentration des n-Kanals ($t_{\mathrm{K}}^{\mathrm{n}}$ und $N_{\mathrm{D,K}}^{\mathrm{n}}$). Die Tiefe des Kanals wird gemäß

[18] Gemeint ist hier jegliche Fläche, die eine aktive Zelle enthält, wie sie in den Abbildungen 4.7 bis 4.9 dargestellt ist.

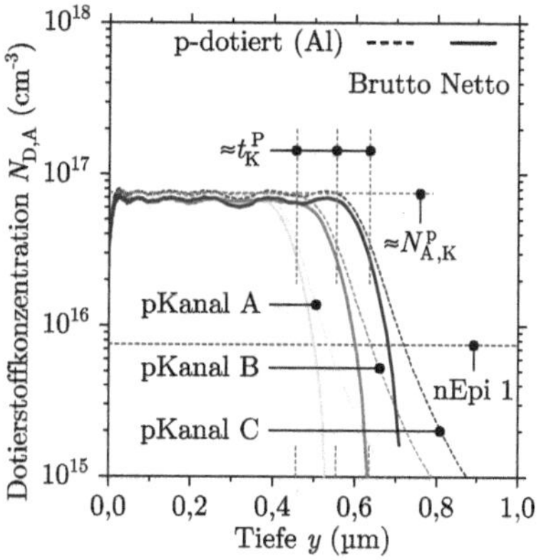

Abbildung 4.17 Dotierstoffkonzentration (N_A) im pKanal-Gebiet. Gezeigt sind die Monte Carlo Simulationen der pKanal-Varianten A, B und C. Das Niveau der Donatorkonzentration in nEpi 1 ($N_{D,nEpi1}$) ist ebenfalls markiert. Es sind die individuellen Brutto-Konzentrationen (gestrichelte Linien) und die resultierende Netto-Konzentration (durchgezogene Linien) gezeigt

$$t_K^n = t_{nEpi2} - t_G^n \tag{4.4}$$

von der Dicke der zweiten Epitaxieschicht (t_{nEpi2}) und der Tiefe der pGate-Implantation (t_G^n) bestimmt. Der Wachstumsprozess von nEpi 2 ist allerdings nicht ideal und weist bspw. Inhomogenitäten bezüglich ihrer Dicke und Dotierstoffkonzentration auf (s. Abb. 4.20b). Die tatsächlichen Abweichungen von t_K^n und $N_{D,K}^n$ werden in Abschn. 4.3.3 zu etwa 5 % und 35 % bestimmt. Diese Toleranzen sind folglich auch bei der Dotierung der Gate- und Backgate-Gebiete des pSFETs ($N_{D,G}^p$ und $N_{D,B}^p$) zu erwarten.

Im nächsten Schritt des Maskenentwurfs werden letztendlich eine Vielzahl an Einheitszellen parallelgeschaltet, um die aktive Fläche des Bauelements (A_{AKT}) einzustellen. Üblicherweise werden die Zellen dafür in der xz-Ebene quadratisch oder hexagonal abgeschlossen und nebeneinander angeordnet [304]. Im Rahmen dieser Arbeit hingegen, wird ein Streifen-Entwurf verwenden, bei dem die Einheitszelle in z-Richtung gestreckt wird und die dadurch entstehenden Streifen in x-Richtung aneinandergesetzt werden. Im Gegensatz zu hexagonalen Entwürfen lässt sich mit diesem Ansatz zwar eine weniger hohe Integrationsdichte erreichen, allerdings ist er unempfindlicher gegen Abweichungen bei der Justierung von Lithografien [304].

Eine schematische Draufsicht des makroskopischen Entwurfs eines vollständigen Bauelements ist in Abb. 4.18 gezeigt. Die Darstellung auf der linken Seite illustriert die großflächigen Kontaktflächen der Elektroden (Kathode und Source), also die oberste Metallschicht (s. Abschn. 4.3.4). Die aktiven Zellen befinden sich ausschließlich unterhalb der Kathode, weshalb A_{AKT} ungefähr ihrer Fläche entspricht. Somit lässt sich bspw. der absolute Einschaltwiderstand (R_{EIN}) durch eine Erhöhung der Kathode-Fläche verringern. Dennoch weist die überwiegende Anzahl an Bauelementvariationen, wie in Tab. 4.2 angegeben, eine vergleichbar geringe aktive Fläche auf. Dies motiviert sich zum einen aus der begrenzten Fläche auf dem Belichtungsfeld. Darüber hinaus besteht zudem bei großen Bauelementen ein höheres Ausfallrisiko aufgrund intrinsischer Kristalldefekte im Substrat und in den Epitaxieschichten [305].

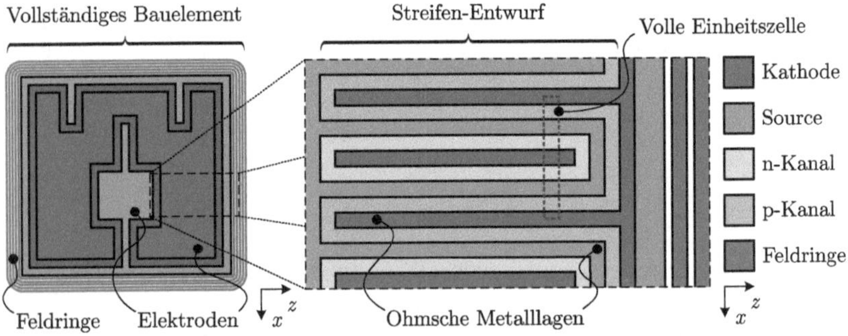

Abbildung 4.18 Schematische Darstellung des makroskopischen Maskenentwurfs des inversen Thyristors. Gezeigt sind die Draufsicht auf das komplette Bauelement (links) und ein Ausschnitt in die streifenartig angeordneten Einheitszellen (rechts)

Der Randabschluss wird in Form von potentialfreien Feldringen[19] umgesetzt [306]. Hierbei handelt es sich um 15 ringförmig konzentrisch angeordnete p-dotierte Gebiete, die den aktiven Teil des Bauelements, wie in Abb. 4.18 gezeigt, vollständig umschließen. Sie dienen der Vermeidung von lokalen Überhöhungen des elektrischen Feldes an den Rändern der aktiven Zellen. Bei adäquater Auslegung, wird das elektrische Feld im Randbereich auf ein Niveau gesenkt, das jenem innerhalb der Zelle entspricht [306]. Die verwendete Anzahl der Feldringe und ihre Abmes-

[19] engl.: floating field rings

sungen[20] beruhen auf Erfahrungswerten zu 1,2 kV JBS-Dioden[21]. Sie werden im Herstellungsprozess mit der pKont-Implantation realisiert (s. Abschn. 4.3.3).

Der Ausschnitt auf der rechten Seite von Abb. 4.18 stellt Strukturen unterhalb der Kathode und der darunterliegenden Isolationsschicht, also die ohmschem Metalllagen und Kanalgebiete, dar und verdeutlicht die streifenartige Anordnung der Einheitszellen. Der Entwurf der Streifenabschlüsse in z-Richtung sieht einen durchgängigen p-Kanal vor, der sich mäanderförmig über die komplette Höhe des Bauelements erstreckt. Dies maximiert die stromtragende Kontaktfläche der Kathode und erhöht außerdem marginal die Integrationsdichte des pSFETs. Es sei darauf hingewiesen, dass eine Verbindung zwischen den Elektroden und den ohmschen Metalllagen nur direkt unterhalb der jeweiligen Elektrode über Kontaktlöcher[22] in der Isolationsschicht realisiert wird (s. Abschn. 4.3.4). Das Source-Potential wird somit über die Source-Ohm-Finger in z-Richtung in die Einheitszellen geführt, welche sich, wie markiert, in x-Richtung erstrecken.

Der vollständige Maskenentwurf umfasst neben den erläuterten Variationen des inversen Thyristors außerdem je eine diskrete Ausführung des nSFETs und des pSFETs (s. Tab. 4.2), sodass deren Eigenschaften isoliert untersucht werden können. Zudem sind zahlreiche Teststrukturen zur dedizierten Analyse spezifischer Technologieparameter vorgesehen, die in Abschn. 5.1 charakterisiert und diskutiert werden.

4.3.2 Erstes Epitaxiesystem

Der eigentliche Herstellungsprozess im Reinraum beginnt in Phase 1 mit 8 identischen 150 mm SiC-Scheiben. Diese werden im Laufe der Fertigung in vier Gruppen (A bis D) mit jeweils zwei redundanten Scheiben ($A_{1/2}$, $B_{1/2}$, etc.) prozessiert, wobei sich diese Gruppen aus den Varianten der p-Kanal-Implantation ergeben. In Phase 1 werden, nach der Bereitstellung der Scheiben, zunächst die Justiermarken für die nachfolgenden Lithografien geätzt. Anschließend erfolgen die Ionenimplantationen im ersten Epitaxiesystem.

Wie in Abb. 4.19a dargestellt, sind die n-dotierten Substrate bei der Bereitstellung bereits von einer ebenfalls n-dotierten Puffer-Schicht und der ersten Epitaxieschicht (nEpi 1) überwachsen. Die Dicke und die Dotierstoffkonzentration von nEpi 1 (t_{nEpi1}

---

[20] Es werden insgesamt 15 Ringe mit einer Breite von 2 µm und eine kontinuierlich ansteigendem Abstand im Bereich von 1,5 µm bis 1,7 µm verwendet.

[21] JBS, hybride pin-Schottky-Diode

[22] engl.: via

und $N_{D,nEpi1}$) jeder einzelnen Scheibe werden jeweils mithilfe von FTIR und CU zu etwa 10,5 µm und $7,5 \times 10^{15} cm^{-3}$ bestimmt. Die Messungen werden an 27 (für FTIR) bzw. 25 (für CU) kreuzförmig angeordneten Punkten auf der Halbleiterscheibe durchgeführt. Die statistische Verteilung der Ergebnisse ist in Abb. 4.19b gezeigt. Dort sind der Mittelwert ($\overline{x}$), der Medianwert ($\tilde{x}$), die Standardabweichung (σ_x) und die Minimal- und Maximalwerte (x_{MIN} und x_{MAX}) jeder Messreihe gezeigt. Es ist zu erkennen, dass t_{nEpi1} signifikante Ausreißer hin zu niedrigen Werten aufweist. Für $N_{D,nEpi1}$ verhält es sich tendenziell umgekehrt. Es sei erwähnt, dass diese Ausreißer lokal jedoch ausschließlich im Randbereich der Scheiben liegen.

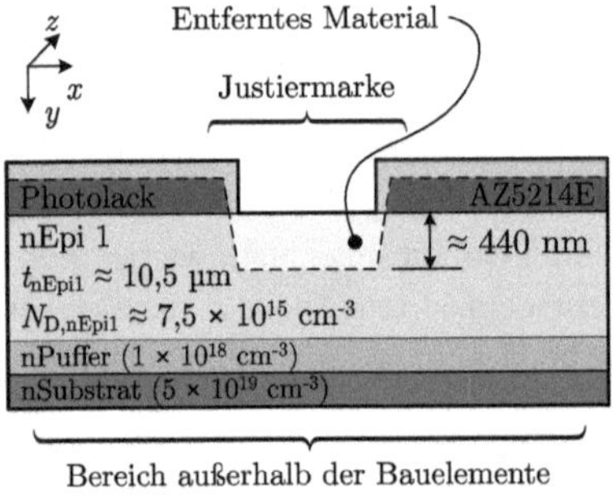

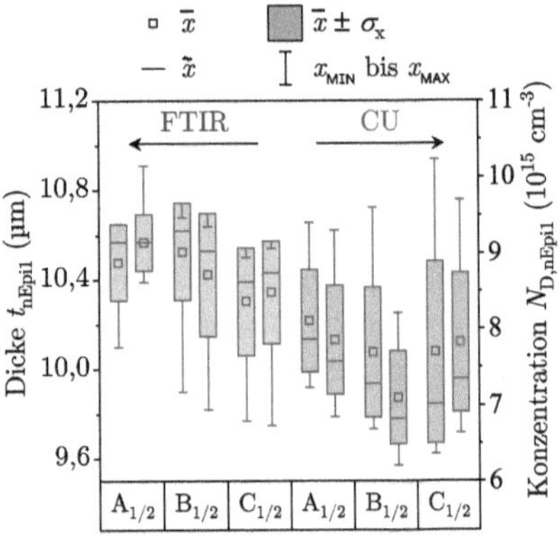

Abbildung 4.19 Schematischer Querschnitt zum Zeitpunkt des Justiermarkenätzens (a) und statistische Verteilung der Messergebnisse aus FTIR- und CU-Messungen zur Ermittlung der Dicke und Dotierstoffkonzentration von nEpi 1 (t_{nEpi1} und $N_{D,nEpi1}$, b). Die Darstellung in (a) ist nicht maßstabsgetreu. In (b) sind der Mittelwert ($\overline{x}$), der Medianwert ($\tilde{x}$), die Standardabweichung (σ_x) und die Minimal- und Maximalwerte (x_{MIN} und x_{MAX}) jeder Messreihe gezeigt

Das Ätzen der Justiermarken stellt den ersten formgebenden Prozessschritt dar (s. Abb. 4.19a). Der Trockenätzprozess wird von einem 1,5 µm dicken Lack (AZ5214E) maskiert. Nach der Belichtung am *Stepper* und dem Entwickeln, wird der Lack für 30 min bei 120 °C ausgeheizt.[23] Dieser Vorgang wird zur Vernetzung des Lacks, falls nicht anders erwähnt, nach jedem Entwicklungsschritt durchgeführt. Das anschließende SiC-Trockenätzen geschieht in einem induktiv gekoppel-

[23] Eine optische Kontrolle am Lichtmikroskop offenbarte auf Scheibe B_1 eine signifikante Fehlplatzierung der Felder 13, 14, 15 und 21 von $\Delta_{ERST} = 1{,}5$ µm und $\Delta_{ERST} = -0{,}75$ µm (s. Abb. 4.3). Der Prozess wird dennoch fortgesetzt.

tem Plasma-Ätzmodul von *SPTS Technologies* (fortan stets *SPTS* genannt). Die Grabentiefe der geätzten Justiermarken wird über taktile Stufenhöhen-Differenz-Messungen am *KLA-Tencor P-16+* Profilometer (fortan stets *Tencor* genannt) stichprobenartig zu etwa 440 nm bestimmt.

VOR DER ERSTEN IONENIMPLANTATION wird im *c.HORICOO*^{200} Horizontalofen von *Centrotherm* (fortan stets *Horicoo* genannt) bei 900 °C ein 30 nm dickes SiO_2 aus Tetraethylorthosilicat (TEOS) abgeschieden, dass der Streuung der implantierten Ionen dient und den *channeling effect* verringern soll (s. Abschn. 4.1.3). Der Mittelwert der tatsächlichen Dicke wird über Laser-Ellipsometrie zu etwa 29,6 nm bestimmt. Der Lack zur Maskierung der nachfolgenden Ionenimplantationen wird also auf eine SiO_2-Schicht aufgeschleudert. Wie in Abb. 4.20a gezeigt, wird hierfür stets ein 2,6 µm dicker Fotolack (ECi3027) verwendet. Dieser wird nach einer Reihe von Implantationen zur Erzeugung eines spezifischen Dotierprofils (z. B. pWanne, nSource, etc.) mithilfe von Peroxomonoschwefelsäure (H_2SO_5) entfernt und direkt mit der Lithografie der nächsten Implantation fortgefahren.

Wie in Abb. 4.20a zu erkennen ist, liegt nSource innerhalb von pWanne. Abb. 4.20b stellt die Ergebnisse aus Monte Carlo Simulationen der entsprechenden Implantationen dar. Das pWanne-Profil ist zu einer geringen Akzeptorkonzentration

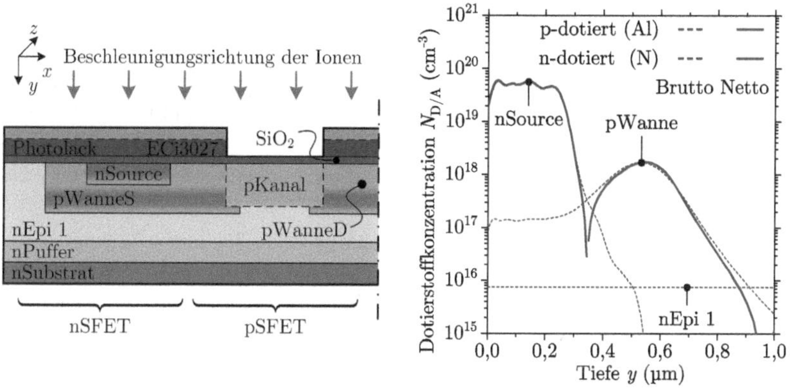

(a) (b)

Abbildung 4.20 Schematischer Querschnitt zum Zeitpunkt der pKanal-Implantation (a) und Dotierstoffkonzentration $N_{D/A}$ im nSource-Gebiet (b). Die Darstellung in (a) ist nicht maßstabsgetreu. In (b) sind die individuellen Brutto-Konzentrationen (gestrichelte Linien) und die resultierende Netto-Konzentration (durchgezogene Linien) gezeigt

an der Oberfläche ausgelegt, sodass die Konzentration von nSource nur unwesentlich kompensiert wird. In x-Richtung ergibt sich dadurch ein annähernd abrupter pn-Übergang, der das Source-seitige Ende des n-Kanals markiert (s. Abschn. 4.2.1). Um einen unerwünschten Einfluss bereits implantierter Ionen auf Streuprozesse nachfolgender Ionenimplantationen zu vermeiden, werden zunächst tiefe und erst anschließend oberflächennahe Implantationen durchgeführt. Folglich wird mit der Implantation von pWanne begonnen. Im Anschluss erfolgen die Implantationen für nSource. Die entsprechenden Implantationsparameter (D_{IMP} und E_{IMP}) sind in Tab. B.2 aufgelistet. Die anschließenden pKanal-Implantationen markieren schließlich den Abschluss der ersten Phase des Herstellungsprozesses (s. Abb. 4.17). Die verwendeten Implantationsparameter sind in Tab. B.3 zu finden. Letztlich wird das Streuoxid mit einer etwa 12 %igen Flusssäure (HF) entfernt und die Scheiben für das Aufwachsen der zweiten Epitaxieschicht (nEpi 2) vorbereitet.

4.3.3 Zweites Epitaxiesystem

Die zweite Phase des Herstellungsprozesses beginnt mit dem epitaktischen Wachstum von nEpi 2. Anschließend erfolgen die Ionenimplantation für pGate, die Strukturierung der Mesa und die Ionenimplantationen der Kontaktgebiete.

Der Wachstumsprozess wird in einer *AIX G5 WW C* Depositionsanlage von *Aixtron* durchgeführt. Zur Ermittlung der Dicke und der Dotierstoffkonzentration von nEpi 2 (t_{nEpi2} und $N_{\mathrm{D,nEpi2}}$) werden erneut FTIR- und CU-Messungen durchgeführt.[24] Im Mittel werden diese zu etwa 0,9 µm und $5,4 \times 10^{16}\mathrm{cm}^{-3}$ bestimmt. Die statistische Verteilung der Messergebnisse ist in Abb. 4.21a aufgezeigt. Es ist ein Ausschlag in der Dicke von Scheibe A_1 zu beobachten, der sich aufgrund der resultierenden Kanaltiefe des nSFETs ($t_{\mathrm{K}}^{\mathrm{n}}$) auch im Bauelementverhalten widerspiegelt (s. Abschn. 5.2).

Es ist davon auszugehen, dass die bereits geätzten Justiermarken annähernd kantenkonform überwachsen werden [307]. Allerdings kommt es zum Stufenflusswachstum, da die c-Achse relativ zur Wachstumsrichtung um 4° in Richtung der $\left[11\bar{2}0\right]$-Achse verkippt ist [254, 308]. Wie auf den Mikroskopaufnahmen in Abb. 4.21b zu sehen ist, sind daher ausgeprägte Dreiecksdefekte an den in $\left[1\bar{1}00\right]$-Richtung ausgerichteten Kanten von Grabenstrukturen zu beobachten [309, 310]. Die laterale Ausdehnung dieser Defekte in z-Richtung (Δ_{z}) kann unter Kenntnis

[24] Aufgrund der Komplexität des Schichtaufbaus, eignen sich die hergestellten Scheiben nicht für das FTIR-Verfahren. Die Messungen werden daher an einfachen Substraten durchgeführt, die mit identischen Prozessparametern überwachsen werden.

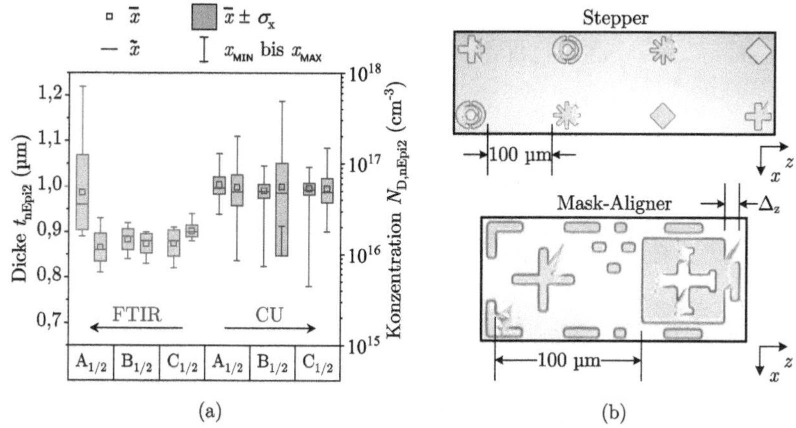

Abbildung 4.21 Statistische Verteilung der Messergebnisse aus FTIR- und CU-Messungen zur Ermittlung der Dicke und Dotierstoffkonzentration von nEpi 2 (t_{nEpi2} und $N_{D,nEpi2}$, a) und Mikroskopaufnahmen ausgeprägter Dreiecksdefekte an überwachsenden Justierstrukturen (b). In (a) sind der Mittelwert ($\bar{x}$), der Medianwert ($\tilde{x}$), die Standardabweichung (σ_x) und die Minimal- und Maximalwerte (x_{MIN} und x_{MAX}) jeder Messreihe gezeigt. Die Vertiefungen der Grabenstrukturen in (b) sind in petrol hervorgehoben

der Schichtdicke von nEpi 2 (t_{nEpi2}) und des Neigungswinkels der c-Achse (α_c) trigonometrisch zu

$$\Delta_z \approx \frac{t_{nEpi2}}{\tan(\alpha_c)} = 14{,}3 \cdot t_{nEpi2}. \tag{4.5}$$

abgeschätzt werden. Bei einer Dicke von 0,9 µm sind also Kristalldefekte mit einer lateralen Ausdehnung von 12,89 µm zu erwarten. Dieses Verhalten wird anhand der Aufnahmen in Abb. 4.21b bestätigt. Für die Funktion der Bauelemente ist dieses Phänomen allerdings unkritisch, da sich die betroffenen Grabenstrukturen ausreichend weit entfernt befinden. Für die nachfolgende Lithografie muss allerdings die rautenförmige Justierstruktur verwendet werden, da sie als einzige nicht von diesem Phänomen betroffen ist.

Im Anschluss an das epitaktische Wachstum erfolgt die vollflächige Ionenimplantation für pGate. Wie in Abb. 4.22a angedeutet, wird vor der Implantation erneut ein Streuoxid aus TEOS abgeschieden. Die Dicke des Oxids wird am Laser-Ellipsometer im Mittel zu etwa 31,7 nm bestimmt. Im Anschluss an die Implantation wird es mit 12,5 %iger HF-Säure wieder entfernt. Die Tiefe des pGate-Profils ist so gewählt, dass sich das Gate zuverlässig kontaktieren lässst.[25] Die entsprechenden Implantationsparameter sind in Tab. B.4 aufgelistet.

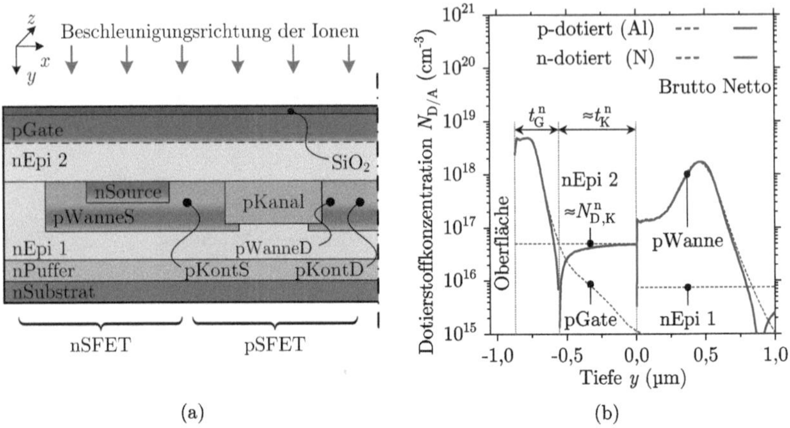

Abbildung 4.22 Schematischer Querschnitt zum Zeitpunkt der pGate-Implantation (a) und Monte Carlo Simulationen der Dotierprofile ($N_{D,A}$) im n-Kanal-Gebiet (b). Die Darstellung in (a) ist nicht maßstabsgetreu. In (b) sind die individuellen Brutto-Konzentrationen (gestrichelte Linien) und die resultierende Netto-Konzentration (durchgezogene Linien) gezeigt

Abb. 4.22b zeigt Ergebnisse aus Monte Carlo Simulationen der Brutto- und Netto-Konzentrationen im n-Kanalgebiet. Mit der Implantation von pGate sind sämtliche Entwurfsparameter des nSFETs bereits festgelegt. Seine Kanaltiefe (t_K^n) beträgt also ungefähr 550 nm. Da der nachfolgende SiC-Ätzprozess das pGate-Gebiet in y-Richtung überwinden muss aber nEpi 1 nicht erreichen darf, stellt dieses Maß stellt zugleich das erlaubte Prozessfenster für die Mesa-Strukturierung dar. Die anvisierte Grabentiefe (t_{MESA}) wird daher, unter Berücksichtigung der in Abschn. 4.1.4 erläuterten Tiefe der Mikrogräben (t_{MG}) von bis zu 250 nm, auf

$$t_{MESA} = t_{nEpi2} - t_K^n + \frac{t_K^n - t_{MG}}{2} = 470\,\text{nm} \tag{4.6}$$

festgelegt und kann mit ±150 nm toleriert werden.

[25] In vorgelagerten Versuchen, wurden systematisch signifikante Leckströme über die Gate-Strukturen beobachtet. Details zu diesen Experimenten sind Anh. B erläutert.

FÜR DAS ÄTZEN DER MESA, wird zunächst ein Oxid strukturiert, um den SiC-Ätzprozess zu maskieren. Hierfür wird eine relativ dicke SiO_2-Schicht aus TEOS im *Horicoo* abgeschieden. Die Dicke dieser Schicht wird am Laser-Ellipsometer im Mittel zu etwa 1,8 µm bestimmt. Anschließend erfolgt die Lithografie mit einem 1,5 µm dicken Fotolack (AZECi3012). Dieser wird zum besseren Erhalt seiner Strukturtreue nicht ausgeheizt. Beide Ätzprozesse, der zur Strukturierung der Oxidmaske und jener zum eigentlichen Ätzen der Mesa, erfolgen an einer *ULVAC NE-550 EXa* Plasma-Ätz-Anlage (fortan stets *Ulvac* genannt).

Der schematische Querschnitt in Abb. 4.23a illustriert den Zustand der Scheiben zum Zeitpunkt der Mesa-Strukturierung. Zur Ermittlung der Tiefe des Grabens im SiC, werden die Dicke des Oxids nach dem Ätzprozess an einem *K-MAC* Reflektometer (fortan stets *K-MAC* genannt) und die Stufenhöhe an dem *Tencor* gemessen und anschließend voneinander abgezogen. Die mittlere Tiefe der SiC-Ätzung (t_{MESA}) wird auf diese Weise zu etwa 536 nm bestimmt. Die REM-Aufnahme in Abb. 4.23b zeigt einen mit fokussiertem Ionenstrahl[26] präparierten Querschnitt einer bereits strukturierten Mesa. Mithilfe dieser Aufnahme wird t_{MESA} stichprobenartig auf ungefähr 480 nm abgeschätzt. Diese Ergebnisse lassen darauf schließen, dass die Ätztiefe innerhalb der festgelegten Toleranz von $t_{MESA} = 470\,\text{nm} \pm 150\,\text{nm}$ liegt.

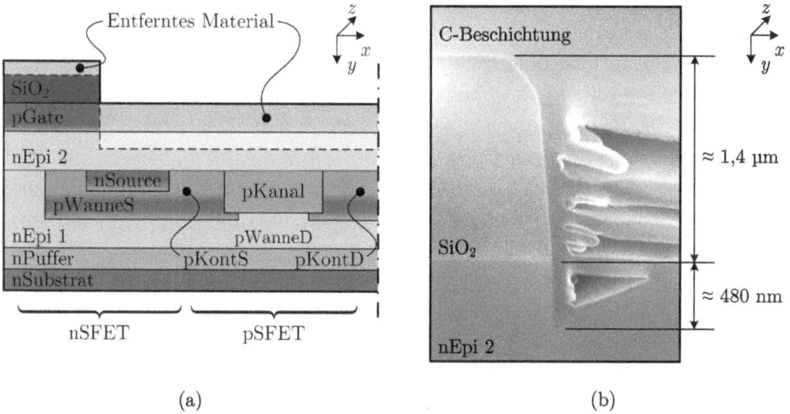

Abbildung 4.23 Schematischer Querschnitt (a) und REM-Querschnittaufnahme (b) zum Zeitpunkt der Mesa-Strukturierung. Die Darstellung in (a) ist nicht maßstabsgetreu. Die C-Beschichtung in (b) dient dem Schutz der Oberfläche während der Präparation des Querschnitts

[26] engl.: Focused Ion Beam (FIB)

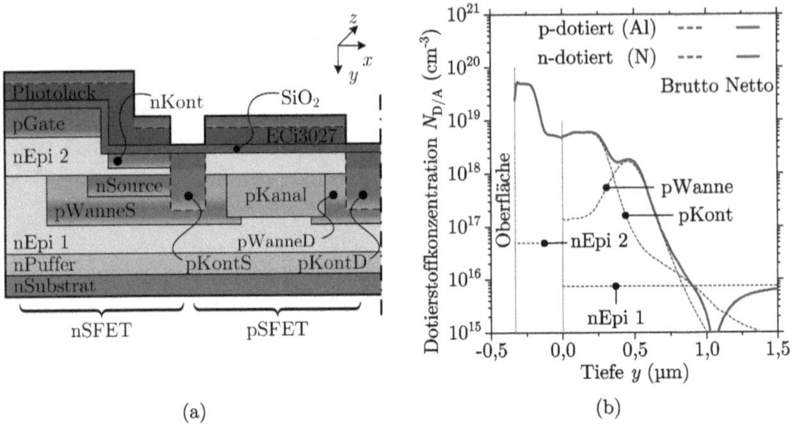

Abbildung 4.24 Schematischer Querschnitt (a) und Monte Carlo Simulationen der Dotierprofile ($N_{\mathrm{D,A}}$) in den Kontaktgebieten (b) zum Zeitpunkt der Kontaktimplantation. Die Darstellung in (a) ist nicht maßstabsgetreu. In (b) sind die individuellen Brutto-Konzentrationen (gestrichelte Linien) und die resultierende Netto-Konzentration (durchgezogene Linien) gezeigt

FÜR DIE KONTAKTIMPLANTATIONEN wird erneut ein Streuoxid abgeschieden und anschließend am Laser-Ellipsometer im Mittel zu 28,8 nm bestimmt. Abb. 4.24a zeigt den schematischen Querschnitt der Einheitszelle zum Zeitpunkt der pKont-Implantation. Die Implantationsparameter für nKont und pKont sind in Tab. B.4 aufgelistet. Wie anhand der Monte Carlo Simulationen des pKont-Gebiets in Abb. 4.24b zu erkennen ist, kann bei der erreichten Ätztiefe und den gewählten Implantationsparametern von einer zuverlässigen Verbindung der vergrabenen pWanne-Gebiete ausgegangen werden. Da der Kontaktwiderstand des Metall-Halbleiter-Übergangs auf n- bzw. p-dotierte Gebiete ($\rho_{\mathrm{KONT,n/p}}$) gemäß

$$\rho_{\mathrm{KONT,n/p}} \propto \exp\left(\sqrt{\frac{1}{N_{\mathrm{KONT,D/A}}}}\right) \tag{4.7}$$

mit steigender Konzentration der Donatoren bzw. Akzeptoren im Kontaktbereich ($N_{\mathrm{KONT,D/A}}$) sinkt, bewusst ist die Oberflächenkonzentrationen von nKont und pKont mit etwa $5 \times 10^{19}\mathrm{cm}^{-3}$ äußerst hoch gewählt [255, 311, 312].

In Abb. 4.25 ist eine Mikroskopaufnahme der Zellstreifen unmittelbar vor dem Ausheilen gezeigt (vgl. Abb. 4.18). Da sich die Dotierstoffatome weiterhin auf Zwi-

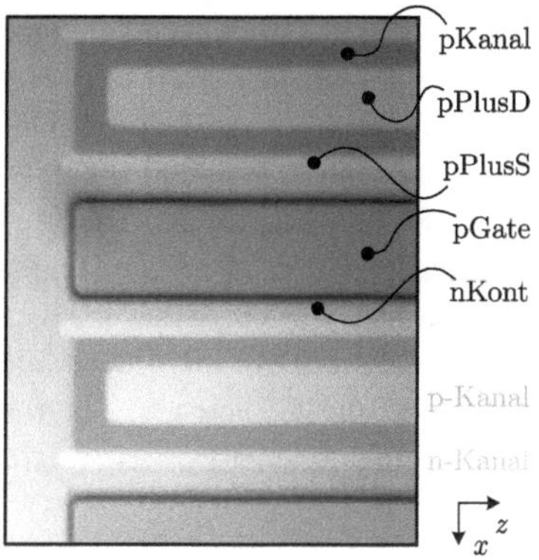

Abbildung 4.25 Mikroskopaufnahme der aktiven Zellen vor dem Ausheilen der Ionenimplantationen. Die Bereiche, in denen sich der n- und der p-Kanal befinden sind im unteren Teil des Bildes farblich hervorgehoben

schengitterplätzen befinden, lassen sich die implantierten Gebiete je nach Spezies und verursachtem Kristallschaden farblich deutlich voneinander unterscheiden. Auf Basis dieser Aufnahme lässt sich die prinzipiell korrekte Anordnung der Zellstrukturen verifizieren.

BEIM ANSCHLIEẞENDEN AKTIVIERUNGSSCHRITT handelt es sich die Hochtemperaturbehandlung der Halbleiterscheiben zum Zweck des Ausheilens von Gitterschäden und des Einbaus der Dotierstoffe in das Kristallgitter (s. Abschn. 4.1.3 *Ionenimplantation*).[27] Dieser Schritt wird am *c.ACTIVATOR[150]* Ofen für 30 min bei 1700 °C in Ar-Atmosphäre durchgeführt. Hier ist zu beachten, dass Si-Atome bereits bei etwa 1000 °C (und Vakuum) beginnen aus der SiC-Oberfläche zu desorbieren [265]. Dies führt zur Graphitisierung der Scheibenoberfläche, erhöhter Oberflächenrauigkeit und damit verbundenen Stufenversetzungen [313, 314]. Um die Desorption zu verhindern, wird vor dem Hochtemperaturprozess ein Fotolack auf Kohlenstoffbasis (AZ5214E) mit einer Dicke von 1,5 µm auf die Halbleiterscheiben aufgeschleudert,

[27] In Anh. B befindet sich eine kurze Abhandlung zu durch Ionenimplantation induzierte Störstellen und den Einfluss von anschließender Temperaturbehandlung und thermischer Oxidation.

bei 180 °C für 120 min ausgeheizt und anschließend graphitisiert.[28] In der Literatur wird zur Graphitisierung eine pyrolytische Zersetzung bei etwa 800 °C in Vakuum, N- oder Ar-Atmosphäre empfohlen [315–317]. Aufgrund der zur Verfügung stehenden Infrastruktur, wird dies implizit während der Aufheizphase des Aktivierungsschritts im *c.ACTIVATOR150* durchgeführt. Der graphitisierte Lack wird im Anschluss an einer *GIGAbatch 310M* Plasmaanlage von *PVA TePla* verascht.

Zur Konditionierung der Oberfläche, werden die Scheiben bei 1150 °C für 20 min in O_2-Atmosphäre thermisch oxidiert [318]. Im Mittel wird die resultierende Dicke des Oxids auf den nKont- und pKont-Gebieten zu 11 nm und 10,7 nm bestimmt. Die entsprechende Reaktionsgleichung lässt sich wie folgt ausdrücken [255]:

$$SiC + \frac{3}{2}O_2 \rightarrow SiO_2 + CO \tag{4.8}$$

Unter Berücksichtigung der Dichte von Si in SiC und SiO_2 kann der SiC-Verbrauch während der thermischen Oxidation an der Oberfläche zu 46 % der SiO_2-Dicke errechnet werden [255]. Verglichen mit p-Typ SiC, ermittelten Kobayashi *et al.* bei hochdotierten Gebieten ($> 1 \times 10^{18}\mathrm{cm}^{-3}$) eine bis zu 20 % höhere Oxidationsrate für n-Typ SiC [319]. Dieser Trend wird bei den hier untersuchten Schichten nur in einem schwachen Ausmaß beobachtet, im späteren Verlauf der Herstellung jedoch bestätigt.

4.3.4 Metallisierung und Passivierung

Mit dem Ausheilen der implantierten Gebiete und dem Mesa-Ätzen sind die Zellen der beiden SFETs bereits vollständig realisiert. Zur monolithischen Integration zum inversen Thyristor müssen lediglich noch ihre Source-Elektroden verbunden und der Kurzschluss zwischen pGate und pKontD hergestellt werden. Hierfür wird im ersten Schritt von Phase 3 die ohmsche Metalllage prozessiert. Im Anschluss wird das Feldoxid (FOX) abgeschieden und die Kontaktlöcher notwendigen Kontaktlöcher geätzt. Abschließend werden die makroskopischen Metall- und Passivierungsflächen aufgebracht und strukturiert.

Die ohmsche Metalllage wird mithilfe einer dünnen Legierung aus Nickel (Ni) und Al mit einem Al-Massenanteil von 2,6% ($NiAl_{2,6\%}$) realisiert. Der schematische

---

[28] Es handelt sich um eine sog. *Capping-Layer*. Sie wird zu Testzwecken bei den Scheiben mit dem Index 2 nur auf der Vorderseite aufgebracht. Bei jenen mit dem Index 1 zusätzlich auf der Rückseite. Ein Einfluss dieser Variation kann während des Herstellungsprozesses nicht festgestellt werden.

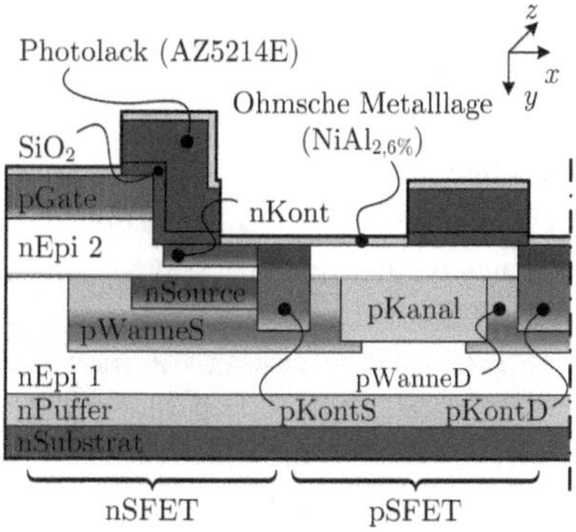

Abbildung 4.26 Schematischer Querschnitt zum Zeitpunkt der Strukturierung der Ohmkontakte. Die $NiAl_{2,6\,\%}$-Schicht wird mit Entfernen des Fotolacks von der Oberfläche abgehoben. Die Darstellung in ist nicht maßstabsgetreu

Querschnitt in Abb. 4.26 zeigt den Zustand der Scheiben während der Strukturierung dieser Schicht. Wie zu erkennen ist, grenzt sie direkt an eine SiO_2-Schicht an. Dies wird durch eine selbstjustierte Strukturierung erreicht [320]. Hierfür wird zunächst ein thermisches Oxid mit einer nominellen Dicke von 55 nm aufgewachsen[29] und anschließend nach einer Bildumkehr[30]-Lithografie mit 1,5 µm dickem Fotolack (AZ5214E) an der *Ulvac* trockenchemisch strukturiert. Anstatt den Lack nun zu entfernen, wird die 50 nm dicke $NiAl_{2,6\,\%}$-Schicht mithilfe eines Sputter-Prozesses in einer *CLUSTERLINE 200*-Anlage von *Evatec* (fortan stets *Evatec* genannt) aufgebracht. Wie in Abb. 4.26 dargestellt, werden die Lackflanken idealerweise nicht von der $NiAl_{2,6\,\%}$-Schicht bedeckt, wodurch sie nasschemisch angegriffen werden können. Zur finalen Strukturierung wird der Lack mithilfe von Dimethylsulfoxid (DMSO) entfernt und die auf ihm liegende $NiAl_{2,6\,\%}$-Schicht simultan abgehoben.[31]

Im nächsten Schritt werden in einer Ätzkammer von *Oxford Instruments* (fortan stets *Oxford* genannt) etwa 2 µm von der Rückseite des SiC-Substrats entfernt, um etwaige Kratzer oder andere Rückstände zu behandeln und die Oberfläche zu konditionieren. Anschließend wird in einer *VON ARDENNE* Sputter-Prozesskammer (fortan stets *Ardenne* genannt) auf der Rückseite ebenfalls eine $NiAl_{2,6\,\%}$-Schicht abgeschieden. Der Zielwert der Dicke dieser Schicht von 50 nm wird über 4-Punkt-

[29] Die tatsächliche Dicke wird am Laser-Ellipsometer auf nKont im Mittel zu 63,44 nm bestimmt. Auf pKont sind es 57,4 nm.

[30] engl.: image-reversal

[31] engl.: lift-off

Messungen des Schichtwiderstands an 49 Stellen auf der Scheibenrückseite verifiziert.

Zur Bildung eines ohmschen Metall-Halbleiter-Übergangs, werden die $NiAl_{2,6\,\%}$-Schichten für 2 min einer Temperaturbehandlung bei 980 °C unterzogen. Hierbei reagiert $NiAl_{2,6\,\%}$ mit SiC und bildet oberflächennah ein Nickelsilizid (Ni_xSi_y) und erlaubt auf n-dotierten Gebieten einen spezifischen Kontaktwiderstand (R_{KONT}) im $\mu\Omega\,cm^2$-Bereich [278, 321–323]. Auf p-dotierten Gebieten sind einige 100 $\mu\Omega\,cm^2$ zu erwarten (s. Abschn. 5.1.3). Zur Entfernung von nicht reagierten Nickelresten, wird im Anschluss eine Reinigung mit H2SO5 durchgeführt. Das gebildete Ni_xSi_y wird dabei nicht angegriffen. Die Ergebnisse aus Schichtwiderstandsmessungen ($R_\square$) vor und nach dieser Reinigung sind in Abb. 4.27 aufgetragen.[32] Die Verteilung der Messwerte nach der H_2SO_5-Reinigung suggerieren eine erfolgreiche Kontaktbildung. Mutmaßlich werden beim Reinigungsschritt oxidierte $NiAl_{2,6\,\%}$-Reste entfernt.

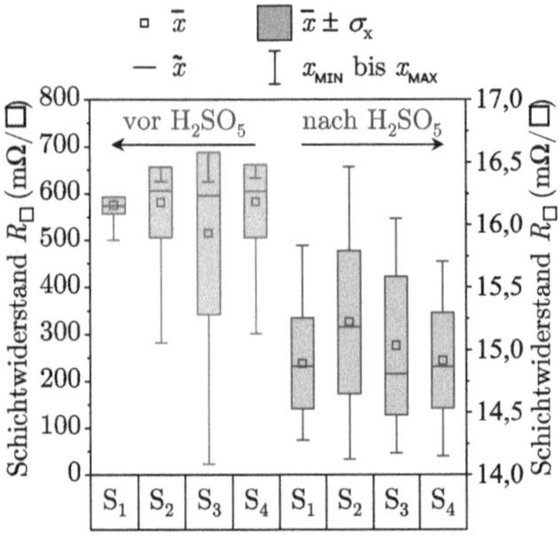

Abbildung 4.27 Schichtwiderstand ($R_\square$) nach der Silizidbildung (Ni_xSi_y) von Ni auf n-dotiertem SiC. Gezeigt sind Ergebnisse aus 4-Punkt-Messungen vor und nach einer chemischen Reinigung in H_2SO_5 von vier identisch prozessierten SiC-Scheiben (S_1 bis S_4) eines vorgelagerten Testprozesses. Es sind der Mittelwert ($\bar{x}$), der Medianwert ($\tilde{x}$), die Standardabweichung (σ_x) und die Minimal- und Maximalwerte (x_{MIN} und x_{MAX}) jeder Messreihe gezeigt

[32] Die Messungen werden an je 49 Punkten auf vier identisch prozessierten SiC-Scheiben (S_1 bis S_4) eines vorgelagerten Prozesses durchgeführt.

Zur Passivierung der Oberfläche wird in einer PECVD[33]-Kammer von *SPTS* ein SiO2 aus SiH4 und Stickstoffmonoxid (4NO) abgeschieden. Die Dicke dieser Schicht (t_{FOX}) wird am *K-MAC* im Mittel zu 653 nm bestimmt. Unter Annahme eines kritischen elektrischen Feldes (E_{KRIT,SiO_2}) von mindestens 9 kV cm^{-1}, kann die dielektrische Sperrspannung des FOX ($U_{KRIT,FOX}$) gemäß

$$U_{KRIT,FOX} = E_{KRIT,SiO_2} \cdot t_{FOX} \tag{4.9}$$

auf etwa 600 V abgeschätzt werden [255]. Laut TCAD-Simulationen, ist dieser Wert mehr als 10-mal höher als das zu erwartende Oberflächenpotential [234].

Der nachfolgende Ätzprozess zur Bildung der Kontaktlöcher wird von einem 1,5 µm dicken Lack (AZ5214e) maskiert und schließlich in der *Oxford* durchgeführt. Es sei darauf hingewiesen, dass diese und alle nachfolgenden Lithografien wegen der Metallkontamination der Scheiben am *Mask-Aligner* durchgeführt werden. Abb. 4.28 zeigt den Zustand der Scheiben zum Zeitpunkt der Strukturierung der Kontaktlöcher. Um das SiO_2 in den Kontaktlöchern restlos zu entfernen, werden die Scheiben im Anschluss an den Trockenätzprozess für 30 s in ein Bad mit etwa

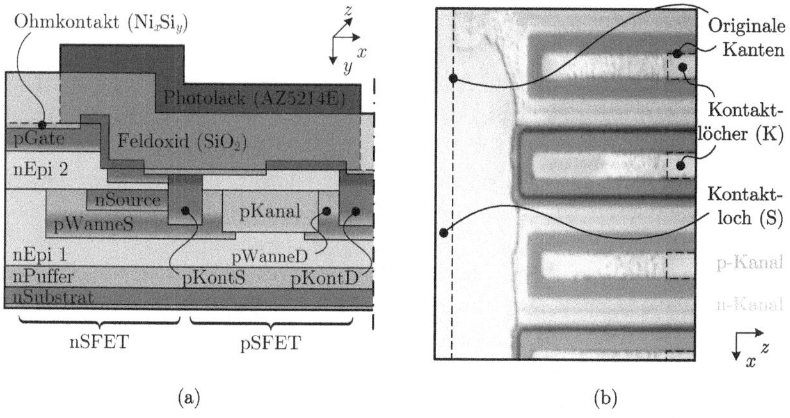

Abbildung 4.28 Schematischer Querschnitt (a) und Mikroskopaufnahme (b) zum Zeitpunkt der Strukturierung der Kontaktlöcher. Es sei darauf hingewiesen, dass sich die Kontaktlöcher für die Source-Elektrode außerhalb der aktiven Gebiete befinden und daher in (a) nicht abgebildet sind. Die Darstellung in (a) ist zudem nicht maßstabsgetreu

[33] Plasmaunterstützte chemische Gasphasenabscheidung (PECVD), engl: plasma enhanced chemical vapor deposition

12 %iger HF-Säure gegeben. Da naschchemische Ätzvorgänge grundsätzlich isotrop wirken, ist mit einem Abtrag des Feldoxids entlang der x-Achse von etwa 30 nm zu rechnen. Wie die Mikroskopaufnahme in Abb. 4.28b zeigt, kommt es überdies zu einer unerwünschten Ätzung entlang der NiSi-SiO_2-Grenzfläche. Der Farbverlauf jenseits der Kontaktlochkante legt nahe, dass die HF-Säure unter das FOX kriecht während sich die Scheiben im Säurebad befinden. Von dort lässt sie sich nicht herausspülen und reagiert sich ungehindert ab. Dies führt, wie in Abb. 4.28b zu sehen, sporadisch sogar dazu, dass Teile des Feldoxids hinausbrechen. Dieses Phänomen wird allerdings lediglich an wenigen Strukturen auf Scheibe A_1 beobachtet. Zudem scheint der Kriechvorgang an der Ni_xSi_y-Grenze zu stoppen, wodurch das Kontaktloch nie wesentlich über den Ohmkontakt hinausragt. Es wird daher ohne weitere Maßnahmen mit der Herstellung fortgefahren.

DER KURZSCHLUSS DER OHMKONTAKTE zur Bildung der Kathode erfolgt mithilfe eines Metallstapels bestehend aus 50 nm dicken Diffusionsbarriere aus Titan (Ti), gefolgt von einer 3,25 µm dicken Al-Schicht, die eine Drahtbond-Kontaktierung ermöglicht, und einer abschließenden Ti-Schicht mit einer Dicke von 20 nm zum Schutz vor Korrosion. Der gesamte Stapel wird nach einer Oberflächenkonditionierung mithilfe eines Sputter-Prozesses in der *Evatec* aufgebracht. Sein Schichtwiderstand wird über eine 4-Spitzen-Messung an 49 Punkten im Mittel zu etwa $10\,\mathrm{m}\Omega\square^{-1}$ bestimmt. Für die Strukturierung des Stapels wird zunächst eine Lithografie mit einem 2,5 µm dicken Lack durchgeführt und anschließend ein Trockenätzprozess in der *Oxford* verwendet. Der Ätzprozess wird abgebrochen, sobald kein Al mehr in der Ätzkammer detektiert werden kann. Um die verbleibende Ti-Schicht zu entfernen, werden die Scheiben für 20 s in eine Titanätze gegeben. Anschließend wird der Lack mithilfe von Aceton und DMSO entfernt und die Höhe des gesamten Stapels am *Tencor* stichprobenartig zu etwa 3,3 µm bestimmt.

In Abb. 4.29 ist eine REM-Aufnahme eines präparierten FIB-Querschnitts einer vollen Einheitszelle mit bereits aufgebrachten Ti-Al-Ti-Stapel gezeigt. Der Kontrast in der Aufnahme hebt n- (dunkel) und p-dotierte (hell) Gebiete hervor. Bei genauerer Betrachtung ist ein signifikanter Versatz in x-Richtung zwischen den Ebenen im ersten und zweiten Epitaxiesystem zu erkennen. Dieser Versatz wird besonders anhand der eingezeichneten Symmetrieachse deutlich. Aufgrund der gewählten Entwurfsregeln (s. Absch. 4.2.2), ist die Integrität der Zelltopologie jedoch weiterhin gegeben.

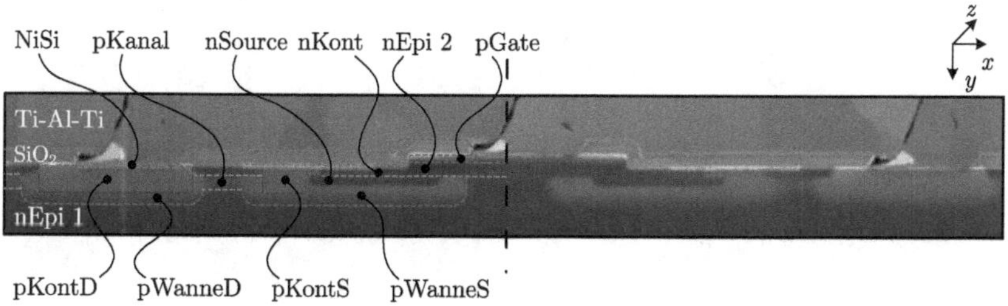

Abbildung 4.29 REM-Aufnahme eines präparierten FIB-Querschnitts der monolithisch integrierten Zelltopologie © Susanne Beuer / Fraunhofer IISB

DIE NÄCHSTEN SCHRITTE dienen der Passivierung der Vorderseite und der Kontaktierung der Rückseite. Zunächst wird die Oberfläche der Rückseite in der *Evatech* konditioniert und anschließend eine etwa 2 µm dicke Al-Schicht mithilfe eines Sputter-Prozesses aufgebracht. Diese Schicht wird im *Horicoo* einer Temperaturbehandlung bei 450 °C in Formiergas-Atmosphäre unterzogen. Ihr Schichtwiderstand wird ebenfalls an 49 Punkten gemessen und im Mittel zu etwa $16\,\mathrm{m}\Omega\square^{-1}$ bestimmt.

Zur Konditionierung der Oberfläche für die Passivierung auf der Vorderseite, werden die Scheiben in einer Sputter-Kammer der *Ardenne* für 10 min bei 300 °C ausgeheizt und daraufhin für 30 s einer Sputter-Behandlung in Ar-Atmosphäre unterzogen. Für die Passivierung wird ein Polyimid auf die Scheiben geschleudert und mithilfe einer Bildumkehr-Lithografie strukturiert. Abb. 4.30a zeigt einen schematischen Querschnitt der Einheitszelle nach bereits erfolgter Strukturierung. Es sei erwähnt, dass das Polyimid das gesamte Bauelement bedeckt und lediglich in den Kontaktbereichen der Elektroden, in den Sägestraßen und für Beschriftungen geöffnet wird. Die Fotoaufnahme einer fertig prozessierten Scheiben in Abb. 4.30b verdeutlicht dies anhand der metallisch schimmernden Elektroden inmitten des schwarzen Polyimids. Die Dicke des Polyimids wird am *Tencor* stichprobenartig zu etwa 20 µm bestimmt.

FÜR DIE CHARAKTERISIERUNG relevanter technologischer Merkmale und elektrischer Eigenschaften im nachfolgenden Kapitel müssen einige Bauelemente und Teststrukturen vereinzelt werden. Hierfür werden die entsprechenden Strukturen ausgesägt und zum Teil mit Verfahren der Aufbau- und Verbindungstechnik (AVT), die in Kap. 5 an entsprechender Stelle erläutert werden, auf angemessene Substrate montiert. Der finale Schritt des Herstellungsprozesses besteht daher im Aufbringen eines lötbaren Metallschicht auf der Rückseite der Scheiben. Hierfür wird nach einer Oberflächenkonditionierung ein Schichtstapel bestehend aus etwa 100 nm Chrom

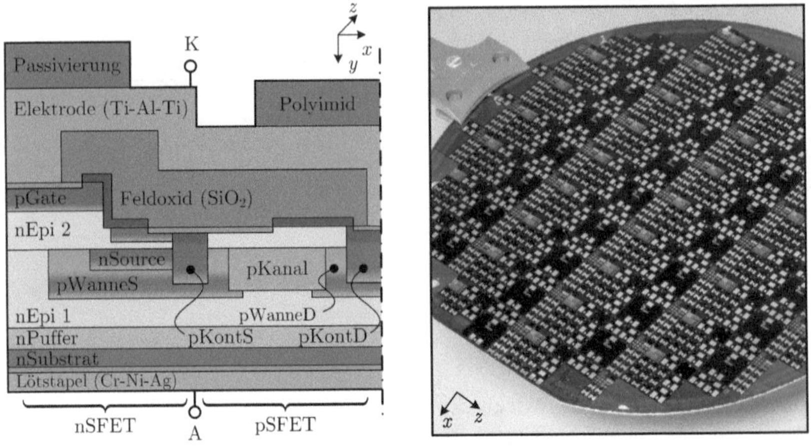

(a) (b)

Abbildung 4.30 Schematischer Querschnitt der Einheitszelle (a) und Foto einer Halbleiterscheibe (b, © Thomas Richter / Fraunhofer IISB) zum Zeitpunkt Fertigstellung. Es sei darauf hingewiesen, dass sich die Kontaktlöcher für die Source-Elektrode außerhalb der aktiven Gebiete befinden und daher in (a) nicht abgebildet sind. Die Darstellung in (a) ist zudem nicht maßstabsgetreu. Die prägnant metallisch schimmernden Bereiche in (b) zeigen die Oberfläche der Elektroden

(Cr) und je 1 µm Ni und Silber (Ag) an der *Ardenne* aufgedampft. Der schematische Querschnitt in Abb. 4.30a zeigt also den Zustand der Scheiben nachdem alle Fertigungsschritte erfolgt sind.

5 Charakterisierung und Diskussion

Einmal ist keinmal, zweimal ist immer.

Dr. Anton Bauer, Fraunhofer IISB

DIE CHARAKTERISIERUNG der hergestellten Bauelemente und Teststrukturen lässt sich in drei Teilbereiche einordnen. Zunächst werden diverse Methoden zur Analyse spezifischer Technologieparameter angewendet, um den tatsächlich realisierten Bauelemententwurf zu ermitteln. Anschließend werden die quasi-statischen Bauelementeigenschaften mithilfe elektrischer Messungen bestimmt und in den Kontext der Modellierung und der Herstellung gebracht. Final wird das Schaltverhalten des inversen Thyristors in ausgewählten Überstromszenarien demonstriert und Möglichkeiten zur Nutzung zusätzlicher Funktionen vorgestellt, die über das reine selbstausgelöste Abschalten hinausgehen.

5.1 Technologieparameter

Wie in Kap. 4 erläutert, sind sämtliche Entwurfsparameter mit Toleranzen behaftet. Hiervon betroffen sind u. a. Dotierstoffkonzentrationen, Schichtdicken und die Strukturtreue mit Bezug zum Maskenentwurf. Dies führt unweigerlich zu Abweichungen von den prognostizierten Bauelementeigenschaften. Wie im Rahmen des Kapitels *Physikalische Grundlagen* in Abschn. 2.3 diskutiert, besteht darüber hinaus weiterhin Unklarheit über die Mechanismen, die zur Reduzierung der Konzentration der *freien* Ladungsträger in Al-dotiertem SiC führen. Die folgenden Abschnitte

---

Ergänzende Information Die elektronische Version dieses Kapitels enthält Zusatzmaterial, auf das über folgenden Link zugegriffen werden kann https://doi.org/10.1007/978-3-658-50151-8_5.

N. Böttcher, *Monolithischer Überstromschutzschalter basierend auf 4H-SiC-Sperrschicht-FET-Technologie*,
https://doi.org/10.1007/978-3-658-50151-8_5

widmen sich der quantitativen Abschätzung dieser Phänomene. Teile dieser Untersuchungen wurde in eigenen Veröffentlichungen bereits publiziert [295, 324].

5.1.1 Laterale Strukturtreue

Die Kanallängen der SFETs (l_K^*) werden insbesondere durch die Strukturtreue der dotierten Gebiete in der x-z-Ebene bestimmt. Wie in Abschn. 4.1.2 *Fotolithografie* angedeutet, streuen die Ionen bei der Implantation unter die Lackmaske. Dieser Effekt wird in Abb. 5.1 mithilfe von REM-Aufnahmen von FIB-Querschnitten visualisiert. Die Aufnahmen zeigen Al-dotierte Gebiete, die mithilfe der Implantationen für pKont und pWanne erzeugt werden und für die im Maskenentwurf ein Abstand von 1,25 µm, 1,50 µm und 1,75 µm vorgesehen ist. Es sei darauf hingewiesen, dass die Sichtbarmachung dotierter Gebiete mittels REM nicht dazu geeignet ist, Dotierstoffkonzentrationen oder pn-Übergänge exakt zu bestimmen. Dennoch lassen sich anhand des Kontrastes Rückschlüsse auf durch Ionenimplantation induzierte Kristallschäden ziehen [325]. So lässt sich schlussfolgern, dass die Ionen

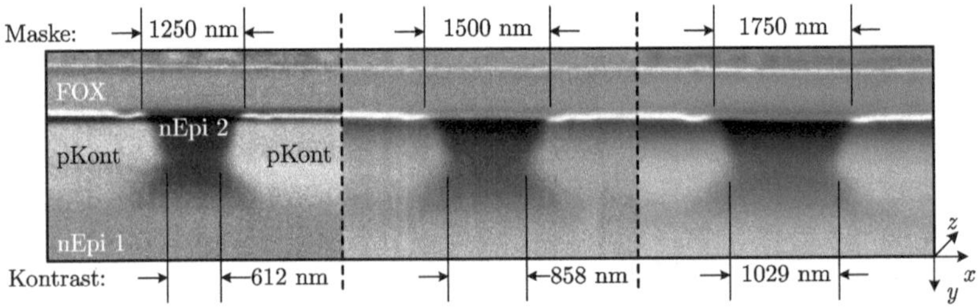

(a)

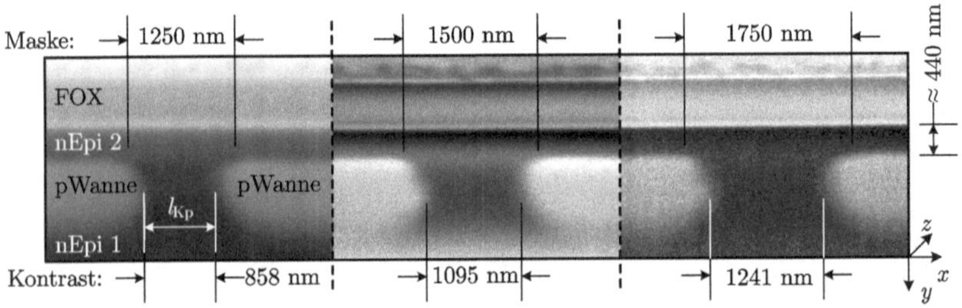

(b)

Abbildung 5.1 REM-Aufnahmen von FIB-Querschnitten der Teststrukturen zur Ermittlung der lateralen Strukturtreue der p-dotierten Gebiete. Die Gebiete in (a) werden durch die pKont-Implantation erzeugt, jene in (b) durch pWanne. © Susanne Beuer / Fraunhofer IISB

mutmaßlich mehrere 100 nm lateral unter die Fotomaske dringen und im Vergleich beider Profile zudem von den Implantationsparametern (E_{IMP} und D_{IMP}) abhängen.

Die markierten Abmessungen sind zwar mit Augenmaß eingefügt, lassen sich jedoch durch zweidimensionale MC-Simulationen verifizieren (s. Anh. C, Abb. C.1) und sind im Einklang mit Werten aus der Literatur [262–264, 326]. Für pWanne-Implantationen wird fortan eine Unterstreuung ($\Delta_{\text{STREU}}^{\text{pWanne}}$) von etwa 200 nm angenommen. Diese hat besondere Relevanz, da die Länge des p-Kanals (l_{K}^{p}) dem Abstand der beiden pWanne-Gebieten zueinander entspricht (s. Abschn. 4.2.1). Die hergestellten Bauelemente mit einer gezeichneten Kanallänge ($l_{\text{K,Maske}}^{\text{p}}$) von bspw. 1,5 µm werden somit gemäß

$$l_{\text{K}}^{\text{p}} \approx l_{\text{K,Maske}}^{\text{p}} - 2 \cdot \Delta_{\text{STREU}}^{\text{pWanne}} \tag{5.1}$$

stets eine reale Kanallänge von etwa 1,1 µm aufweisen.

Die Länge des n- Kanals wird, wie in Abschn. 4.2.1 *Zellaufbau* erläutert, durch den Überlapp von pWanne und nSource bestimmt. Somit ist sie ebenfalls von der Unterstreuung der Ionen betroffen und darüber hinaus abhängig von der Justiergenauigkeit des *Steppers*, welche mit ±250 nm angegeben ist (s. Abschn. 4.1.2 *Fotolithografie*). Der reale Versatz in x- und z-Richtung jeder Belichtung wird optisch mit einem *MueTec MT3000* an je zwei Strukturen auf jedem einzelnen Belichtungsfeld gemessen, um die Güte der Justierung zu bewerten. Diese Strukturen befinden sich jeweils am linken und rechten Rand der Belichtungsfelder, sodass auch eine Verdrehung des Feldes oder Verzerrungen des Bildes ermittelt werden können [327].

Gemessen wird dabei lediglich der Versatz zu den Justiermarken in der Ebene der Erstbelichtung (s. Abschn. 4.3.2 *Erstes Epitaxiesystem*). Dieser Versatz ist in Abb. 5.2a für pWanne und nSource ($\vec{\Delta}_{\text{JUST}}^{\text{pWanne}}$ und $\vec{\Delta}_{\text{JUST}}^{\text{nSource}}$) beispielhaft für Scheibe A_2 in vektorieller Form dargestellt.[1] Die daraus resultierende Abweichung zur gezeichneten Kanallänge ($\vec{\Delta}_{\text{JUST}}^{\text{n-Kanal}}$) wird über eine einfache Differenzbildung errechnet:[2]

$$\vec{\Delta}_{\text{JUST}}^{\text{n-Kanal}} = \vec{\Delta}_{\text{JUST}}^{\text{pWanne}} - \vec{\Delta}_{\text{JUST}}^{\text{nSource}} \tag{5.2}$$

Die entsprechenden Vektoren sind ebenfalls in Abb. 5.2a dargestellt und verdeutlichen, dass eine Fehljustierung von pWanne und nSource geringere Auswirkung

[1] Die Beträge der Vektoren werden aus Darstellungsgründen mit dem Faktor 50 multipliziert.

[2] Es sei darauf hingewiesen, dass die Zusammenhänge in Gl. 5.2 prinzipiell nur am Ort der Messung gelten. $\vec{\Delta}_{\text{JUST}}^{\text{n-Kanal}}$ am Ort des Bauelements wird über lineare Interpolation der Messergebnisse am linken und rechten Rand des Belichtungsfeldes bestimmt. Zwar sind die dadurch ermittelten Werte lediglich auf der die Messpunkte verbindenden Gerade exakt, sollen an dieser Stelle jedoch den Ansprüchen genügen.

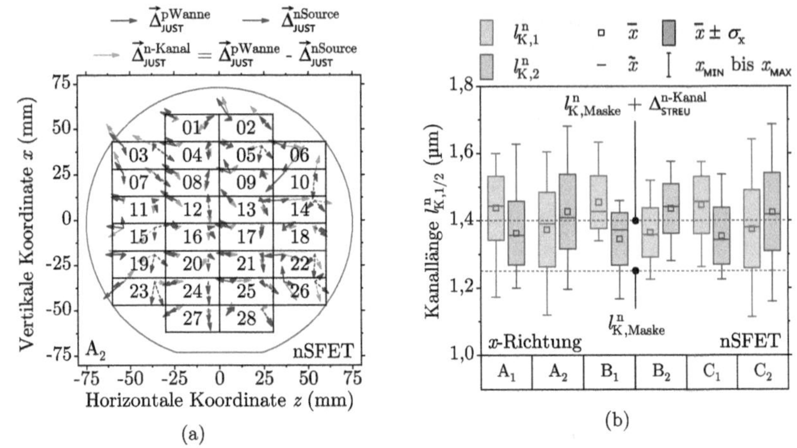

Abbildung 5.2 Vektorielle Darstellung der Fehljustierung von pWanne und nSource zur Illustration ihrer Auswirkung auf die Kanallänge des nSFETs ($l_{\mathrm{K}}^{\mathrm{n}}$) auf Scheibe A_2 (a) und statistische Verteilung der Längen beider n-Kanäle einer Einheitszelle ($l_{\mathrm{K},1/2}^{\mathrm{n}}$) jeder Scheibe (b). In (b) sind der Mittelwert ($\overline{x}$), der Medianwert ($\tilde{x}$), die Standardabweichung (σ_{x}) und die Minimal- und Maximalwerte (x_{MIN} und x_{MAX}) jeder Messreihe gezeigt

auf $l_{\mathrm{K}}^{\mathrm{n}}$ hat, insofern $\vec{\Delta}_{\mathrm{JUST}}^{\mathrm{pWanne}}$ und $\vec{\Delta}_{\mathrm{JUST}}^{\mathrm{nSource}}$ in dieselbe Richtung zeigen und ähnliche Beträge aufweisen (s. bspw. Belichtungsfeld 28, rechts).

Zeigen $\vec{\Delta}_{\mathrm{JUST}}^{\mathrm{pWanne}}$ und $\vec{\Delta}_{\mathrm{JUST}}^{\mathrm{nSource}}$ in entgegengesetzte Richtungen verkürzt oder verlängert sich der n-Kanal je nachdem, ob sich pWanne und nSource zueinander verschieben oder voneinander entfernen. Dabei ist zu beachten, dass jede Einheitszelle aufgrund ihrer Symmetrie (s. Symmetrieachse in Abb. 4.7) zwei n-Kanäle aufweist, die gegenläufig von der Fehljustierung beeinflusst werden. Gemäß

$$l_{\mathrm{K},1/2}^{\mathrm{n}} \approx l_{\mathrm{K,Maske}}^{\mathrm{n}} + \overbrace{\Delta_{\mathrm{STREU}}^{\mathrm{pWanne}} - \Delta_{\mathrm{STREU}}^{\mathrm{nSource}}}^{\Delta_{\mathrm{STREU}}^{\mathrm{n-Kanal}}} \pm \overbrace{\left(\vec{\Delta}_{\mathrm{JUST}}^{\mathrm{pWanne}} - \vec{\Delta}_{\mathrm{JUST}}^{\mathrm{nSource}}\right)}^{\vec{\Delta}_{\mathrm{JUST}}^{\mathrm{n-Kanal}}} \tag{5.3}$$

verringert sich die Kanallänge des ersten Kanals ($l_{\mathrm{K},1}^{\mathrm{n}}$) aufgrund der Fehljustierung um denselben Betrag, um den sich die Länge des zweiten ($l_{\mathrm{K},2}^{\mathrm{n}}$) ihretwegen erhöht. Wie beim pSFET, werden auch hier 200 nm für $\Delta_{\mathrm{STREU}}^{\mathrm{pWanne}}$ angenommen. Die Unterstreuung von nSource ($\Delta_{\mathrm{STREU}}^{\mathrm{nSource}}$) wird auf Grundlage von zweidimensionalen MC-Simulationen auf etwa 50 nm abgeschätzt [234]. Jeder n-Kanal ist somit selbst bei exakter Justierung um $\Delta_{\mathrm{STREU}}^{\mathrm{n-Kanal}} \approx 150$ nm länger als auf der Maske gezeichnet.

Die statistische Verteilung der Ergebnisse aus Gl. 5.3 jeder hergestellten Scheibe sind in Abb. 5.2b für in x-Richtung verlaufende n-Kanäle gezeigt.[3] Wie erwartet wirkt $l^{\mathrm{n}}_{\mathrm{K,Maske}} + \Delta^{\mathrm{n-Kanal}}_{\mathrm{STREU}}$ als Symmetrieachse der Ergebnisse beider Kanäle. Im Fall der Ausreißer auf Scheibe A_2 sind extreme Kanallängen $1{,}1\,\mu\mathrm{m}$ und $1{,}7\,\mu\mathrm{m}$ innerhalb einer einzigen Zelle zu beobachten. Diese befinden sich in Belichtungsfeld 10 (s. Abb. 5.2a).

5.1.2 Dotierprofile und freie Ladungsträgerkonzentrationen

Die Tiefe der Kanäle (t^*_{K}) wird maßgeblich durch die Dotierprofile in y-Richtung bestimmt (s. Abschn. 4.2.1). Grundsätzlich gilt dies zwar auch für die Kanaldotierung ($N^*_{\mathrm{D/A}}$), allerdings ist die jeweilige Dotierstoffkonzentration in den hergestellten Proben nicht notwendigerweise identisch zur Konzentration der *freien* Ladungsträger (n und p, s. Kap. 2), welche für den Ladungstransport und schließlich die Leitfähigkeit ($\sigma_{\mathrm{n/p}}$) relevant ist. Beide Parameter müssen daher getrennt voneinander ermittelt werden.

Zur Bestimmung von t^*_{K} wird vollständige Aktivierung der implantierten Ionen und vollständige Ionisierung innerhalb der RLZ angenommen. Folglich entspricht t^*_{K} genau dem Abstand der begrenzenden pn-Übergänge (zum Gate bzw. Backgate), die sich aus den nominellen Dotierprofilen ergeben. Abb. 5.3a zeigt diese Profile in Form von Ergebnissen aus Sekundärionen-Massenspektroskopie (SIMS)-Analysen des n-Kanalgebiets. In Abb. 5.3b sind jene der p-Kanäle gezeigt. Das Profil der pWanne ist zur besseren Einordnung der Tiefenrelationen ebenfalls dargestellt. Insbesondere die gemessenen Al-Profile scheinen in sehr guter Übereinstimmung mit den MC-Simulationen zu sein. Hinsichtlich der quantitativen Einordnung der Ergebnisse sind jedoch die methodischen Limitierungen von Sekundärionen-Massenspektroskopie (SIMS) kritisch einzubeziehen. Das verrauschte Stickstoff (N)-Signal bei etwa $1 \times 10^{16}\,\mathrm{cm}^{-3}$ entspricht der unteren Detektionsgrenze des Verfahrens [328]. Die Parallelverschiebung des N-Signals in Abb. 5.3a relativ zum MC-Ergebnis von nEpi 2 hingegen liegt mutmaßlich einem systematischen Kalibrierfehler zugrunde.

Bei der Durchführung von SIMS werden Sekundärionen (hier N und Al) lokal durch Primärionen angeregt, mithilfe eines Sputter-Prozesses aus der SiC Oberfläche entfernt und schließlich im Massenspektrometer analysiert [329]. Die Tiefeninformation wird dabei über die Annahme einer gewissen Abtragsrate gewonnen. Diese ist aufgrund eines Anschwelleffekts wegen Einbau von Primärio-

---

[3] Mehr als 95 % des n-Kanals verläuft in x-Richtung.

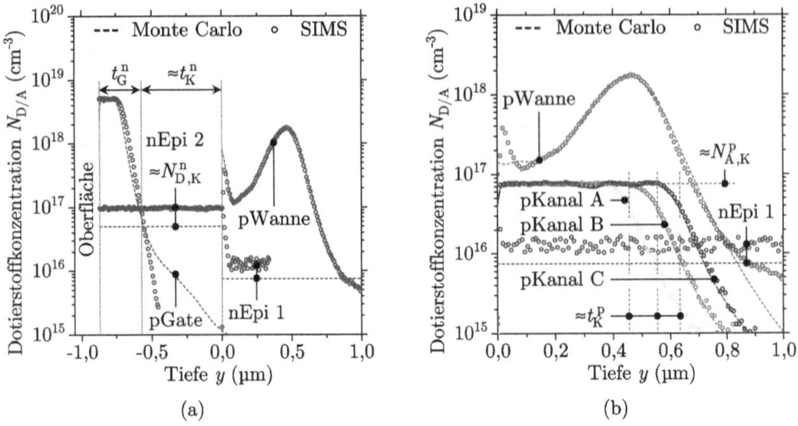

Abbildung 5.3 Ergebnisse der SIMS-Analysen der Kanalgebiete des nSFETs (a) und des pSFETs (b). Die n-indizierte Kurven repräsentieren das N-Signal, die p-indizierten das für Al. Die pWanne in (b) befindet sich jenseits der p-Kanäle und dient hier der Einordnung von Tiefenrelationen

nen in die Oberfläche, überlagert von einer inhomogenen Sputter-Rate wegen unbekannter Kristallschäden, nicht notwendigerweise konstant [330, 331]. Daher ist für eine quantitative SIMS-Analyse üblicherweise eine Kalibrierprobe notwendig, deren Dotierprofil sehr genau bekannt ist. Sämtliche Herstellungsparameter der Kalibrierprobe samt der Implantationsparameter (D_{IMP} und E_{IMP}) sollten denen der zu untersuchenden Probe ähnlich sein, um einen Fehler aufgrund unterschiedlicher Sputter- und Ionisierungsraten zu minimieren [329].

Eine derartige Kalibrierprobe steht für die zu untersuchenden Proben dieser Arbeit nicht zur Verfügung. Stattdessen werden wenige, besonders prägnante Messpunkte jeder Messreihe entsprechend den Erwartungen der MC-Simulationen fixiert und dadurch der Verlauf des Profils bestimmt.[4] Die Ergebnisse der SIMS-Analyse können also allenfalls einer Plausibilitätseinschätzung dienen.

DIE C-U-ANALYSE stellt eine weitere Methode zur Ermittlung der substituierten Donatoren und Akzeptoren dar. Diese macht sich die Spannungsabhängigkeit der Weite der RLZ (w_{RLZ}) zunutze, um die in ihr gespeicherte Ladung zu bestimmen [329]. Die Dotierstoffkonzentration bei einer antizipierten Weite ($N^*_{D/A}(w_{RLZ})$)

[4] Die pKanal-Profile vor und nach der Kalibrierung sind in Anh. C dargestellt. Weitere Details zur Kalibrierung sind nicht bekannt.

korelliert letztendlich mit der Änderung der gemessenen Kapazität der RLZ (C_{RLZ}) über die Änderung der angelegten Spannung (U) [329]:

$$N^*_{D/A}(w_{RLZ}) \propto \frac{dU}{dC_{RLZ}^{-2}} \tag{5.4}$$

Diese Messmethode eignet sich besonders zur Untersuchung von dotierten Gebieten, die direkt an einen Schottky-Kontakt angrenzen. Zur Charakterisierung vergrabener Kanalgebiete, wie sie im Rahmen dieser Arbeit Anwendung finden, ist sie daher nur mithilfe dedizierter Teststrukturen sinnvoll einsetzbar, die zum Zeitpunkt des Maskenentwurfs jedoch nicht berücksichtigt wurden. Zudem muss das Kanalgebiet zur Bestimmung des kompletten Dotierprofils vollständig ausgeräumt werden. Im Fall des p-Kanals sind dafür gemäß Gl. 3.4 in Absch. 3.1.2 *Abschnürspannung* bis zu einigen hundert Volt notwendig. In der zur Verfügung stehenden Messinfrastruktur sind jedoch lediglich ±40 V möglich. Aus diesen Gründen wird im Rahmen dieser Arbeit Abstand von weiterführenden Untersuchungen der Dotierprofile genommen. Stattdessen wird bei allen nachfolgenden Betrachtungen von den MC-Profilen ausgegangen.

ZUR ERMITTLUNG DER KONZENTRATION der *freien* Löcher werden Hall-Effekt-Messungen an Van-der-Pauw (VDP) Strukturen durchgeführt [216, 332]. Eine schematische Darstellung dieser Teststrukturen ist in Abb. 5.4a gezeigt. Sie enthalten vier Elektroden (K_1 bis K_4), die kleeblattförmig angeordneten dotierten Gebiete ohmsch kontaktieren. Da die im weiteren Verlauf erläuterten Van-der-Pauw (VDP)-Gleichungen nur bei vernachlässigbar kleinen Kontaktbereichen gelten, sind sie in einem Flächenverhältnis von 1:10 zum untersuchten Gebiet ausgeführt [329]. Die Ergebnisse aus den SIMS-Analysen der Kontaktgebiete sind in Abb. 5.4b aufbereitet und lassen unter Berücksichtigung der oben genannten Einschränkungen die Annahme zu, dass eine äußerst hohe Oberflächenkonzentration von mehr als $10^{19}\,\mathrm{cm}^{-3}$ vorherrscht. Im nachfolgenden Abschn. 5.1.3 *Schicht- und Kontaktwiderstände* wird experimentell aufgezeigt, dass dadurch ohmsche Kontakte erzeugt werden.

Prinzipiell wird bei der Hall-Messung unter Einwirkung eines Magnetfeldes ein Konstantstrom bei verschiedenen Temperaturen z. B. von K_1 nach K_3 in das untersuchte Gebiet eingeprägt und über die sogenannte Hall-Spannung von K_2 nach K_4, die sich aufgrund der abgelenkten Ladungsträger einstellt, Rückschluss auf die Konzentration der *freien* Löcher gezogen. Weiterführende methodische Grundlagen werden in Anh. C erläutert. Die Ergebnisse der Hall-Auswertung aller pKanal-Variationen sind in Abb. 5.5 in Form von Arrhenius-Aufträgen der *freien* Löcher-

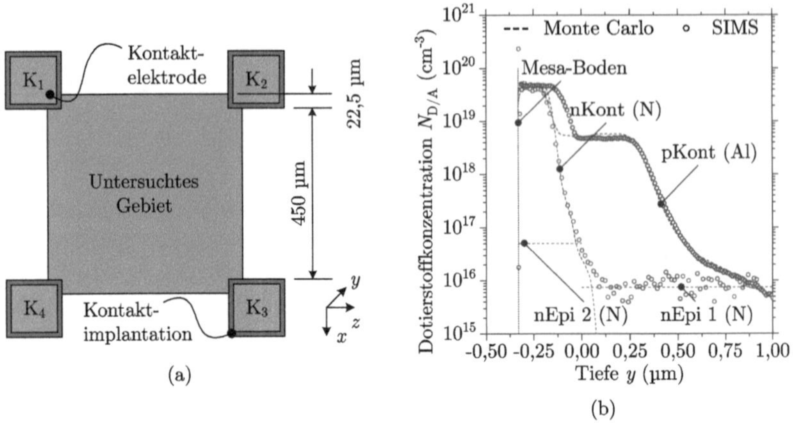

Abbildung 5.4 Schematische Darstellung einer VDP-Teststruktur (a) und Ergebnisse der SIMS-Analysen der Kontaktimplantation (nKont und pKont, b). Bei den untersuchten Gebieten handelt es sich um die vergrabenen pKanal-Gebiete

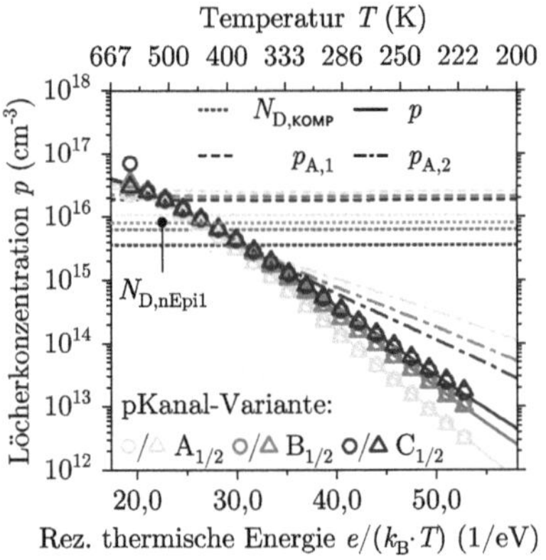

Abbildung 5.5 Arrhenius-Aufträge der Löcherkonzentration (p) in den pKanal-VDP-Strukturen mit Limitierung der Akzeptorkonzentration auf $N_{A,1} + N_{A,2} \leq 7{,}4 \times 10^{16}\,\mathrm{cm}^{-3}$. Die Symbole repräsentieren die Ergebnisse der Hall-Auswertung. Die gestrichelten und Strich-Punkt-Linien stehen jeweils für die Konzentration der emittierten Löcher der individuellen Akzeptorzustände ($p_{A,1}$ und $p_{A,2}$) als Ergebnis der Neutralitätsgleichung mit den Parametern aus Tab. 5.1. Die Konzentration der nicht kompensierten Löcher (p) ist in durchgezogenen Linien dargestellt. Die Kurvenscharen repräsentieren die pKanal-Varianten

konzentration (p) aufbereitet. Die Symbolezeigen die Ergebnisse der Hall-Messung im Temperaturbereich von 220 K bis 600 K. Es ist zu erkennen, dass die Werte der redundanten Strukturen (Kreise und Dreiecke) äußerst nah beieinanderliegen. Weiterhin ist zu beobachten, dass die Messung bei 600 K eine große Streuung aufweist. Sie wird für die folgenden Auswertungen nicht berücksichtigt.

Die Temperaturverläufe von p und den emittierten Löchern aus den individuellen Akzeptorzuständen ($p_{A,1}$ und $p_{A,2}$) beruhen auf den in Kap. 2 *Theoretische Grundlagen* erläuterten Zusammenhängen. Aus Gl. 2.11b, mit $p = p_{LB} + p_A \approx p_A$ und $N_{D,HG} = N_{D,nEpi1}$, lässt sich der folgende Ausdruck für p finden:

$$p = \sum_{k=1}^{\kappa} \overbrace{N_{A,K,k} \left[1 + g_A \cdot \exp\left(\frac{E_{VB} + E_{ION,A,k} - E_F}{k_B \cdot T}\right)\right]^{-1}}^{N^-_{A,K,k}=p_{A,k}} - N_{D,nEpi1} - N_{D,KOMP}. \tag{5.5}$$

Der Summenterm beschreibt die Konzentration der ionisierten Akzeptoren im pKanal-Gebiet ($N^-_{A,K,k}$). Es werden $\kappa = 2$ Akzeptorspezies in Betracht gezogen. Die N-Dotierung der ersten Epitaxieschicht ($N_{D,nEpi1}$) und ein donatorartiges Kompensationszentrum werden als vollständig ionisierte Donatoren durch $N_{D,HG}$ und $N_{D,KOMP}$ abgebildet. Substitution von E_F durch Gl. 2.13b ergibt schließlich:

$$1 = \sum_{k=1}^{\kappa} N_{A,K,k} \left[p + p^2 \cdot \frac{g_A}{N_{VB}} \cdot \exp\left(\frac{E_{ION,A,k}}{k_B \cdot T}\right)\right]^{-1} - \frac{N_{D,nEpi1} - N_{D,KOMP}}{p}. \tag{5.6}$$

Bei der Konzentration und Ionisierungsenergie der individuellen Akzeptorzustände ($N_{A,K,k}$ und $E_{ION,A,k}$) und $N_{D,KOMP}$ handelt es sich um unbekannte Größen, die mithilfe eines Levenberg-Marquardt-Anpassalgorithmus bestimmt werden.

Die so ermittelten Parameter sind für alle 6 Messreihen in Tab. 5.1 aufgelistet. Es ergibt sich von pKanal A bis C ein Verhältnis zwischen $N_{A,K,1}$ und $N_{A,K,2}$ im Bereich von 1:1,6 bis 1:2,8.[5] Die Ionisierungsenergien des flachen Zustands ($E_{ION,A,1}$) liegen jeweils bei etwa 256 meV (A), 222 meV (B) und 200 meV (C), während sich jene des tiefen Zustands recht konsistent bei etwa 390 meV befinden. Das Niveau von $N_{D,KOMP}$ liegt im Mittel bei $1{,}00 \times 10^{16}\,\mathrm{cm^{-3}}$, $0{,}72 \times 10^{16}\,\mathrm{cm^{-3}}$ und $0{,}37 \times 10^{16}\,\mathrm{cm^{-3}}$ bzw. bei etwa 14 %, 10 % und 5 % von $N_{A,K}$ und ist somit

[5] Hier sei erwähnt, dass die Summe der individuellen Akzeptorzustände ($N_{A,K,1} + N_{A,K,2}$) bei der Anpassung auf die nominell implantierte Konzentration von $N_{A,K} = 7{,}4 \times 10^{16}\,\mathrm{cm^{-3}}$ limitiert wird, um möglichst realistische Ergebnisse zu erhalten. Dieser Sachverhalt wird im späteren Verlauf dieses Abschnittes im Detail erläutert.

geringer als bei Untersuchungen vergleichbarer Proben, wobei nur Weiße et *al.* dieselbe Methode zur Auswertung verwendet.[6] Es sei darauf hingewiesen, dass $N_{\mathrm{D,nEpi1}}$ hier als zusätzlich kompensierend wirkt und nicht implizit in $N_{\mathrm{D,KOMP}}$ enthalten ist.

Diese Parameter können nun genutzt werden, um die Neutralitätsgleichung zu lösen und $p_{\mathrm{A},1}$ und $p_{\mathrm{A},2}$ analytisch zu bestimmen. Sie sind in Abb. 5.5 in gestrichelten und Strich-Punkt-Linien dargestellt. Die resultierenden Anpasskurven der nicht kompensierten Löcher (p) sind ebenfalls gezeigt und weisen ein Bestimmtheitsmaß von $\geq 0,999$ auf (R^2, s. Tab. 5.1). Für Werte von T, bei denen der quadratische Term des Summenausdrucks in Gl. 5.6 einer Spezies dominiert, ist die Steigung im Arrhenius-Auftrag konstant und proportional zu E_{ION} [329]. Genauere Betrachtung der Kurvenscharen von p in Abb. 5.5 offenbart unterschiedliche Steigungen bei niedrigen Temperaturen, die sich aus der Ionisierungsenergie des ersten Akzeptorzustands ($E_{\mathrm{ION,A},1}$) ergeben. Da alle pKanal-Strukturen mit demselben Akzeptor (Al) implantiert worden sind, ist dies zunächst unplausibel. Matsuura *et al.* modellieren den Verlauf von p über $1/T$ ebenfalls mit zwei Akzeptorzuständen und äußern die Vermutung, dass es sich beim tiefen Zustand (dort $E_{\mathrm{ION}} \geq 370$ meV) um einen ungesättigten Al-Kohlenstoff (C)-Komplex handelt [206].[7] In einer Studie, von Negoro *et*

Tabelle 5.1 Ermittelte Parameter der Hall-Auswertung der pKanal-Gebiete und Bestimmtheitsmaß (R^2) mit Limitierung der Akzeptorkonzentration auf $N_{\mathrm{A,K},1} + N_{\mathrm{A,K},2} \leq 7,4 \times 10^{16}\,\mathrm{cm}^{-3}$. Die Hintergrunddotierung ($N_{\mathrm{D,HG}}$=$N_{\mathrm{D,nEpi1}}$) beträgt $8 \times 10^{15}\,\mathrm{cm}^{-3}$

pKanal-Profil	$N_{\mathrm{A,K},1}$ ($1 \times 10^{16}\,\mathrm{cm}^{-3}$)	$N_{\mathrm{A,K},2}$ ($1 \times 10^{16}\,\mathrm{cm}^{-3}$)	$E_{\mathrm{ION,A},1}$ (meV)	$E_{\mathrm{ION,A},2}$ (meV)	$N_{\mathrm{D,KOMP}}$ ($1 \times 10^{16}\,\mathrm{cm}^{-3}$)	R^2
A_1	2,86	4,54	255	394	1,05	$\geq 0,999$
A_2	2,73	4,67	256	397	0,95	$\geq 0,999$
B_1	2,26	5,14	221	388	0,63	$\geq 0,999$
B_2	2,44	4,96	222	389	0,80	$\geq 0,999$
C_1	1,92	5,48	201	390	0,36	$\geq 0,999$
C_2	1,93	5,47	199	388	0,37	$\geq 0,999$

[6] Kocher et *al.* 21 %–33 % [333]. Schlichting et *al.* 23 %–80 % [334]. Weiße et *al.* 30 %–40 % [207, 335–338].

[7] In der referenzierten Studie werden C-Atome durch Elektronenbestrahlung in mehreren Iterationen aus dem SiC-Gitter entfernt und eine Verringerung von p und eine effektive Erhöhung von E_{ION} nach jeder Iteration gemessen.

al. wird von einer Erhöhung von p durch Koimplantation von C-Ionen berichtet, was diese These unterstützt [281]. Contreras *et al.* legen nahe, dass die Berücksichtigung dieses tiefen Akzeptorzustands grundsätzlich nur bei implantiertem Al notwendig ist [202]. Laut Jones *et al.* sollte dieser jedoch bei einer Temperaturbehandlung bei 1700 °C verschwinden [339]. Es ist vorstellbar, dass ein solcher Al-C-Komplex aufgrund nicht vollständig ausgeheilter Implantationsschäden in unterschiedlicher Ausprägung vorkommt. Er wäre somit ggf. abhängig von den Implantationsparametern (D_{IMP} und E_{IMP}). Dies könnte sich im Arrhenius-Auftrag schließlich in unterschiedlichen Steigungen aufgrund verschiedener *effektiver* Ionisierungsenergien (E_{ION}) äußern.

Weiterhin sei erwähnt, dass die Anpassung ohne weitere Annahmen unrealistisch hohe Werte für $N_{\mathrm{A,K,1/2}}$ und $N_{\mathrm{D,KOMP}}$ ergibt, welche die nominelle Dotierstoffkonzentration um ein Vielfaches übersteigen. Die entsprechenden Daten sind in Anh. C aufbereitet. Weiße *et al.* beschreiben ein ähnliches Problem und schlagen eine Limitierung der Akzeptorkonzentrationen auf einen plausiblen Erwartungswert vor [207]. Da dies unweigerlich dazu führt, dass die gefundene Lösung stets im festgelegten Limit liegt, ist diese Herangehensweise mit einer gewissen Skepsis zu betrachten. Dennoch ist davon auszugehen, dass ein so ermittelter Parametersatz eher den vorherrschenden Konzentrationen entspricht. Aus diesem Grund wird $N_{\mathrm{A,K,1}} + N_{\mathrm{A,K,2}}$ zur Ermittlung der Parameter in Tab. 5.1 auf die nominell implantierte Konzentration von $N_{\mathrm{A,K}} = 7{,}4 \times 10^{16}\,\mathrm{cm}^{-3}$ limitiert und ist folglich auch in Abb. 5.5 berücksichtigt.

Die Ursache dieser unplausiblen Ergebnisse liegt in der Beschaffenheit der Neutralitätsgleichung bzw. jener der Freiheitsgrade des Anpassalgorithmus. Wie bereits erwähnt, werden $N^{-}_{\mathrm{A,K},k}$ und $N_{\mathrm{D,KOMP}}$ simultan angepasst, um für die gemessenen Werte von p eine gültige Lösung der Neutralitätsgleichung zu erhalten. Aus Abb. 5.5 geht hervor, dass der flache Zustand (repräsentiert durch $p_{\mathrm{A,1}}$) über den kompletten Temperaturbereich annähernd vollständig ionisiert ist. Folglich existiert gemäß Gl. 5.5 eine unendliche Anzahl an Kombinationen von $N^{-}_{\mathrm{A,K,1}}$ und $N_{\mathrm{D,KOMP}}$, für die die Gleichung erfüllt bleibt. Zur Illustration dieser Problematik ist in Abb. 5.6 ein zweidimensionaler Ausschnitt der fünfdimensionalen Lösungsmenge von Scheibe A_2 ohne weitere Annahmen dargestellt. Die Farbskala zeigt den Fehler der Anpasskurve jeder Kombination von $N_{\mathrm{A,K,1}}$ und $N_{\mathrm{D,KOMP}}$ in Form von $1 - R^2$ und verdeutlicht das Fehlen eines klaren Minimums.

Als Alternative zur Reduzierung der Freiheitsgrade mithilfe von Annahmen für gültige Wertebereiche sei an dieser Stelle das simultane Anpassen der Neutralitätsgleichung und jener Gleichung zur Berechnung der Ladungsträgermobilität (μ_{p}) auf Basis der Hall-Messungen erwähnt [202, 203, 340]. Dadurch entstehen zusätzliche Abhängigkeiten der bestehenden Parameter, wodurch ein eindeutiges Optimum aus

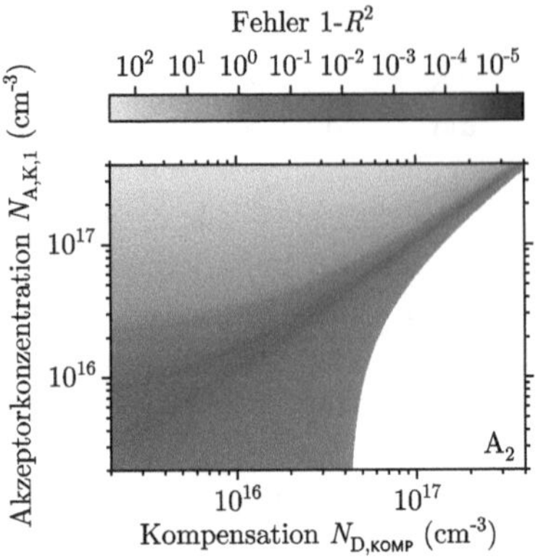

Abbildung 5.6 Fehler der Hall-Auswertung von Scheibe A_2 (nach [212]). Gezeigt ist die zweidimensionale Lösungsmenge ($N_{A,K,1}$ und $N_{D,KOMP}$) der fünfdimensionalen Parameteranpassung. Die Werte der übrigen Dimensionen ($N_{A,K,2}$, $E_{ION,A,1}$ und $E_{ION,A,2}$) können Tab. C.1 in Anh. C entnommen werden. Im weißen Bereich ist $1 - R^2$ negativ

der Lösungsmenge hervorgeht. Dieses Vorgehen wird außerhalb des Rahmens dieser Arbeit weiterverfolgt und entsprechend im *Ausblick* in Kap. 6 andiskutiert.

5.1.3 Schicht- und Kontaktwiderstände

Wie in Kap. 2 erläutert, ist der Leitwert ($\sigma_{n/p}$) eines Halbleiters proportional zur Ladungsträgerdichte. So ergibt sich bspw. der Schichtwiderstand (R_{SCH}) des p-Kanals unter Annahme eines uniformen Dotierprofils ($N_{A,K}$) und einer konstanten Kanaltiefe (t_K^p) mithilfe von Gl. 2.16b zu [329]:

$$R_{SCH} = (\overbrace{e \cdot \mu_p \cdot N_{A,K}^-}^{\sigma_p} \cdot t_K^p)^{-1} \tag{5.7}$$

Neben den VDP-Strukturen eignen sich außerdem TLM[8]-Strukturen zur Bestimmung von R_{SCH} [329, 341]. Eine schematische Darstellung der verwendeten TLM-Strukturen ist in Abb. 5.7a gezeigt. Grundsätzlich handelt es sich um ein durchgängiges p-Gebiet, das von 6 nebeneinander angeordneten Kontakten (K_1 bis K_6) mit einer Kontaktfläche von jeweils 100 µm × 100 µm kontaktiert werden, wobei

[8] Transferlängenmessung (TLM), engl.: transfer length measurement

der Abstand der Kontakte (l_{TLM}) im Bereich von 25 µm bis 475 µm fortlaufend ansteigt. Es wird sequenziell ein Spannungsdurchlauf (U_{TLM}) von −1 V bis 1 V an allen benachbarten Kontakten durchgeführt (K_1 und K_2, dann K_2 und K_3, usw.) und der resultierende Strom (I_{TLM}) gemessen. Untersucht werden hier die pKanal-, pWanne- und pKont-Gebiete. Der I-U-Zusammenhang der untersuchten Proben weist dabei stets eine gute Linearität mit einem Bestimmtheitsmaß (R^2) von mindestens 0,99 auf (bei pWanne und pKont sogar mindestens 0,99999).[9] Die p-Kontakte verhalten sich somit ohmsch. Der gemessene Widerstand (R_{TLM}) ergibt sich nach ohmschem Gesetz folglich zu:

$$R_{\mathrm{TLM}} = \frac{U_{\mathrm{TLM}}}{I_{\mathrm{TLM}}}. \tag{5.8}$$

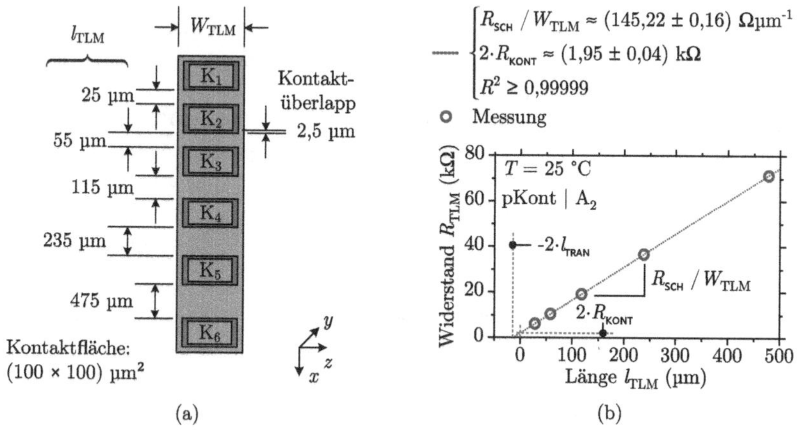

Abbildung 5.7 Schematische Darstellung der TLM-Teststruktur (a) und exemplarische Auswertung (b). Die Regressionsgerade in (b) wird mithilfe von Gl. 5.9 berechnet

Die Auswertung einer TLM-Messreihe einer pKont-Teststruktur ist exemplarisch in Abb. 5.7b illustriert. Zunächst werden die ermittelten Widerstände über den Abstand der Kontakte (l_{TLM}) aufgetragen. Die Summe der Kontaktwiderstände beider Kontakte ($2 \cdot R_{\mathrm{KONT}}$) lässt sich als y-Achsenabschnitt der eingefügten Regressionsgeraden

[9] Es wird ein Einfluss der spannungsabhängigen RLZ auf die effektive Kanaltiefe vermutet, der bei höheren Dotierungen geringere Auswirkungen hat.

$$R_{\mathrm{TLM}}(l_{\mathrm{TLM}}) = \frac{R_{\mathrm{SCH}}}{W_{\mathrm{TLM}}} \cdot (l_{\mathrm{TLM}} + \Delta l_{\mathrm{TLM}}) + 2 \cdot R_{\mathrm{KONT}} \tag{5.9}$$

ablesen und beträgt im Beispiel etwa 1,95 kΩ.[10] Die Weite der untersuchten Gebiete in z-Richtung beträgt bei allen Strukturen 110 µm. Eine Abweichung zur gezeichneten TLM-Länge in x-Richtung kann über den Parameter Δl_{TLM} berücksichtigt werden. Diese kann sich bspw. aus Toleranzen in der Strukturtreue bei der Prozessierung der Ohmkontakte ergeben.

Ein gebräuchlicheres Maß zur Beschreibung des Kontaktes findet sich im spezifischen Kontaktwiderstand (ρ_{KONT}), der sich gemäß

$$\rho_{\mathrm{KONT}} = R_{\mathrm{KONT}} \cdot l_{\mathrm{TRAN}} \cdot W_{\mathrm{TLM}} \cdot \tanh\left(\frac{W_{\mathrm{TLM}}}{l_{\mathrm{TRAN}}}\right) \tag{5.10}$$

mithilfe der Transferlänge (l_{TRAN}) berechnen lässt [329]. Diese ergibt sich aus dem Schnittpunkt der Regressionsgeraden mit der x-Achse und ist in den Untersuchungen stets geringer als 10 µm (s. Abb. 5.7b). Der tanh-Term in Gl. 5.10 ist mit $W_{\mathrm{TLM}} = 110\,\mu\mathrm{m}$ daher ungefähr 1.

Der Temperaturverlauf von ρ_{KONT} im Bereich von 25 °C bis 200 °C ist in Abb. 5.8 aufgetragen. Hier werden nur Messreihen in Betracht gezogen, die für R_{KONT} bei der Anpassung der Regressionsgeraden während der TLM-Auswertung einen Standardfehler von weniger als ±20 % ist. So ergeben sich jeweils zwischen 12 und 26 Strukturen. Das Bestimmtheitsmaß (R^2) ist dabei stets höher als 0,999. Der stetig fallende Verlauf von ρ_{KONT} mit steigender Temperatur ist auch in der Literatur zu beobachten und wird dort üblicherweise durch thermionische Feldemission modelliert [324, 329, 343–345].

Die Kurvenschar verdeutlicht den Einfluss von $\Delta l_{\mathrm{TLM}} = \pm 2\,\mu\mathrm{m}$ (s. Gl. 5.9). Bei 25 °C ergibt sich dadurch bspw. eine Variation der Mediane im Faktor 1,7 bzw. eine Abweichung von etwa 230 mΩ cm². Für pKont-TLM-Strukturen wird l_{TLM} durch den Abstand der Kontakte bestimmt und ist somit abhängig von der Strukturtreue der hergestellten Ohmkontakte. Auf Grundlage der FIB-Schnitte in Abschn. 4.3.4 *Metallisierung und Passivierung* wird Δl_{TLM} auf $-2\,\mu\mathrm{m}$ abgeschätzt. Da pKont

[10] Für p-Kontakte auf SiC wird üblicherweise eine Legierung aus Titan (Ti) und Al verwendet [255, 341, 342]. Daher sind in der Literatur deutlich geringere Werte für R_{KONT} zu finden. Da die Verwendung von TiAl den Umfang und die Komplexität des Herstellungsprozesses jedoch drastisch erhöhen würde, werden ausschließlich Nickel (Ni)Al-Kontakte verwendet.

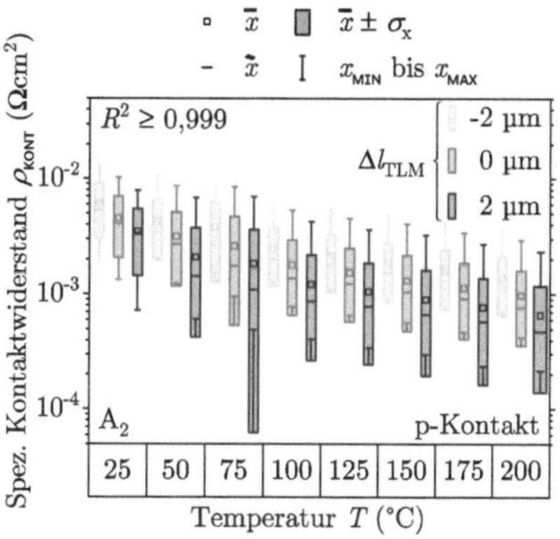

Abbildung 5.8 Statistische Verteilung der gemessenen spezifischen Kontaktwiderstände (ρ_{KONT}) im Temperaturbereich von 25 °C bis 200 °C von Scheibe A_2. Es sind jeweils der Mittelwert ($\overline{x}$), der Medianwert ($\tilde{x}$), die Standardabweichung (σ_X) und die Minimal- und Maximalwerte (x_{MIN} und x_{MAX}) jeder Messreihe (zwischen 12 und 26 Strukturen) gezeigt

für alle p-Kontakte identisch ist, kann ρ_{KONT} auf die übrigen p-dotierten Strukturen übertragen werden.[11] Bezüglich der pKanal-Strukturen sei auf den Bereich des Überlapps von Ohmkontakt und Kontaktimplantation (pKont) von 2,5 µm hingewiesen (s. Abb. 5.7a *Kontaktüberlapp*). Dieser wird in Gl. 5.9 nicht explizit modelliert und R_{SCH} von pKont im Überlapp stattdessen ρ_{KONT} zugeordnet. Der resultierende Fehler ist jedoch zu vernachlässigen, da, wie nachfolgend erläutert, R_{SCH} von pKont um bis zu 3 Größenordnungen geringer ist als in den übrigen Gebieten.

DIE STEIGUNG DER REGRESSIONSGERADE in Abb. 5.7b gibt gemäß Gl. 5.9 Rückschluss auf R_{SCH}. Die statistische Verteilung von R_{SCH} von jeweils 26 pKanal A-, B-, C-, pKont- und pWanne-TLM-Teststrukturen im Temperaturbereich von 25 °C bis 200 °C ist in Abb. 5.9 aufbereitet. Es ist zu erkennen, dass R_{SCH} aller Implantationen stetig fällt, wobei sich bei pWanne und pKont für 200 °C bereits eine Sättigung bzw. ein Minimum andeutet. Diese Beobachtung ist im Einklang mit den Erläuterungen zur Temperaturabhängigkeit der *Leitfähigkeit* in Abschn. 2.6 aufgrund von zunehmender Ionisierung und fallender Löchermobilität. Die Werte von pWanne und pKont sind dabei stets mindestens eine bzw. zwei Größenordnungen geringer als jene der pKanal-Implantationen. Im Hinblick auf den Gesamtwiderstand der

[11] Da R_{TLM} bei allen übrigen TLM-Strukturen von R_{SCH} dominiert wird, ist deren Auswertung hinsichtlich R_{KONT} auch nicht sinnvoll.

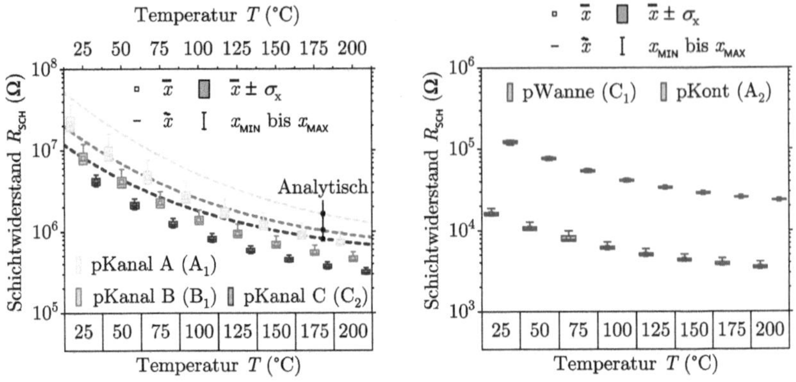

(a) (b)

Abbildung 5.9 Statistische Verteilung der gemessenen Schichtwiderstände (R_{SCH}) der p-Kanalgebiete (a) und des pKont- und des pWanne-Gebiets (b). Es sind jeweils der Mittelwert ($\overline{x}$), der Medianwert ($\tilde{x}$), die Standardabweichung (σ_X) und die Minimal- und Maximalwerte (x_{MIN} und x_{MAX}) jeder Messreihe (26 Strukturen) gezeigt

pSFETs spielen sie also eine untergeordnete Rolle. Der Temperaturverlauf von R_{SCH} lässt sich mithilfe von Gl. 5.7 analytisch nachbilden und ist qualitativ in guter Übereinstimmung mit den gemessenen Werten. Zur Berechnung wird ein donatorartiges Kompensationszentrum angenommen und darüber hinaus die in Tab. 5.2 aufgelisteten Werte verwendet. Eine numerische Optimierung der Parameter ist aufgrund der zahlreichen gleichgerichteten Freiheitsgrade im Rahmen dieser Arbeit jedoch nicht zielführend.

ZUSAMMENFASSEND ist festzuhalten, dass die grundsätzliche Integrität aller Teststrukturen gegeben ist. Untersuchungen der Kanalgeometrien hinsichtlich ihrer lateralen Strukturtreue haben eine systematische Verkürzung des p-Kanals um etwa 400 nm ergeben. Die Länge des n-Kanals hingegen ist systematisch ungefähr 150 nm länger als gezeichnet und wird zudem von einer statistischen Abweichung von bis zu ±300 nm überlagert.

Eine Hall-Auswertung zur Ermittlung der Konzentration der *freien* Löcher im p-Kanal ergibt einen Kompensationsgrad im Bereich von 5 % bis 14 %. Hierbei werden zwei arbiträre Akzeptorzustände berücksichtigt, wobei sich der erste je pKanal-Variante bei etwa 200 meV, 222 meV und 256 meV oberhalb der Valenzbandkante befindet und der zweite konstant bei etwa 390 eV liegt. Der tiefe Zustand ist möglicherweise einem Al-C-Komplex aufgrund nicht ausgeheilter Implantati-

Tabelle 5.2 Parametersatz zur Bestimmung der Temperaturabhängigkeit des Schichtwiderstands (R_{SCH}) mithilfe von Gl. 5.7

pKanal-Profil	t_K^p (nm)	$N_{A,K}^p$ ($1 \times 10^{16}\,cm^{-3}$)	$E_{ION,1}$ (meV)	$E_{ION,2}$ (meV)	$N_{D,KOMP}$ ($1 \times 10^{16}\,cm^{-3}$)	$N_{D,nEpi1}$ ($1 \times 10^{16}\,cm^{-3}$)
A_1	460	7,4	255	394	1,05	0,75
B_1	550	7,4	221	388	0,63	0,75
C_2	630	7,4	199	388	0,37	0,75

onsschäden zuzuordnen [206]. Aufgrund der hohen Anzahl an Freiheitsgraden muss der Lösungsraum jedoch über zusätzliche Annahmen eingeschränkt werden.

Die Kontakt- und Schichtwiderstände der hergestellten p-Gebiete entsprechen den Erwartungen. So wird bspw. ein ohmsches Kontaktverhalten erzielt und bis 200 °C stetig fallende Schichtwiderstände beobachtet. Das Temperaturverhalten lässt sich auf Grundlage unvollständiger Ionisierung und fallender Mobilität in guter Näherung analytisch modellieren.

5.2 Quasi-statische elektrische Bauteileigenschaften

Dieser Abschnitt widmet sich den quasi-statischen Eigenschaften der hergestellten nSFET-, pSFET- und inverser Thyristor (iT)-Bauelemente. Konkret werden ihre Ausgangs- und Transferkennlinien und ihr Temperaturverhalten experimentell untersucht und hinsichtlich der erarbeiteten Modelle und relevanter Herstellungsaspekte diskutiert. Teile dieser Untersuchungen wurden in eigenen Veröffentlichungen bereits publiziert [301–303, 346].

Alle quasi-statischen Messungen werden an einer Spezialanfertigung eines *Cascade PA200* Wafer-Probers von *FormFactor* durchgeführt. Hier dienen insgesamt fünf SMUs[12] von *Keithley* (2657A und jene des Parameteranalysators 4220A-SCS) gleichermaßen als Quellen und Messgeräte. Aufgrund der Leistungsbegrenzung der 2657A, können Ströme bis 1 A lediglich bei Spannungen bis 20 V verwendet werden. Bei höheren Spannungen von bspw. 900 V sind maximal 100 mA möglich. Die SMUs des 4220A-SCS sind grundsätzlich auf 1 A und 200 V begrenzt. Die dadurch entstehenden Einschränkungen sind in Abb. 5.10 anhand der quasi-statischen Ausgangskennlinie des inversen Thyristors illustriert. In einigen Entwurfsvariationen

[12] Source measure unit (SMU), dt.: Gerät zum Ausgeben und Messen elektrischer Leistung

liegt der Auslösestrom oberhalb von 100 mA. Die reine $I_A(U_{AK})$-Kennlinie wird daher als kombinierte Messung beider Messbereiche aufgenommen. Wird ein dritter Pol (z. B. U_{SK}) gemessen, ist die komplette Messung, unabhängig von der erwarteten Spannung am dritten Pol, aus Sicherheitsgründen auf 200 V limitiert.

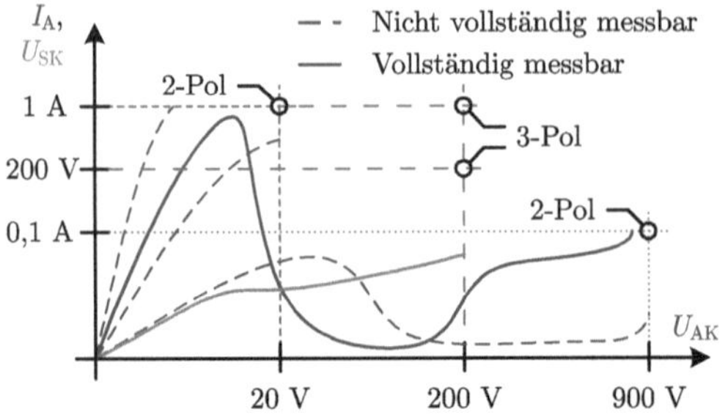

Abbildung 5.10 Schematische Darstellung der quasi-statischen Ausgangskennlinie des inversen Thyristors zur Illustration der Limitierungen aufgrund der zur Verfügung stehenden Messmittel

Zu Beginn der Charakterisierung werden alle gemessenen Bauelemente auf grundsätzliche Funktionalität überprüft und defekte Bauelemente aussortiert, um eine sinnvolle Vergleichbarkeit zu gewährleisten (s. Abschn. 5.2.1 und 5.2.2). Folglich werden auch inverse Thyristoren, deren charakteristische Kennwerte (z. B. I_Δ, U_Δ oder U_{FB}) außerhalb des abgedeckten Messbereichs liegen (s. Abb. 5.10, gestrichelte Linien) von der quasi-statischen Auswertung ausgeschlossen.

5.2.1 n-Kanal SFET und p-Kanal SFET

Zur besseren Einordnung der Eigenschaften der iT-Bauelemente sollen im ersten Schritt die Messergebnisse der SFETs erläutert werden. Wie in Abschn. 4.3.1 *Entwurfsvariationen und Maskenentwurf* vorgestellt, existiert je ein diskreter nSFET und pSFET, dessen Entwurfsparameter auch in einer monolithisch integrierten Variante des inversen Thyristors vorkommen ($l_K^n = 1{,}25\,\mu m$ und $l_K^p = 1{,}5\,\mu m$, s. Tab. 4.2). Jedes Bauelement wird zunächst einem Funktionstest unterzogen und überprüft, ob ausgewählte Kennwerte innerhalb einer definierten Spezifikation liegen. Im Fall der SFETs muss jedes der folgenden Kriterien erfüllt sein:

1. $\left|J_D^*\right|$ im EIN[13]-Zustand $\geq$ 1A cm^{-2} (nSFET) bzw. $\geq$ 100 mA cm^{-2} (pSFET)
2. $\left|J_G^*\right|$ im EIN-Zustand $\leq$ 10 µA cm^{-2}
3. $\left|J_D^*\right|$ im AUS-Zustand $\leq$ 10 µA cm^{-2}
4. $\left|U_{AUS}^*\right| \geq$ 3 V (nSFET) bzw. $\geq$ 50 V (pSFET)[14]

Prinzipiell ist somit sichergestellt, dass alle zur Auswertung herangezogenen Bauelemente ausreichend Strom tragen können, um sinnvoll zwischen dem EIN- und dem AUS-Zustand unterscheiden zu können (1), keine signifikanten Leckströme aufweisen (2 und 3) und ein nennenswertes AUS-Spannungsfenster vorhanden ist, bevor es zum Durchbruch der Gate-Strukturen kommt (4).

Die Anzahl der funktionstüchtigen Bauelemente pro hergestellter Halbleiterscheibe ist in Tab. 5.3 angegeben. Ausgehend von jeweils 28 gefertigten SFETs pro Halbleiterscheibe liegt die Ausbeute im Hinblick auf die angelegten Kriterien bei bis zu 46 % und im Mittel bei 24 %. Wegen der zahlreichen Faktoren, die sich potenziell auf die Ausbeute auswirken können, soll sie hier lediglich der Einordnung der statistischen Relevanz dienen und nicht weiter untersucht werden. Es sei jedoch erwähnt, dass iT-Bauelemente mit größerer aktiver Fläche tendenziell seltener die festgelegten Spezifikationen erfüllen (s. Abschn. 5.2.2 *Inverser Thyristor*). Dies deutet auf Ausfälle aufgrund von Kristalldefekten hin.

Tabelle 5.3 Anzahl der funktionstüchtigen SFET-Bauelemente pro Halbleiterscheibe

Scheibe	A_1	A_2	B_1	B_2	C_1	C_2
nSFET	7	6	2	3	8	11
pSFET	6	12	0	8	12	0

DIE AUSGANGSKENNLINIENFELDER ($J_D^*\left(U_{DS}^*, U_{GS}^*\right)$) zweier ausgewählter SFET-Bauelemente sind in Abb. 5.11a gezeigt und demonstrieren ein ohmsches Verhalten. Es wird deutlich, dass die nötige Gate-Spannung (U_{GS}^*) zur Abschnürung des Kanals beim pSFET etwa eine Größenordnung höher ist als beim nSFET. Zudem ist die Stromtragfähigkeit des pSFETs erwartungsgemäß deutlich geringer als die des nSFETs. Die statistische Verteilung des flächenspezifischen Einschaltwiderstands ($R_{EIN,sp}^*$) ist in Abb. 5.11b für jede Halbleiterscheibe aufbereitet. Es sei erwähnt, dass

[13] hier bei $\left|U_{DS}^*\right| = 50$ mV und $\left|U_{GS}^*\right| = 0$ V

[14] Insofern $U_{AB}^{p} < 200$ V werden auch pSFET-Bauelemente toleriert, bei denen $U_{AUS}^{p} < 50$ V mutmaßlich aufgrund der Messmittellimitierung auftritt.

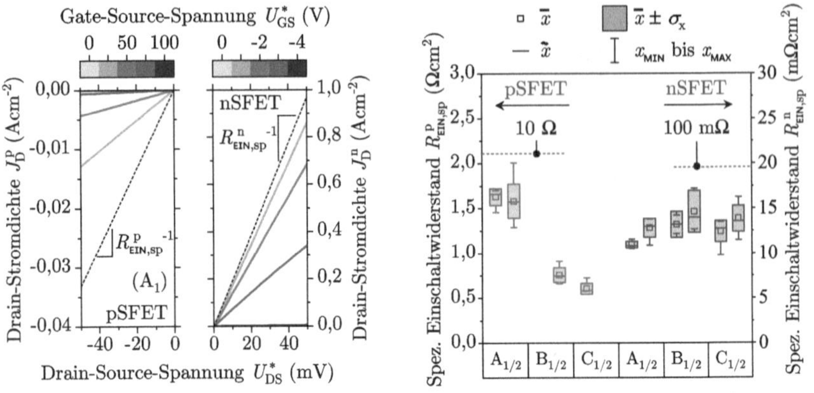

(a) (b)

Abbildung 5.11 Gemessene Ausgangskennlinienfelder ($J^*_D(U^*_{DS}, U^*_{GS})$) (a) und spezifische Einschaltwiderstände ($R^*_{EIN,sp}$) (b) der diskreten pSFET- und nSFET-Bauelemente. Die Kurvenscharen in (a) verdeutlichen den Einfluss der Gate-Spannung (U^*_{GS}). In (b) sind der Mittelwert ($\overline{x}$), der Medianwert ($\tilde{x}$), die Standardabweichung (σ_x) und die Minimal- und Maximalwerte (x_{MIN} und x_{MAX}) jeder Messreihe gezeigt

sich auf den Scheiben B_1 und C_2 keine funktionstüchtigen pSFET-Bauelemente befinden. Dort wird deutlich, dass R^n_{EIN} etwa zwei Größenordnungen geringer ist als R^p_{EIN} und über alle Scheiben hinweg im Bereich von etwa 10 mΩ cm^2 bis 15 mΩ cm^2 liegt. Die etwas geringeren Werte auf Scheibe A_1 sind möglicherweise auf die dort etwas dicker ausgefallene zweite Epitaxieschicht (nEpi 2) und die daraus resultierende höhere Kanaltiefe (t^n_K) zurückzuführen (s. Abb. 4.21a). Unabhängig davon entspricht R^n_{EIN} ungefähr den Erwartungen mit Referenz zu den Ergebnissen der Technology computer-aided design (TCAD)-Simulationen (etwa 7, 4 mΩ cm^2 s. Abb. 4.15).

Der Trend von R^p_{EIN} mit Bezug zu den unterschiedlich tiefen pKanal-Profilen der Varianten A, B, und C entspricht zwar jenem der TCAD-Simulationen, liegt allerdings etwa eine Größenordnung über dem Erwartungswert (s. Abschn. 4.2.3). Eine mögliche Ursache wird in der Kompensation der vermeintlich *freien* Löcher aus ionisierten Akzeptoren vermutet, die bei der bisherigen Modellierung keine Berücksichtigung findet. Abb. 5.12 zeigt den Einfluss der Konzentration eines donatorartigen Kompensationszentrums ($N_{D,KOMP}$) auf den spezifischen Widerstand des pSFETs ($R^p_{EIN,sp}$). Gezeigt sind die Ergebnisse aus TCAD-Simulationen (durchgezogene Linien mit Symbolen) und der analytischen Modellierung gemäß Gl. 3.10b (Strich-Punkt-Linien). Qualitativ sind beide Modelle in guter Übereinstimmung.

Zur Modellierung der Kompensation in TCAD wird Stickstoff (N) im p-Kanal koimplantiert und somit zusätzliche Donatoren mit skaliertem Dotierprofil erzeugt.[15] Bei der analytischen Modellierung wird sie gemäß Gl. 2.10 bereits beim Lösen der Neutralitätsgleichung in Form von vollständig ionisierten Donatoren berücksichtigt. Dort beeinflusst sie zum einen das Fermi-Niveau (E_F) und verringert darüber hinaus die Konzentration der *freien* Löcher p. Darüber hinaus werden für Gl. 5.1 $\Delta_{STREU}^{pWanne} = 0{,}2\,\mu m$ angenommen und weiterhin die Parameter aus Tab. 5.2 verwendet.

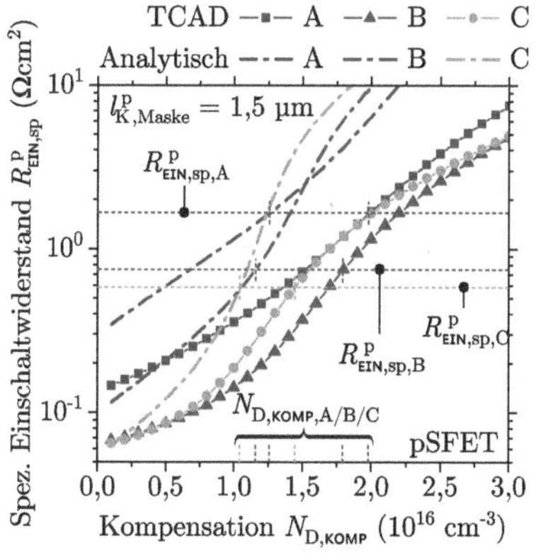

Abbildung 5.12 TCAD-Simulation und analytische Modellierung des spezifischen Einschaltwiderstands des pSFETs (R^p_{EIN}) in Abhängigkeit der Konzentration eines donatorartigen Kompensationszentrums im Kanalgebiet ($N_{D,KOMP}$). Zur analytischen Modellierung wird Gl. 3.10b verwendet und $\Delta_{STREU}^{pWanne} = 0{,}2\,\mu m$ bei $l^p_{K,Maske}$ gleich $1{,}5\,\mu m$ in Gl. 5.1 berücksichtigt

Das Niveau der gemessenen Widerstände (s. Abb. 5.11b) ist in Abb. 5.12 ebenfalls markiert ($R_{EIN,sp,A/B/C}$, gestrichelte Linien). Zur Abschätzung der im p-Kanal der Bauelemente vorherrschenden Kompensation, wird $N_{D,KOMP,A/B/C}$ im Schnittpunkt mit der jeweiligen TCAD-Kurve zu $1{,}98 \times 10^{16}\,cm^{-3}$, $1{,}79 \times 10^{16}\,cm^{-3}$ und $1{,}45 \times 10^{16}\,cm^{-3}$ für pKanal A, B und C abgelesen. Mithilfe derselben Methode kann $N_{D,KOMP,A/B/C}$ im Schnittpunkt mit den analytisch berechneten Kurven zu $1{,}3 \times 10^{16}\,cm^{-3}$, $1{,}2 \times 10^{16}\,cm^{-3}$ und $1{,}0 \times 10^{16}\,cm^{-3}$ abgeschätzt werden. Die abgelesenen Werte weisen denselben Trend auf wie die Ergebnisse der Hall-

[15] Bei diesem Vorgehen muss der Einfluss zusätzlicher Fremdatome auf die Löchermobilität hingenommen werden.

Auswertung, sind bei der TCAD-Simulation jedoch um etwa $1 \times 10^{16}\,\mathrm{cm}^{-3}$ höher als diese (s. Tab. 5.1). Beim analytischen Modell liegt die ermittelte Differenz zwischen $2,5 \times 10^{15}\,\mathrm{cm}^{-3}$ und $6,3 \times 10^{15}\,\mathrm{cm}^{-3}$.

Der in guter Näherung exponentielle Verlauf von $R^{\mathrm{p}}_{\mathrm{EIN,sp}}(N_{\mathrm{D,KOMP}})$ ist bei beiden Modellen zu erkennen und lässt sich anhand von Gl. 2.16b und Gl. 2.9b nachvollziehen. Unter der Annahme, dass $R^{\mathrm{p}}_{\mathrm{EIN,sp}} \approx \sigma_{\mathrm{p}}^{-1}$ lässt sich aus

$$R^{\mathrm{p}}_{\mathrm{EIN,sp}} \propto {N^{-}_{\mathrm{A,K}}}^{-1} \tag{5.11}$$

und

$$N^{-}_{\mathrm{A,K}} \propto \exp\left(\frac{E_{\mathrm{VB}} - E_{\mathrm{F}}}{k_{\mathrm{B}} \cdot T}\right) \tag{5.12}$$

die folgende Proportionalität finden:

$$R^{\mathrm{p}}_{\mathrm{EIN,sp}} \propto \exp\left(\frac{E_{\mathrm{F}} - E_{\mathrm{VB}}}{k_{\mathrm{B}} \cdot T}\right). \tag{5.13}$$

Wie in Abschn. 2.2 erläutert, ist der Term $E_{\mathrm{F}} - E_{\mathrm{VB}}$ ist stets positiv und steigt zudem mit $N_{\mathrm{D,KOMP}}$. Der Wendepunkt der Kurven stammt von σ_{p} aus Gl. 2.16b.[16] $N_{\mathrm{D,KOMP}}$ beeinflusst in der Neutralitätsgleichung E_{F} und erhöht somit die Löcheremission der individuellen Akzeptorzustände ($p_{\mathrm{A},1/2}$), kompensiert jedoch in einem höheren Maße die *freien* Löcher (p) und reduziert im Endeffekt $N^{-}_{\mathrm{A,K}}$. Die entsprechenden Verläufe von $p_{\mathrm{A},1/2}$ und $N^{-}_{\mathrm{A,K}}$ sind in Abb. C.4 in Anh. C aufbereitet. Dort wird deutlich, dass der in Abb. 5.12 gezeigt Wertebereich von $N_{\mathrm{D,KOMP}}$ den Übergang zur vollständigen Ionisierung des flachen Zustands (Index 1) zeigt.

Die gemessenen Transferkennlinien ($J^{*}_{\mathrm{D}}(U^{*}_{\mathrm{GS}}, U^{*}_{\mathrm{DS}})$ und $J^{*}_{\mathrm{G}}(U^{*}_{\mathrm{GS}}, U^{*}_{\mathrm{DS}})$) in Abb. 5.13 verdeutlichen den erheblichen Unterschied der Abschnür- und Flachbandspannungen (U^{*}_{AB} und U^{*}_{FB}) der SFETs. Es sei erneut erwähnt, dass der Messbereich aufgrund der verwendeten Messmittel auf 1 A und 200 V beschränkt ist (s. Abb. 5.10). Die Kurvenscharen dienen der Verdeutlichung des Einflusses der Drain-Source-Spannung (U^{*}_{DS}) auf den Verlauf von J^{*}_{D} und schließlich auf die charakteristischen Kennwerte U^{*}_{AB} und U^{*}_{FB}. Während der nSFET unabhängig von $U^{\mathrm{n}}_{\mathrm{DS}}$ bei einer Gate-Spannung von etwa −5 V abschnürt, sind beim pSFET für $U^{\mathrm{p}}_{\mathrm{DS}} = 10\,\mathrm{mV}$ ungefähr 74 V nötig. Darüber hinaus ist anhand der Kurvenschar in Abb. 5.13b mit steigenden Werten von $|U^{\mathrm{p}}_{\mathrm{DS}}|$ eine signifikante Verschiebung von $U^{\mathrm{p}}_{\mathrm{AB}}$ und $U^{\mathrm{p}}_{\mathrm{FB}}$ zu beobachten, wobei das AUS-Spannungsfenster ($U^{\mathrm{p}}_{\mathrm{AUS}} = U^{\mathrm{p}}_{\mathrm{FB}} - U^{\mathrm{p}}_{\mathrm{AB}}$) annähernd

[16] μ_{p} wird hier als konstant bei 300 K angenommen.

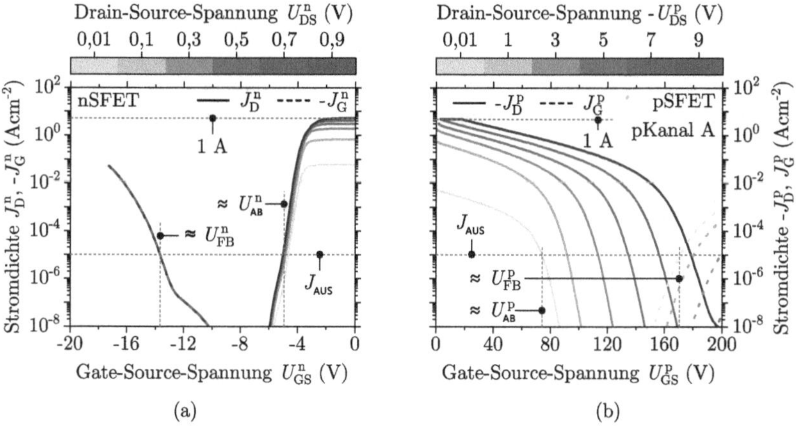

Abbildung 5.13 Gemessene Transferkennlinien ($J_D^*\left(U_{GS}^*\right)$ und $J_G^*\left(U_{GS}^*\right)$) der hergestellten nSFETs (a) und pSFETs (b). U_{AB}^* und U_{FB}^* sind exemplarisch für die Kurven von $|U_{DS}^*| = 0{,}01$ V markiert. Der maximale Strom ist aufgrund des Messaufbaus auf 1 A begrenzt

konstant bleibt. Dieses Phänomen ist dem sogenannten DIBL[17]-Effekt zuzuordnen [347]. Dieser beschreibt eine Reduzierung der Potentialbarriere zwischen Drain und Source bei besonders kurzen Kanälen, sodass das Gate die Fähigkeit verliert, die Leitfähigkeit im Kanal zu modulieren. Er ist beim pSFET trotz des nominell längeren Kanals offensichtlich deutlich stärker ausgeprägt.

Der Verlauf von U_{AB}^{p} von pKanal A als Funktion von U_{SD} ist in Abb. 5.14a aufbereitet. Es sind die Ergebnisse aus Messungen (Kreise) und TCAD-Simulation (Dreiecke) für Kanallängen (l_K^p) von 1,5 µm und 10 µm gegenübergestellt. Für die Simulation wird $N_{D,KOMP} = 2 \times 10^{16}\,\text{cm}^{-3}$ angenommen (aus Abb. 5.12 für pKanal A ermittelt). U_{AB}^{p} wird jeweils von der Transferkennlinie bei $-J_D = 10\mu\text{A cm}^{-2}$ abgelesen. Alle Datenreihen zeigen ab $U_{SD} = 1$ V einen stetig steigenden linearen Verlauf, wobei die Kurven der TCAD-Simulation für 1,5 µm annähernd deckungsgleich auf denen der Messung liegen. Die Steigung für 10 µm hingegen ist deutlich geringer. Dies lässt den Schluss zu, dass es sich bei den Beobachtungen um einen Kurzkanaleffekt handelt, den das TCAD-Modell unter Verwendung der ermittelten Parameter sehr gut abbildet. Der DIBL-Effekt wird üblicherweise über den DIBL-Sensitivitätsfaktor (γ) quantifiziert, der sich gemäß

[17] Drain-induced barrier lowering (DIBL), dt.: Drain(-Spannungs)-bedingte Potentialbarriereabsenkung

$$\gamma = -\frac{\mathrm{d}U^{\mathrm{p}}_{\mathrm{AB}}}{\mathrm{d}U^{\mathrm{p}}_{\mathrm{DS}}} \tag{5.14}$$

aus der Steigung der gezeigten Kurven ergibt [348]. Unter Ausschluss der Datenpunkte bei $U_{\mathrm{SD}} = 0,1$ V lässt sich $-\gamma$ zu $10,78 \pm 0,02$ und $11,62 \pm 0,08$ für die gemessenen und simulierten Kurven für $l^{\mathrm{p}}_{\mathrm{K}}$=1,5 µm bestimmen.[18] Im Vergleich zu Literaturwerten für SiC SFETs (typ. ≤ 1) ist dieser relativ hoch [293, 349].

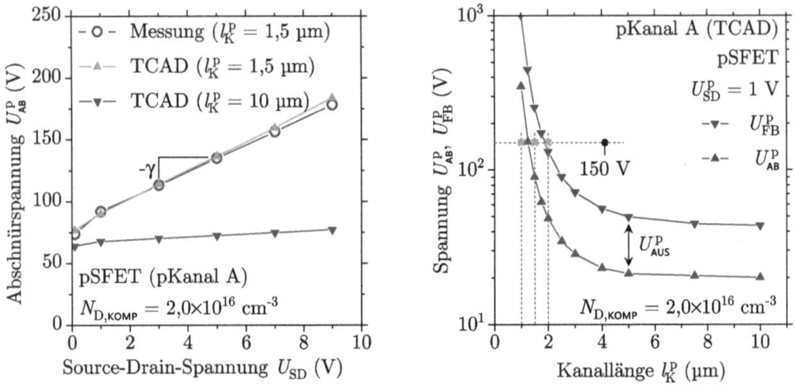

(a) (b)

Abbildung 5.14 Gemessene und simulierte Abschnürspannung ($U^{\mathrm{p}}_{\mathrm{AB}}$) als Funktion der Source-Drain-Spannung (U_{SD}) (a) und Simulationen von $U^{\mathrm{p}}_{\mathrm{AB}}$ und der Flachbandspannung ($U^{\mathrm{p}}_{\mathrm{FB}}$) als Funktion der Kanallänge ($l^{\mathrm{p}}_{\mathrm{K}}$, b) zur Veranschaulichung des DIBL-Effekts. Die markierten Arbeitspunkte (Kreuze) in (b) werden in Abb. 5.15 referenziert

Abb. 5.14b stellt den Verlauf von $U^{\mathrm{p}}_{\mathrm{AB}}$ und $U^{\mathrm{p}}_{\mathrm{FB}}$ als Funktion von $l^{\mathrm{p}}_{\mathrm{K}}$ dar. Kaneko *et al.* motivieren das Aspektverhältnis von Kanallänge zu Kanaltiefe als kritische Dimension für DIBL bei SiC SFETs und geben einen Wert von etwa 3 als pragmatischer Grenzwert an [293].[19] Dies entspräche mit $t^{\mathrm{p}}_{\mathrm{K}} = 0{,}46$ µm und unter Berücksichtigung von $\Delta^{\mathrm{pWanne}}_{\mathrm{STREU}}$ (s. Abschn. 5.1.1) einer Kanallänge ($l^{\mathrm{p}}_{\mathrm{K}}$) von etwa 1,8 µm. Es lässt sich erkennen, dass der Einfluss von DIBL erst ab höheren Werten signifikant abnimmt. Der stärkeren Ausprägung des DIBL-Effekts liegt hier mög-

[18] Es sei erwähnt, dass sich ohne Kompensation $-\gamma \approx 17$ ergibt.

[19] In der referenzierten Studie wird t_{K} nicht variiert. Die Abschätzung entspringt einer analytischen Näherung. Das Aspektverhältnis von 3 entspricht dort einer Kanallänge von etwa 2 µm. Zudem werden dort keine Strukturen zu Schirmung des Kanals verwendet.

licherweise die Schirmung des p-Kanals durch die pWanne-Gebiete zugrunde, die dazu führt, dass das durch U_G erzeugte elektrische Feld ohnehin nur vermindert über das Gate (bzw. nEpi 1) in den p-Kanal greifen kann.

Wie in Tab. 4.2 angegeben, weisen die hergestellten pSFETs Kanallängen im Bereich von 1,25 µm und 1,75 µm auf. Aus Abb. 5.14b wird deutlich, dass dadurch bereits bei einer geringen Abweichung von der nominellen Kanallänge große Änderungen bei U_{AB}^{p} und U_{FB}^{p} zu erwarten sind. Die potenziellen Auswirkungen werden in Abb. 5.15 verdeutlicht. Abb. 5.15a zeigt die Stromdichte (J) und Abb. 5.15b das elektrische Feld ($\mathcal{E}$) im Arbeitspunkt für $U_{GS}^{p} = 300\,V$ und $U_{SD}^{p} = 1\,V$ in Form von zweidimensionalen TCAD-Simulationen für l_K^p gleich 1,0 µm, 1,5 µm und 2,0 µm (die zugehörigen Arbeitspunkte sind in Abb. 5.14b markiert).

In Abb. 5.15a ist zu erkennen, dass sich der pSFET mit $l_K^p = 1{,}0\,\mu m$ im EIN-Zustand befindet, während jener mit 1,5 µm im selben Arbeitspunkt bereits in den AUS-Zustand übergegangen ist. Für 2 µm kommt es sogar zum Felddurchgriff und einer entsprechend hohen Stromdichte aufgrund von thermionischer Emission (s. Abschn. 3.1.5 *Durchbruchmechanismen*).

Die Ursache für dieses Verhalten ist in Abb. 5.15b veranschaulicht. Es wird deutlich, dass $\mathcal{E}$ mit steigendem l_K^p tiefer in den Kanal greift. Bei genauerer Betrachtung ist außerdem zu erkennen, dass $\mathcal{E}$ entlang des pn-Übergangs zwischen pKanal und nEpi 2 (also zum Backgate) für 1,0 µm und 1,5 µm aufgrund der Diffusionsspannung ($\Psi_{b,B}$, s. Abschn. 3.1.2) stets mindestens 10 kV cm^{-1} beträgt. Der pn-Übergang ist also in Sperrrichtung gepolt. Für 2,0 µm greift das elektrische Feld vollständig durch den p-Kanal hindurch und polt den pn-Übergang zum Backgate in einem weiten Bereich in Flussrichtung um.

Im Hinblick auf eine präzise Skalierung des pSFETs kann diesem Phänomen prinzipiell mit entsprechendem Entwurfsvorhalt vorgebeugt werden, da es sich bei der eingangs diskutierten Verkürzung des p-Kanals (Δ_{STREU}^{pWanne}, s. Abschn. 5.1.1) um einen systematischen Fehler handelt. Eine statistische Abweichung in einem Ausmaß, das zu derart unterschiedlichem Bauelementverhalten führt, ist nicht zu erwarten. Diesbezüglich wären allerdings dedizierte Untersuchungen zu DIBL (z. B. TCAD-Simulationen) bei unterschiedlichen Kanaltiefen (t_K^p) und ggf. weiteren Entwurfsparametern des pSFETs durchzuführen.

DIE STATISTISCHE VERTEILUNG von U_{AB}^{*} und U_{FB}^{*} aller zur Auswertung herangezogenen SFETs ist in Abb. 5.16 aufbereitet (s. Tab. 5.3). Auch hier entsprechen die gemessenen Kennwerte des nSFETs in Abb. 5.16a in guter Näherung den Ergebnissen der TCAD-Simulationen ($U_{AB}^{n} \approx -4\,V$ und $U_{FB}^{n} \approx -13\,V$, s. Abb. 4.15). Analog zur Argumentation zu $R_{EIN,sp}^{n}$ können die leicht erhöhten Werte von U_{AB}^{n}

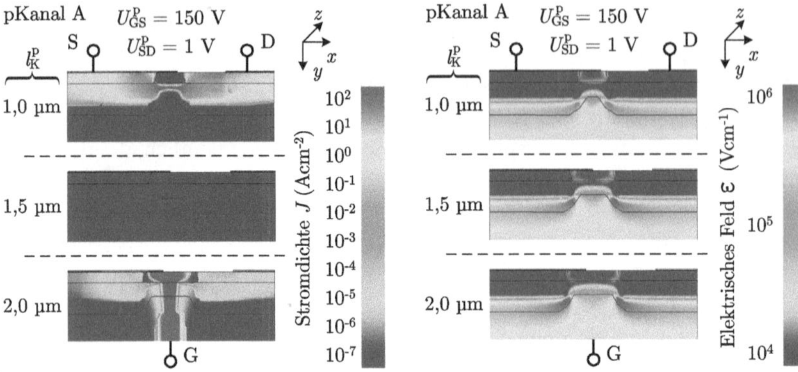

(a) (b)

Abbildung 5.15 Illustration der Stromdichte (J, a) und des elektrischen Felds ($\mathcal{E}$, b) bei $U^{p}_{GS} = 300$ V und $U^{p}_{DS} = -1$ V durch zweidimensionale TCAD-Simulationen des pSFETs für Kanallängen (l^{p}_{K}) von 1,0 µm, 1,5 µm und 2,0 µm zur Veranschaulichung des DIBL-Effekts

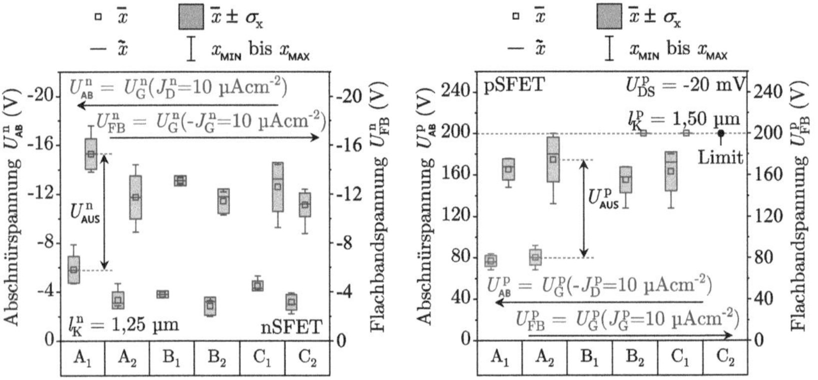

(a) (b)

Abbildung 5.16 Gemessene Abschnür- und Flachbandspannung (U_{AB} und U_{FB}) der hergestellten nSFETs (a) und pSFETs (b). Beim pSFET ist die maximale Spannung aufgrund des Messaufbaus auf 200 V begrenzt. Es sind jeweils der Mittelwert ($\overline{x}$), der Medianwert ($\tilde{x}$), die Standardabweichung (σ_x) und die Minimal- und Maximalwerte (x_{MIN} und x_{MAX}) jeder Messreihe gezeigt

und U^{n}_{FB} auf Scheibe A_1 der dort höheren Dicke von nEpi 2 (und somit höherem t^{n}_{K}) zugeordnet werden.

Im Vergleich zu den TCAD-Simulationen in Abb. 5.14b bleiben die Messergebnisse mit gleichermaßen entworfenen pSFETs ($A_{1/2}$) erneut hinter den Erwartungen zurück ($U^{p}_{AB} \approx 110\,V$ und $U^{p}_{FB} \approx 370\,V$). Der ansteigende Verlauf von U^{p}_{AB} über pKanal A, B und C ist zwar grundsätzlich im Einklang mit den analytischen und numerischen Modellen, scheint im Gegensatz zu ihnen allerdings zu sättigen (vgl. Abb. 4.15). Aufgrund der geringen Anzahl an t^{p}_{K}-Variationen und dem Mangel an Ergebnissen von redundanten Scheiben für pKanal B und C, ist jedoch keine endgültige Aussage möglich. Zudem ist eine Auswertung von U^{p}_{FB} wegen der eingangs erläuterten Limitierung der Messumgebung auf 200 V nur bedingt möglich. Es sei zudem erwähnt, dass der Wert von U^{p}_{FB} auf 200 V gesetzt wurde, sollte das Durchbruchkriterium ($J^{p}_{G} > 10\,\mu A\,cm^{-2}$) bis $U^{p}_{GS} = 200\,V$ nicht erreicht worden sein. Die Ergebnisse für die Scheiben B_2 und C_1 lassen daher lediglich den Schluss zu, dass der pSFET bei U^{p}_{AB} in den AUS-Zustand übergeht. U^{p}_{FB} liegt dort im Mittel mutmaßlich über 200 V.

ZUSAMMENFASSEND ist festzuhalten, dass mithilfe der entwickelten 4H-SiC-SFET-Technologie erfolgreich funktionsfähige nSFETs und pSFETs in aussagekräftiger Anzahl hergestellt werden konnten. Die zentralen Ergebnisse und erzielten charakteristischen Kennwerte sind in Tab. 5.4 zusammengefasst. Alle Kennwerte des nSFETs entsprechen näherungsweise den Erwartungen, wohingegen jene des pSFETs deutlich hinter ihnen zurückbleiben. So ist R^{p}_{EIN} um etwa eine Größenordnung höher als in den TCAD-Simulationen und je nach Variante etwa 50 bis 100-mal höher als beim nSFET. Als mögliche Ursache wird ein donatorartiges Kompensationszentrum im p-Kanal ($N_{D,KOMP}$) diskutiert, dessen Konzentration auf Grundlage der gemessenen Werte von R^{p}_{EIN} und TCAD-Simulationen der drei p-Kanal-Varianten auf etwa $2,0 \times 10^{16}\,cm^{-3}$, $1,8 \times 10^{16}\,cm^{-3}$ und $1,5 \times 10^{16}\,cm^{-3}$ abgeschätzt wird. Laut analytischer Berechnungen liegt $N_{D,KOMP}$ bei $1,3 \times 10^{16}\,cm^{-3}$, $1,2 \times 10^{16}\,cm^{-3}$ und $1,0 \times 10^{16}\,cm^{-3}$. Diese Abschätzungen liegen in einem ähnlichen Bereich wie die Ergebnisse der Hall-Auswertung in Abschn. 5.1.2.

Darüber hinaus wird aufgezeigt, dass der pSFET bei einer Kanallänge von 1,5 µm wesentlich vom DIBL-Effekt betroffen ist, wodurch sich der signifikante Unterschied der absoluten Abschnür- und Flachbandspannungen ($|U^{*}_{AB}|$ und $|U^{*}_{FB}|$) bei höheren Source-Drain-Spannungen weiterhin verstärkt. Dieser Effekt lässt sich mithilfe des TCAD-Modells unter Verwendung der ermittelten Parameter ($N_{A,K,1/2}$, $E_{ION,1/2}$ und $N_{D,KOMP}$) sehr gut abbilden. Wie in Kap. 3 erläutert, ist dieser Unterschied von $|U^{*}_{AB}|$ und $|U^{*}_{FB}|$ zwischen beiden SFETs jedoch bewusst durch entsprechenden Bauelemententwurf herbeigeführt, da erst dadurch die anvisierten Sperrspannungen des inversen Thyristors von mehreren 100 V erreicht werden können.

Tabelle 5.4 Zusammenfassung der zentralen Ergebnisse und Kennwerte der SFETs. Aufgeführt sind der spezifische EIN-Widerstand ($R^*_{EIN,sp}$), die Abschnür- und Flachbandspannungen (U^*_{AB} und U^*_{FB}), das AUS-Spannungsfenster (U^*_{AUS}) und die abgeschätzte Konzentration des donatorartigen Kompensationszentrums ($N_{D,KOMP}$). Es sind stets Mittelwerte und wo relevant Standardabweichung angegeben

	$R^*_{EIN,sp}$ (Ω cm^{-2})	U^*_{AB} (V)	U^*_{FB} (V)	U^*_{AUS} (V)	$N_{D,KOMP}$ (1×10^{16} cm^{-3})
nSFET	$0,013 \pm 0,002$	$-4,0 \pm 1,2$	$-12,5 \pm 2,0$	−8,47	–
pSFET A	$1,60 \pm 0,16$	$79,1 \pm 6,9$	$171,6 \pm 18,8$	92,45	1,98
pSFET B	$0,76 \pm 0,08$	$155,0 \pm 12,4$	≥ 200	≥ 45	1,79
pSFET C	$0,60 \pm 0,06$	$163,3 \pm 18,8$	≥ 200	$\geq 36,67$	1,45

5.2.2 Inverser Thyristor

Im Folgenden werden die gemessenen quasi-statischen Charakteristika der hergestellten inversen Thyristoren ausgewertet und diskutiert. Analog zu den SFETs sollen für ausgewählte Kennwerte zunächst sinnvolle Spezifikationen definiert werden. Um für die Auswertung in Betracht gezogen zu werden, wird jedes Bauelement zunächst hinsichtlich der folgenden Kriterien überprüft:

1. Auslösestromdichte (J_{Δ}) mindestens 500 mA cm^{-2}
2. Anode-Stromdichte (J_{A}) im AUS-Zustand maximal 10 µA cm^{-2}
3. AUS-Spannungsfenster (U_{AUS}) mindestens 15 V

Prinzipiell ist somit sichergestellt, dass alle zur Auswertung herangezogenen iT-Bauelemente ausreichend Strom tragen können, um sinnvoll zwischen dem EIN- und dem AUS-Zustand unterscheiden zu können (1), keine signifikanten Leckströme aufweisen (2) und ein nennenswertes AUS-Spannungsfenster vorhanden ist, bevor es zum Durchbruch der Gate-Strukturen kommt (3). Die Anzahl der ausgewerteten iT-Bauelemente der Scheiben A_1, B_1 und C_2 aufgeteilt nach Kombination der Kanallängen (l^n_K und l^p_K) und aktiver Fläche (A_{AKT}) ist in Tab. 5.5 aufgelistet. Die Bauelemente von A_2, B_2 und C_1 wurden direkt nach der Fertigung vereinzelt und für die transiente Charakterisierung auf Kupfersubstraten aufgebaut.

Hinsichtlich A_{AKT} sind die eingangs erläuterten Messmittellimitierungen zu beachten. Bei Bauelementen mit großer aktiver Fläche liegt der absolute Auslö-

Tabelle 5.5 Anzahl der funktionstüchtigen inversen Thyristoren von Scheiben A_1, B_1 und C_2 aufgeteilt nach Kombination der Kanallängen (l_K^n und l_K^p) und aktiver Fläche (A_{AKT})

l_K^n (μm)	1,25	1,25	1,50	1,50	1,75	1,75
l_K^p (μm)	1,75	1,50	1,50	1,25	1,25	1,00
A_{AKT} (mm^2)	3,5 & 7,5	3,5 & 7,5	3,5 & 7,5	3,5 & 7,5	3,5 & 7,5	3,5 & 7,5
A_1	10 & 11	11 & 12	13 & 18	9 & 6	4 & 11	0 & 0
B_1	11 & 4	15 & 4	12 & 6	11 & 1	12 & 0	0 & 0
C_2	16 & 17	19 & 10	22 & 14	19 & 9	15 & 7	7 & 7

sestrom (I_Δ) häufig über 1 A. Die Auswertung der quasi-statischen Charakteristika wird daher nur an inversen Thyristoren mit A_{AKT} gleich 3,5 mm^2 und 7,5 mm^2 durchgeführt. Einzelne Bauelemente mit 19,6 mm^2 und 89,3 mm^2 werden allerdings in Abschn. 5.3 *Transiente elektrische Bauteileigenschaften* untersucht. Ausgehend von 28 hergestellten Bauelemente pro Variante ergibt sich im Mittel eine Ausbeute von etwa 34 %, wobei die Varianten mit l_K^p gleich 1 μm und 1,5 μm (und kleiner Fläche) mit jeweils etwa 8 % und 54 % hervorstechen.

DIE SPEZIFISCHEN EINSCHALTWIDERSTÄNDE ($R_{EIN,sp}$), Abschnür- und Durchbruchspannungen (U_{AB} und U_{DB}) von iTs mit identischen Entwurfsparametern zu jenen der diskreten SFETs des vorangegangenen Abschnitts sind in Abb. 5.17 aufbereitet.[20] Der Trend von $R_{EIN,sp}$ ähnelt dem von $R_{EIN,sp}^p$ (s. Abb. 5.11b). Der pSFET dominiert also erwartungsgemäß den Widerstand des inversen Thyristors. Da die Zelle des iTs in x-Richtung etwa 1,9-mal größer ist als die des pSFETs, sind Absolutwerte von $R_{EIN,sp}$ verglichen zu $R_{EIN,sp}^p$ entsprechend erhöht. Hinsichtlich der Spannungskennwerte in Abb. 5.17b sei erwähnt, dass Scheiben A_2 und B_2 nur einem grundsätzlichen Funktionstest unterzogen werden, der auf 200 V limitiert ist. Sie können also nur bedingt zur Bewertung der Spannungskennwerte herangezogen werden. Der Trend über die pKanal-Variationen entspricht auch hier dem des pSFETs. Die Messwerte von U_{AB} und U_{DB} auf Scheibe A_1 sind verglichen zum pSFET allerdings jeweils um mehr als 50 V erhöht, während ihre AUS-Spannungsfenster ähnliche Werte aufweisen (etwa 88 V und 76 V, s. Abb. 5.16b). Da $U_{DS}^p = U_{SK}$ im Arbeitspunkt des Abschnürens beim iT deutlich höher ist als 20 mV, ist dies im Einklang mit der

[20] Auf C_1 befinden sich keine Bauelemente, die den o. g. Anforderungen gerecht werden.

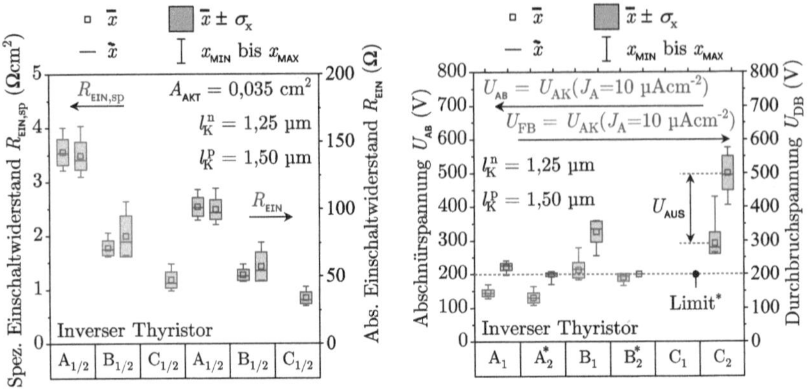

(a) (b)

Abbildung 5.17 Gemessener Einschaltwiderstand (R_{EIN}, a) und Abschnür- und Flachbandspannung (U_{AB} und U_{FB}, b). Scheiben A_2 und B_2 werden nur bis200 V charakterisiert (s. *Limit* in b). Auf C_1 befinden sich keine funktionstüchtigen Bauelemente. Es sind jeweils der Mittelwert ($\overline{x}$), der Medianwert ($\tilde{x}$), die Standardabweichung (σ_x) und die Minimal- und Maximalwerte (x_{MIN} und x_{MAX}) jeder Messreihe gezeigt.

beobachteten spannungsabhängigen Verschiebung von U_{AB}^{p} und U_{FB}^{p} aufgrund von DIBL. Es ist also zu schlussfolgern, dass auch die Spannungskennwerte des iTs vom pSFET dominiert werden.

DIE GEMESSENEN AUSGANGSKENNLINIEN ausgewählter inverser Thyristoren von Scheibe C_2 sind in Abb. 5.18 dargestellt.[21] Die Kurvenschar verdeutlicht den Einfluss von l_K^n und l_K^p im Bereich von 1,00 µm bis 1,75 µm. Zunächst ist zu erkennen, dass alle Kurven nach dem Erreichen von J_Δ im Bereich von etwa 1A cm^{-2} bis 2A cm^{-2} beginnen zu fallen. Je nach Entwurf unterschreiten sie zwischen 200 V und 760 V den gewählten AUS-Grenzwert von J_{AUS} = 10A cm^{-2} und markieren dort mit U_{AB} den Beginn von U_{AUS} . U_{DB} liegt im Bereich von 370 V und 880 V. Der zunächst stark und anschließend schwächer ansteigende Verlauf von J_A ab U_{DB} ist im Einklang mit der *analytischen Modellierung* der thermionischen Emission und des Raumladungseffekts (s. Kap. 3). Bei $U_{LAW} \approx$ 900 V kommt es aufgrund des Lawinendurchbruchs schließlich zum abrupten Anstieg von J_A.

[21] Zur Darstellung des linearen Strom-Spannung-Zusammenhangs bei geringen Spannungen und zur anschaulicheren Illustration des Abschnürverhaltens wird die x-Achse unterbrochen und die y-Achsen werden unterschiedlich skaliert. Es handelt sich um kontinuierliche Kennlinien.

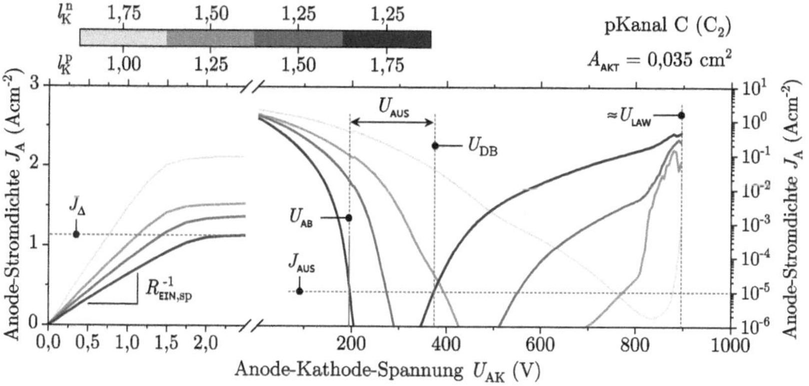

Abbildung 5.18 Gemessene Ausgangskennlinien inverser Thyristoren von Scheibe C_2. Die Kurvenscharen verdeutlichen den Einfluss spezifischer Kombinationen der Kanallängen (l_K^n und l_K^p). Die wesentlichen Kennwerte (J_Δ, $R_{EIN,sp}$, J_{AUS}, U_{AB}, U_{DB} und U_{AUS}) sind anhand der Kurve für $l_K^n = 1{,}25$ µm und $l_K^p = 1{,}75$ µm markiert. U_{LAW} ist für alle Kurven identisch

Es ist darüber hinaus zu beobachten, dass $R_{EIN,sp}$ kontinuierlich mit l_K^p steigt, obwohl l_K^n zugleich kleiner wird. Hier wird erneut die Dominanz des pSFETs sichtbar. Weiterhin verhalten sich $R_{EIN,sp}$ und J_Δ, wie in Kap. 3 erläutert, reziprok zueinander. Der kontinuierliche Anstieg von U_{AB} und U_{DB} für kürzere p-Kanäle ist im Einklang mit den TCAD-Simulationen zum pSFET und demnach DIBL zuzuordnen (s. Abb. 5.14b). Die tendenzielle Vergrößerung von U_{AUS} bei kürzeren p-Kanälen zeichnet sich ausschließlich bei pKanal C ab und wird im Rahmen von Abb. 5.19 diskutiert.

Eine Übersicht aller beobachteter Entwurfsabhängigkeiten von Scheiben A_1, B_1 und C_2 ist in Abb. 5.19 aufbereitet. Dort sind die gemessenen Kennwerte der iTs in Abhängigkeit der hergestellten Kombinationen von l_K^n und l_K^p (Farbskala) und t_K^p (jeweils links, Mitte und rechts) dargestellt. Jeder Datenpunkt entspricht einem Bauelement, das die o. g. Kriterien erfüllt, wobei Varianten mit identischen Entwurfsparametern aber unterschiedlicher aktiver Fläche (A_{AKT}) zusammengefasst werden (s. Tab. 5.5). Die Kurven außerhalb des Datenbereichs zeigen die Normalverteilung der Daten bezogen auf die jeweils gegenüberliegende Achse. Hier wird deutlich, dass die Datenpunkte für Entwürfe mit identischen Werten für l_K^p stets in etwa deckungsgleich verteilt sind. Da der pSFET die Eigenschaften dominiert, ist der Einfluss von l_K^n allenfalls unwesentlich. Der eingefügte Pfeil ($\vec{\Phi}_{l_K^p}$) kann

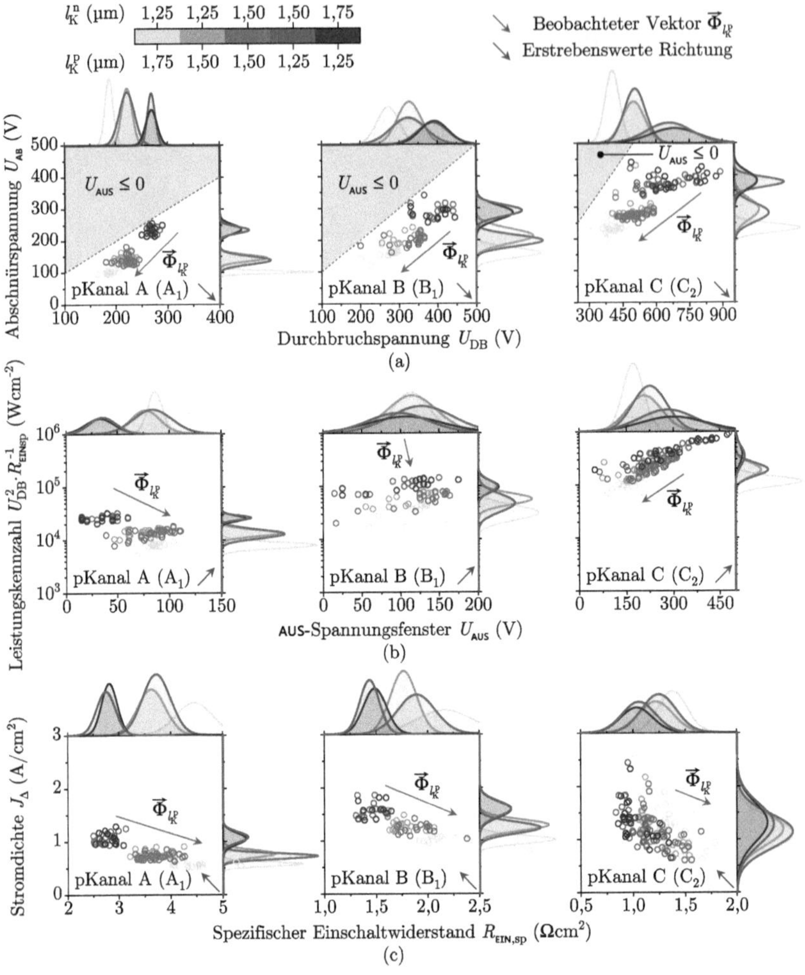

Abbildung 5.19 Gemessene Kennwerte der inversen Thyristoren in Abhängigkeit der hergestellten Kanallängenkombinationen (l_K^n und l_K^p, Farbskala) und Kanaltiefen der pKanal-Varianten (t_K^p, jeweils links, Mitte und rechts). Die Kurven außerhalb des Datenbereichs zeigen die Normalverteilung der Daten bezogen auf die jeweils gegenüberliegende Achse. Die quantitativen Ergebnisse sind in Tab. 5.6 aufbereitet

Tabelle 5.6 Zusammenfassung der erreichten Kennwerte der inversen Thyristoren auf den Scheiben A_I, B_I und C_2 in Abhängigkeit der Länge des p-Kanals (l_K^p). Es sind jeweils gerundete Mittelwerte der in Abb. 5.19 gezeigten Daten der Abschnür- und Durchbruchspannung (U_{AB} und U_{DB}), des AUS-Spannungsfensters (U_{AUS}), der Abschnürstromdichte (J_{Δ}) und des spezifischen Einschaltwiderstands ($R_{EIN,sp}$) angegeben. Der Leistungskennwert $U_{DB}^2 \cdot R_{EIN,sp}^{-1}$ wird als FOM aufgeführt.

Scheibe	l_K^p (µm)	U_{AB} (V)	U_{DB} (V)	U_{AUS} (V)	J_{Δ} (A cm^{-2})	$R_{EIN,sp}$ (Ω cm^{-2})	FOM (kW cm^{-2})
A_I	1,25	223	268	33	1,06	2,77	26
	1,50	141	221	83	0,73	3,69	13
	1,75	99	187	85	0,56	4,46	8
B_I	1,25	288	393	113	1,58	1,47	97
	1,50	197	325	118	1,25	1,84	49
	1,75	156	272	103	1,00	2,17	31
C_2	1,25	337	678	302	1,28	1,05	349
	1,50	286	501	213	1,14	1,24	193
	1,75	232	403	171	1,10	1,38	112

somit in Betrag und Richtung als gerichteter Einfluss von l_K^p interpretiert werden. Die erstrebenswerte Richtung hinsichtlich einer Bauelementoptimierung ist jeweils mit einem Pfeil unten rechts angegeben. Tab. 5.6 fasst die quantitativen Ergebnisse zusammen. Die folgenden Abschnitte diskutieren die qualitativen Beobachtungen.

In Abb. 5.19a ist die Verteilung von U_{AB} über U_{DB} dargestellt. Grundsätzlich ist ein annähernd linearer Zusammenhang zu erkennen, wobei beide Parameter für sowohl kürzere als auch tiefere p-Kanäle ansteigen. Allerdings streuen die Werte von U_{DB} bei Entwürfen mit tieferen p-Kanälen zunehmend. Aus Abb. 5.3b wird ersichtlich, dass pKanal B und C eine Tiefe erreichen, die in etwa dem Maximum des retrograden pWanne-Profils entspricht. Es ist denkbar, dass die dem elektrischen Feld exponierteren Kanäle in diesem Übergangsbereich sensitiver auf (fertigungs-) toleranzbedingte Schwankungen der Entwurfsparameter reagieren.

Hinsichtlich der Entwurfsoptimierung sind geringe Werte für U_{AB} und hohe Werte für U_{DB} anzustreben, sodass sich ein möglichst großes AUS-Spannungsfenster ergibt und ein breites Anwendungsfeld (bzgl. U_0) adressiert werden kann. Aus den analytischen Modellen geht kein Einfluss von l_K^p auf U_{AUS} hervor. Selbst bei Berücksichtigung der Schirmung des p-Kanals durch pWanne ist intuitiv zu erwarten, dass U_{AB} und U_{DB} gleichermaßen von einer Varianz dieser betroffen sind (vgl. Abb. 5.14 zu DIBL). Folglich müsste $\vec{\Phi}_{l_K^p}$ exakt orthogonal zur erstrebenswerten

Richtung stehen und $U_{\mathrm{AUS}}\left(l_{\mathrm{K}}^{\mathrm{p}}\right)$ konstant sein. Wie aus Abb. 5.19b hervorgeht, trifft dies allenfalls für pKanal B zu. Dort ist der Leistungskennwert $U_{\mathrm{DB}}^{2} \cdot R_{\mathrm{EIN,sp}}^{-1}$ über U_{AUS} aufgetragen [245]. Bemerkenswerterweise dreht sich $\vec{\Phi}_{l_{\mathrm{K}}^{\mathrm{p}}}$ hier um über 90°, wodurch sich das Vorzeichen seiner U_{AUS} -Komponente ändert. Für pKanal A steigt U_{AUS} mit $l_{\mathrm{K}}^{\mathrm{p}}$. Bei pKanal C verhält es sich umgekehrt. Der zugrundeliegende Mechanismus kann an dieser Stelle nicht abschließend geklärt werden. Zudem lässt sich das Phänomen auch in TCAD-Simulationen nicht reproduzieren.[22]

Eine Steigerung des Leistungskennwerts lässt sich stets durch kürzere und tiefere Kanäle erzielen, da sich dadurch nicht nur U_{DB} erhöht, sondern auch $R_{\mathrm{EIN,sp}}$ verringert. Letzteres wird in Abb. 5.19c deutlich. Dort ist J_{Δ} über $R_{\mathrm{EIN,sp}}$ aufgetragen. Es ist zu erkennen, dass J_{Δ} bei einer Verringerung von $l_{\mathrm{K}}^{\mathrm{p}}$ steigt. Beide Parameter werden also simultan über $l_{\mathrm{K}}^{\mathrm{p}}$ manipuliert, wobei $\vec{\Phi}_{l_{\mathrm{K}}^{\mathrm{p}}}$ der erstrebenswerten Richtung entgegengerichtet ist, sodass auch hier kürzere Kanäle anzustreben sind. Beim Vergleich von pKanal A und B ist ebenfalls eine klare Steigerung von J_{Δ} zu erkennen. Dieser Trend setzt sich bei pKanal C nicht fort.

INSGESAMT ist vor allem auf Scheibe C_2 eine signifikante Streuung der Datenpunkte zu beobachten. Besonders die statistische Variation der Durchbruchspannung (U_{DB}) von etwa 450 V bis 900 V und der Auslösestromdichte (J_{Δ}) im Bereich von 0,6 A cm^{-2} bis 2,4 A cm^{-2} sind im Hinblick einer potenziellen Produktentwicklung kritisch zu begutachten. Es sei darauf hingewiesen, dass die untersuchten pKanal-Varianten jeweils Bauelemente einer einzigen Halbleiterscheibe repräsentieren. Daher kann eine erhebliche Sensitivität auf Toleranzen von Einzelscheiben-Prozessschritten, die besonders bei pKanal C zum Vorschein kommt, nicht ausgeschlossen werden. Da sowohl U_{DB} als auch $R_{\mathrm{EIN,sp}}$ und I_{Δ} mit $t_{\mathrm{K}}^{\mathrm{p}}$ und $N_{\mathrm{A,K}}$ korrelieren, wird der Ursprung der Varianz beim epitaktischen Wachstum oder der Ionenimplantation vermutet.

Weiterhin wird erneut deutlich, dass die Variation eines einzigen Entwurfsparameters sämtliche Kennwerte beeinflusst. Neben des, auch von anderen vertikalen Leistungsbauelementen bekannten, Optimierungsproblems des Driftgebiets[23] zur Maximierung der Leistungskennzahl $U_{\mathrm{DB}}{}^{2} \cdot R_{\mathrm{EIN,sp}}{}^{-1}$ führt die Verknüpfung von $R_{\mathrm{EIN,sp}}$ und U_{AB} zu weiteren Herausforderungen bei der Auslegung des iTs. Wie in Abb. 5.20 gezeigt, führt eine Reduzierung von $R_{\mathrm{EIN,sp}}$ durch kürzere ($l_{\mathrm{K}}^{\mathrm{p}}$, Farben)

---

[22] Die Simulationsergebnisse sind in Abb. C.5 in Anh. C dargestellt. Es werden kontinuierlich sinkende Werte von U_{AUS} bei länger werdenden Kanälen beobachtet. Außerdem ist U_{AUS} für pKanal A, B und C annähernd identisch.

[23] Dicke und Dotierstoffkonzentration des Driftgebiets beeinflussen zugleich Driftwiderstand und Lawinendurchbruch [245].

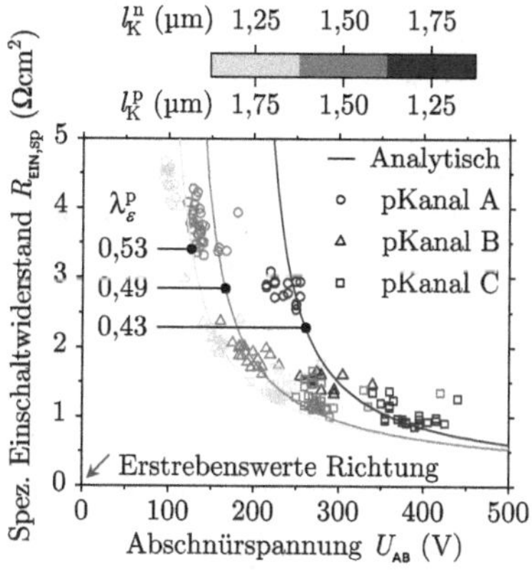

Abbildung 5.20 Gemessene und analytisch berechnete Werte (Symbole und Linien) des spezifischen Einschaltwiderstands ($R_{\mathrm{EIN,sp}}$) und der Abschnürspannung (U_{AB}) in Abhängigkeit der hergestellten Kanallängenkombinationen ($l_{\mathrm{K}}^{\mathrm{n}}$ und $l_{\mathrm{K}}^{\mathrm{p}}$, Farbskala) und Kanaltiefen der pKanal-Varianten A, B und C ($t_{\mathrm{K}}^{\mathrm{p}}$, Symboltyp). Die Werte des Anpassparameters zur Modulierung des elektrischen Feldes im p-Kanal ($\lambda_{\mathcal{E}}^{\mathrm{p}}$) sind ebenfalls angegeben (s. Anh. C)

oder flachere ($t_{\mathrm{K}}^{\mathrm{p}}$, Symbole) Kanäle stets zu einer Erhöhung von U_{AB}.[24] Folglich wird die maximal erreichbare Leitfähigkeit des Kanals durch die Spannungsklasse limitiert.[25] Allerdings wird durch Prognose der analytischen Kurven deutlich, dass $R_{\mathrm{EIN,sp}}$ bei etwa $0,6\ \Omega\ \mathrm{cm}^2$ ohnehin eine Sättigung erfährt.

Zur weiteren Optimierung sind Maßnahmen zur Entkopplung von $R_{\mathrm{EIN,sp}}$ und U_{AB} denkbar. So ist es in der vorgestellte Zelltopologie möglich, $R_{\mathrm{EIN,sp}}$ über eine Skalierung des Flächenverhältnisses der SFETs isoliert zu reduzieren. Dabei wäre der p-Kanal in z-Richtung so lange zu strecken, bis $R_{\mathrm{EIN}}^{\mathrm{p}}$ und $R_{\mathrm{EIN}}^{\mathrm{n}}$ ein ähnliches Niveau annehmen. Um die aktive Fläche des inversen Thyristors konstant zu halten, müsste der n-Kanal im gleichen Maße in z-Richtung gestaucht werden. Auf Grundlage des analytischen Modells ist dadurch für pKanal C und $l_{\mathrm{K}}^{\mathrm{p}} = 1{,}25\,\mu\mathrm{m}$

---

24 Zur analytischen Berechnung wird der Anpassparameter $\lambda_{\mathcal{E}}^{\mathrm{p}}$ eingeführt. Dieser motiviert sich aus der Schirmung des p-Kanals und wird in Anh. C diskutiert. Die gezeigten Kurven dienen lediglich der Lesbarkeit. Eine Kalibrierung wird im Rahmen dieser Arbeit nicht angestrebt.

25 Nach dem Auslösen nimmt der inverse Thyristor die Zwischenkreisspannung vollständig als Sperrspannung auf. Diese muss also größer als U_{AB} sein bzw. innerhalb von U_{AUS} liegen, sodass kein signifikanter Stromfluss existiert.

mit einem Verhältnis der Kanalweiten zwischen nSFET und pSFET von 1:29 eine Reduzierung von $R_{\text{EIN,sp}}$ auf etwa 230 mΩ cm^2 zu erreichen.

DAS TEMPERATURVERHALTEN der quasi-statischen Eigenschaften des inversen Thyristors wird ebenfalls vom pSFET bzw. vom Schichtwiderstand (R_{SCH}) der pKanal-Gebiete dominiert (s. Abb. 5.9a). Abb. 5.21a zeigt die Transferkennlinie des pSFETs und Abb. 5.21b die Ausgangskennlinie des inversen Thyristors. Die Kurvenscharen verdeutlichen jeweils den Einfluss der Temperatur im Bereich von 25 °C bis 200 °C bzw. 100 °C. Obwohl der quantitative Verlauf der Kurven beider Bauelemente wegen der unterschiedlichen Längen ihrer p-Kanäle (l_{K}^{p}) nur bedingt miteinander vergleichbar sind, unterstreicht der qualitative Trend der Scharen jedoch klar die Dominanz des pSFETs.

Entscheidend ist hier die Temperaturabhängigkeit der Leitfähigkeit im p-Kanal (σ_{P}, Gl. 2.16b) aufgrund von unvollständiger Ionisierung und Phononenstreuung. Durch Lösen der Neutralitätsgleichung unter Verwendung der Parameter aus der Hall-Auswertung für pKanal A (s. Tab. 5.1), kann die Konzentration der nicht kompensierten Löcher im p-Kanal (p) für Raumtemperatur und 200 °C zu etwa $1,8 \times 10^{14}$ cm^{-3} und $9,7 \times 10^{15}$ cm^{-3} abgeschätzt werden.[26] Sie erhöht sich also um mehr als das 50-fache, während die Löcherbeweglichkeit (μ_{P}) auf etwa ein Fünftel fällt (s. Abschn. 2.6 *Ladungsträgertransport*).

Wie in Abb. 5.22 zu erkennen, sinkt $R_{\text{EIN,sp}}$ dementsprechend erwartungsgemäß um etwa eine Größenordnung. Abb. 5.22a zeigt gemessene Werte von $R_{\text{EIN,sp}}^{\text{p}}$ und der Stromdichte bei $U_{\text{GS}}^{\text{p}} = 0$ (J_{EIN}) des pSFETs im Temperaturbereich bis 200 °C. In Abb. 5.22b sind analog $R_{\text{EIN,sp}}$ und J_{Δ} des inversen Thyristors dargestellt. Die Kurvenscharen repräsentieren die pKanal-Varianten A, B und C. Beim pSFET ist ab 100 °C eine Sättigung zu beobachten, die einem absoluten Widerstand von 1,35 Ω entspricht. Da $R_{\text{EIN,sp}}^{\text{p}}$ anschließend nicht ansteigt, ist auszuschließen, dass μ_{P} aufgrund von Phononenstreuung den Widerstand dominiert. Stattdessen wird ein temperaturunabhängiger Serienwiderstand vermutet, der beim inversen Thyristor wegen der geringeren aktiven Fläche (A_{AKT}) nicht erreicht wird. Für pKanal C werden bei 200 °C bspw. 152 mΩ cm^2 und 21 A cm^{-2} erreicht.

---

[26] Dies entspricht einer Ionisierungsrate der Akzeptoren ($N_{\text{A}}^{-}/N_{\text{A}}$, s. Abschn. 2.3.2) von 24 % und 37 %. Laut Literatur sind bei 200 K und 500 K etwa 12 % und 62 % zu erwarten [208, 213]. Es sei erwähnt, dass dort weder Kompensation noch ein zweiter Akzeptorzustand berücksichtigt wird. Rechnerisch ergeben sich mit dem Modell aus der vorliegenden Arbeit für $N_{\text{A,K}} = 7,4 \times 10^{16}$ cm^{-3} mit den Parametern aus Tab. 5.1 und den übrigen Parametern aus den referenzierten Quellen etwa 17 % und 70 %.

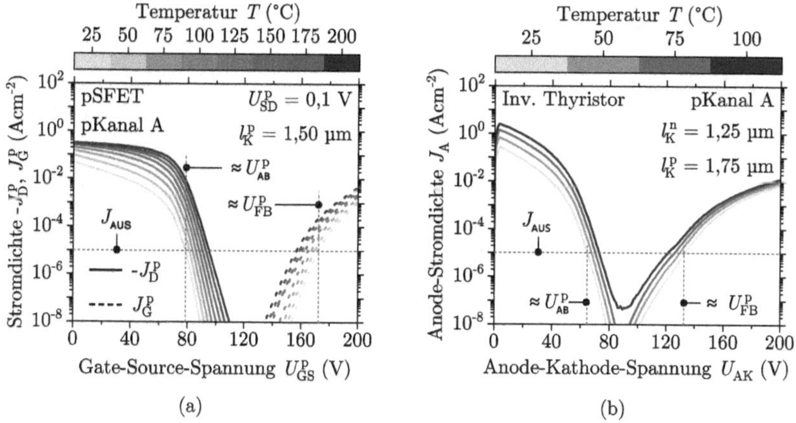

Abbildung 5.21 Gemessene Transferkennlinien des pSFETs (a) und Ausgangskennlinien des inversen Thyristors (b). Die Kurvenscharen verdeutlichen den Einfluss der Temperatur

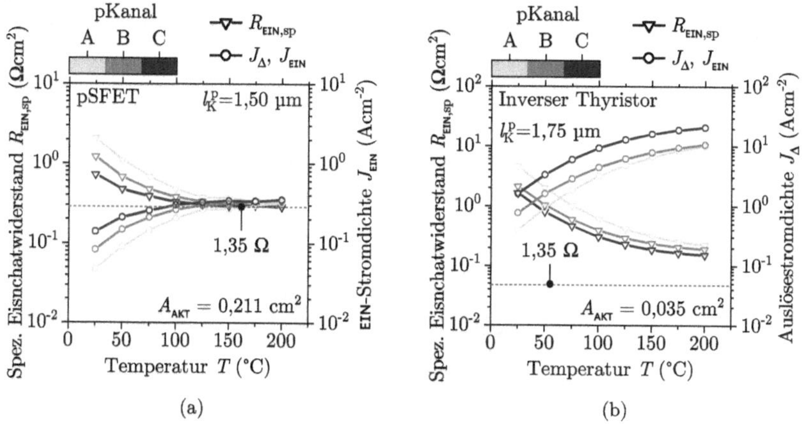

Abbildung 5.22 Gemessene Temperaturabhängigkeit des spezifischen Einschaltwiderstands ($R_{\text{EIN,sp}}$, Dreiecke) und des Auslösestroms bzw. der Stromdichte bei maximal aufgesteuertem p-Kanal (J_{Δ} bzw. J_{EIN}, Kreise) des pSFETs (a) und des inversen Thyristors (b) aus Abb. 5.21. Die Kurvenscharen repräsentieren die pKanal-Varianten A, B und C

5.3 Transiente elektrische Bauteileigenschaften

Dieser Abschnitt widmet sich der Demonstration der Reaktion des iTs auf bestimmte Überstromszenarien im Zeitbereich. Konkret wird sein Schaltverhalten in drei Experimenten validiert: bei einem Kurzschluss der Last, beim geklemmten und beim ungeklemmten induktiven Schalten (fortan stets mit UIS[27] und CIS[28] abgekürzt). Hierfür wurde gemeinsam mit der Tokyo Metropolitan University (TMU) ein entsprechender Messaufbau entwickelt, der alle drei Überstromszenarien herbeiführen kann. Teile dieser Entwicklungen und Untersuchungen wurden in eigenen Veröffentlichungen bereits publiziert [294, 302, 303, 346, 350, 351].

Für die nachfolgend beschriebenen Experimente werden die in Tab. 5.7 aufgeführten iT-Bauelemente verwendet. Im ersten Schritt werden die Chips vereinzelt und, wie in Abb. 5.23 gezeigt, auf strukturierten Kupfersubstraten montiert. Zur Kontaktierung der Anode (A), wird die Rückseite vollflächig auf eine isolierte Kup-

Tabelle 5.7 Übersicht der untersuchten iT-Bauelemente und ihrer charakteristischen Parameter: aktive Fläche (A_{AKT}), Auslösestrom (I_{Δ}), Abschnürspannung (U_{AB}) und Durchbruchspannung (U_{DB})

iT	A_{AKT}	I_{Δ}	U_{AB}	U_{DB}
iT_A	89,3mm²	1,75 A	≤ 400 V	≥ 800 V
iT_B	19,6mm²	0,53 A	≤ 400 V	≥ 600 V
iT_C	3,5mm²	0,33 A	≤ 400 V	≥ 600 V

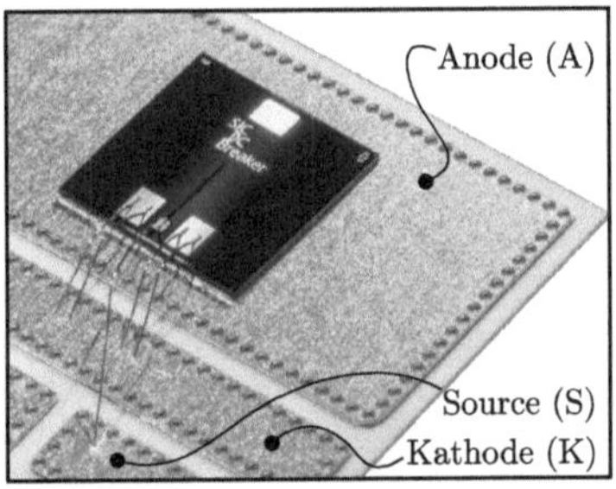

Abbildung 5.23 Foto eines auf Kupfer-beschichteten Keramiksubstrat aufgebauten inversen Thyristors. © Thomas Richter / Fraunhofer IISB

[27] engl.: unclamped inductive switching (UIS)

[28] Kohlenstoffmonoxid (CIS)

ferfläche gelötet. Anschließend werden die Elektroden von Source (S) und Kathode (K) mit 125 µm dicken Al-Bonddrähten ebenfalls mit dafür vorgesehenen Flächen verbunden. Aufgrund der zu erwartenden nominellen Stromstärke von maximal 2 A, werden für die Kathode, unter Berücksichtigung einer Sicherheitsmarge, 6 parallele Drähte gesetzt [352]. Wie in Abb. 5.23 zu erkennen ist, enden die Kupferflächen am rechten Rand des Kupfersubstrats, sodass es über einen Steckkartenverbinder komfortabel mit der Schaltung verbunden werden kann.

5.3.1 Messaufbau

Der komplette Messaufbau zur Untersuchung des transienten Verhaltens im Überstromfall umfasst eine Spannungsquelle zur Erzeugung von Versorgungsspannungen (U_0) bis 800 V, ein *Teledyne LeCroy HDO4000A* Oszilloskop, Stromzangen und Hochspannungs-Differenztastköpfe zur Messung von Strömen und Spannung und schließlich der Testschaltung zur Provokation der Überstromszenarien. Ein Foto der Testschaltung in Form einer bestückten Leiterplatte ist in Abb. 5.24a gezeigt. Hierbei handelt es sich um eine Platine aus faserverstärktem Kunststoff und drei innenliegenden Kupferlagen, wobei die hohen Potentiale in der unteren und die Bezugspotentiale in der oberen Lage liegen. Die mittlere Lage ist potentialfrei ausgeführt und dient der Schirmung gegen kapazitives Übersprechen von Signalen. Eine Übersicht der CAD[29]-Daten befindet sich in Anh. C. Das entsprechende Ersatzschaltbild ist in Abb. 5.24b gezeigt und die verwendeten Komponenten in Tab. C.2 aufgelistet.

Der Zwischenkreiskondensator (C_{ZK}) wird über die prägnanten Bohrungen mit der Platine verschraubt und dient der Stabilisierung von U_0 während des Experiments. Konform zu den Betrachtungen in Kap. 1 befindet sich der inverse Thyristor in einer Serienschaltung mit U_0 und einer ohmsch-induktiven Last (R_{Last} und L_{Last}). Die Last wird über ein aufgewickeltes Kupferkabel und einen Leistungswiderstand realisiert und über die Schraubkontakte H_1 und H_3 mit der Schaltung verbunden. Wie im weiteren Verlauf erläutert wird, ist der Pfad parallel zur Last im Normalbetrieb offen (bzw. äußerst hochohmig), sodass der Laststrom (i_{Last}) als Anode-Strom (i_A) durch den inversen Thyristor fließt. Der entsprechende Strompfad ist in Abb. 5.24a markiert und zeigt ab H_3 eine Aufspaltung des Stroms in $i_{A,1}$ und $i_{A,2}$. Diese Aufspaltung findet lediglich zur Untersuchung von zwei parallel geschalteten inversen Thyristoren statt. Befindet sich kein Bauelement im Steckverbinder, ist der entsprechende Pfad offen.

[29] computer aided design (CAD), dt.: rechnerunterstützter Entwurf

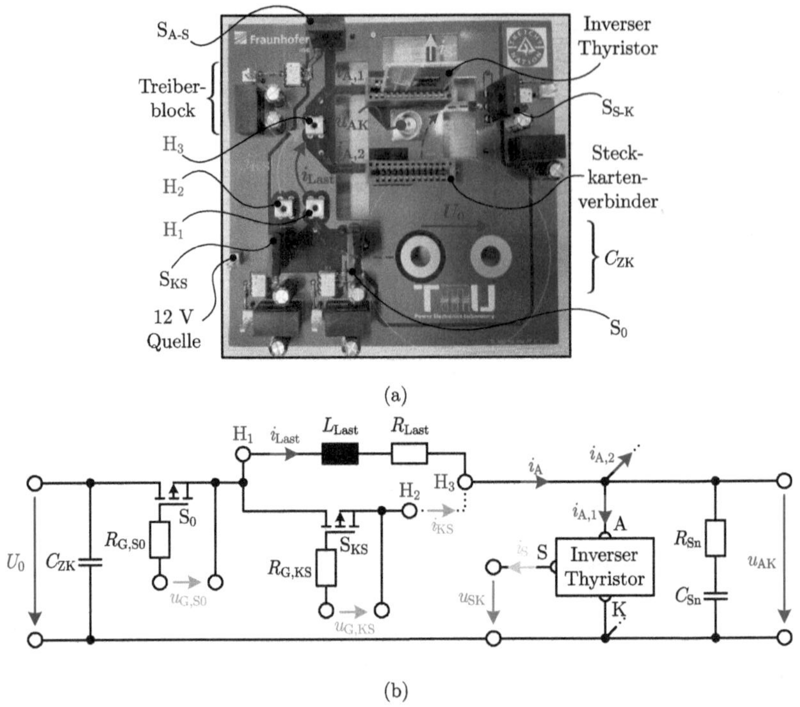

Abbildung 5.24 Foto der bestückten Leiterplatte (a) und Ersatzschaltbild (b) des Messaufbaus zur Bestimmung der transienten Bauteileigenschaften des inversen Thyristors. Die Last und eine Kabelbrücke werden mithilfe der Schraubkontakte (H_1 bis H_3) mit der Schaltung verbunden

Die Verbindung zwischen den Schraubkontakten H_2 und H_3 wird über eine wenige cm lange Kabelbrücke realisiert und für die Untersuchungen zum UIS entfernt (s. Abschn. 5.3.3). Der Schalter parallel zur Last (S_{KS}) ist im Normalbetrieb offen (bzw. im AUS-Zustand) und wird lediglich eingeschaltet, um einen Kurzschluss der Last zu simulieren (s. Abschn. 5.3.4). Seine Inversdiode[30] dient beim CIS als Freilaufdiode (s. Abschn. 5.3.2).

Überdies befindet sich parallel zum inversen Thyristor ein RC-Glied zur Dämpfung unerwünschter Schwingungen, die als Resultat steiler Schaltflanken entstehen [353, 354]. Es handelt sich um einen sogenannten RC-Snubber. Die Parameter des

[30] engl.: body diode

Snubber-Widerstands (R_{Sn}) und des Snubber-Kondensators (C_{Sn}) sind mit 4,7 Ω und 220 pF so gewählt, dass eine möglichst effektive Dämpfung im Bereich sehr hoher Frequenzen[31] erreicht wird, ohne signifikanten Einfluss auf das Schaltverhalten zu nehmen [351, 353, 355]. Um die Anschlussinduktivität des Snubbers zu minimieren und den Dämpfungsgrad somit zu maximieren, ist der Snubber auf der Rückseite der Platine, direkt unterhalb des inversen Thyristors angebracht.

Zur Ansteuerung der Gates wird jeder Schalter mit demselben Treiberblock versehen (s. Abb. 5.24a). Das Ersatzschaltbild dieser Treiberschaltung ist in Abb. 5.25 dargestellt. Die Signalspannung ($u_{\mathrm{SIG},x}$, wobei x den jeweiligen Schalter referenziert und bspw. für S0 steht) wird mithilfe eines *Arduino Uno Rev3* Mikrocontrollers generiert[32] und optisch in den Gate-Treiber (GT) gekoppelt. Bei einem Spannungspuls von $u_{\mathrm{SIG},x}$ wird die Ausgangsspannung des isolierten Gleichspannungswandlers (DC/DC) als Gate-Spannung ($u_{\mathrm{G},x}$) an das Gate des Schalters angelegt. Der DC/DC wird von einer externen *Texio PW18-3AD* Spannungsquelle mit 12 V versorgt (U_{12}, s. Abb. 5.24b *12 V Quelle*) und stellt zwischen seinen Ausgängen eine konstante Spannung mit isoliertem Bezugspotential bereit. Seine Ein- und Ausgangsspannungen werden durch die Kondensatoren C_{E} und C_{A} stabilisiert. Der Wert des Gate-Treiber-Vorwiderstands (R_{GT}) orientiert sich an $u_{\mathrm{SIG},x}$ und beträgt 10 Ω. Die Steilheit des Gate-Signals ($u_{\mathrm{G},x}$) wird mithilfe der Gate-Widerstände ($R_{\mathrm{G},x}$, Abb. 5.24b) eingestellt.

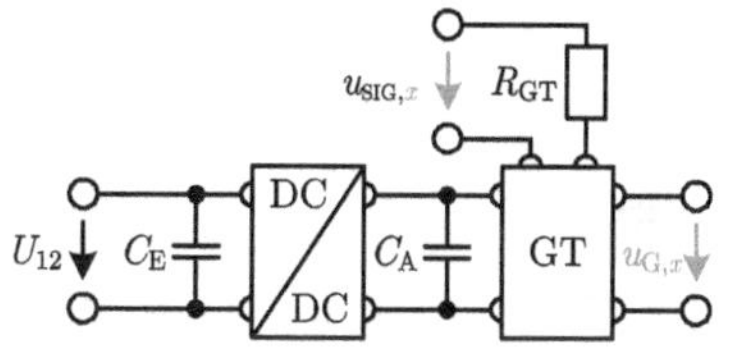

Abbildung 5.25 Ersatzschaltbild der Treiberschaltung (s. Abb. 5.24b *Treiberblock*). Der Index x bezieht sich auf den jeweiligen Schalter und steht bspw. für S0

Zu Beginn der Messsequenz wird U_0 durch das Einschalten des halbleiterbasierten Lastschalters (S_0) an die Last angelegt. Aufgrund des induktiven Anteils der Last, steigt i_{Last} gemäß

---

[31] engl.: very high frequencies (VHF), 30 MHz bis 300 MHz

[32] Sämtlicher Code zur Generierung der Gate-Signale ist in Anh. C zu finden.

$$i_{\text{Last}}(t) = \frac{U_0}{R_{\text{Last}}} \cdot \left[1 - \exp\left(-\frac{t \cdot R_{\text{Last}}}{L_{\text{Last}}}\right)\right] \tag{5.15}$$

zunächst annähernd linear über die Zeit (t) an [64].[33] Durch die Auslegung von R_{Last} zu 183 Ω, wird i_{Last} bei $U_0 = 800\,\text{V}$ auf etwa 4,4 A limitiert, sobald der Term in eckigen Klammern zu 1 wird. Dieser Wert ist mehr als doppelt so hoch wie der maximal zu erwartende Auslösestrom und daher lediglich Teil einer Rückfallebene, falls der inverse Thyristor den Überstrom nicht sicher abschaltet. Darüber hinaus wird S_0, unabhängig vom Verlauf des Experiments, nach 300 µs wieder abgeschaltet.

5.3.2 Geklemmtes induktives Schalten

Das geklemmte induktive Schalten (CIS) dient der Charakterisierung der spannungsgesteuerten Schaltflanke eines Schalters. Hierfür nimmt der Schalter die Zwischenkreisspannung (U_0) unmittelbar nach seinem Abschalten als Sperrspannung auf [356]. Dafür ist es notwendig, dass i_{Last} nach dem Schaltvorgang vom Schalter auf einen Freilaufpfad kommutieren kann.

Abb. 5.26a zeigt das Ersatzschaltbild des Messaufbaus für die CIS-Experimente. Es ergibt sich aus einer Reduktion des Ersatzschaltbildes in Abb. 5.24b auf die für CIS relevanten Komponenten (L_A und C_{AK} sind parasitär und werden später

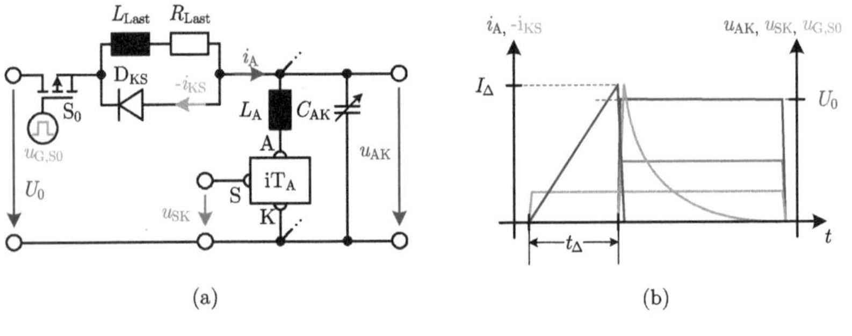

Abbildung 5.26 Reduziertes Ersatzschaltbild (a) und typischer Signalverlauf (b) für geklemmtes induktives Schalten (CIS). Bei L_A und C_{AK} handelt es sich um parasitäre Komponenten

[33] Gl. 5.15 ist nur unter der Annahme gültig, dass die Widerstandsanteile von S_0, dem inversen Thyristor und den Leitungen gegenüber R_{Last} vernachlässigbar sind. Dies ist nur im EIN-Zustand des inversen Thyristors gegeben.

erläutert). Der Kurzschluss zwischen H_2 und H_3 ist etabliert. S_{KS} befindet sich permanent im AUS-Zustand und wird durch seine Inversdiode (D_{KS}) repräsentiert.

Eine schematische Übersicht der typischen Signalverläufe ist in Abb. 5.26b gezeigt. Das Einschalten von S_0 über seine Gate-Spannung ($u_{G,S0}$) markiert den Beginn der Testsequenz. Folglich steigt i_{Last} annähernd linear über t an und fließt als i_A durch den inversen Thyristor. Schließlich erreicht i_A in Abhängigkeit der gewählten Lastinduktivität (L_{Last}) gemäß

$$t_\Delta = I_\Delta \cdot \frac{L_{Last}}{U_0} \tag{5.16}$$

nach einer gewissen Zeit (t_Δ) den Auslösestromwert (I_Δ) und der inverse Thyristor geht in den AUS-Zustand über [64]. Als Resultat kommutiert i_{Last} auf den Freilaufpfad, fließt als $-i_{KS}$ durch D_{KS} und wird irgendwann zu null. Zeitgleich wird die Anode-Kathode-Spannung (u_{AK}) auf U_0 geklemmt. Die bezugsfreie Source-Kathode-Spannung (u_{SK}) nimmt basierend auf dem Entwurf der SFETs einen deutlich niedrigeren Wert an. Insofern U_0 innerhalb des AUS-Spannungsfensters (U_{AUS}) des untersuchten iTs liegt, bleibt er bis zum Ausschalten von S_0 spannungsgesteuert im selbsthaltenden AUS-Zustand.

DIE ERGEBNISSE aus den CIS-Experimenten sind in Abb. 5.27 aufbereitet. In Abb. 5.27a sind die Signalverläufe von i_A, u_{AK} und u_{SK} von iT_A dargestellt (s. Tab. 5.7). Die Kurvenscharen zeigen den Einfluss von U_0 im Bereich von 400 V bis 800 V. In allen Versuchen erreicht i_A zum Zeitpunkt $t = 0$ den Auslösestromwert von $I_\Delta \approx 1{,}75$ A. Nach weniger als 1 µs hat der inverse Thyristor den Stromfluss unterbrochen und ist in den selbsthaltenden Sperrzustand übergegangen.

Die entsprechenden Trajektorien für $U_0 = 600$ V sind in Abb. 5.27b gezeigt. Der Umladevorgang dauert hier etwa 600 ns und der erste Nulldurchgang von i_A ist etwa 640 ns nach dem Erreichen von I_Δ zu verzeichnen. Die Datenpunkte bei $t = 2$ µs markieren den stationären Zustand, den der inverse Thyristor einnimmt, solange er U_0 sperrt. Überdies ist zu erkennen, dass u_{SK} nach dem Kommutieren von i_A um etwa 7 V fällt. Dies gibt Rückschluss darauf, dass ein Teil von i_A bis zum Abschluss des Umladevorgangs weiterhin durch den inversen Thyristor fließt und für einen Spannungsabfall über den pSFET sorgt.

DIE VORHERRSCHENDEN GEGEBENHEITEN während des Transfers vom EIN- in den AUS-Zustand sind jedoch nicht trivial. Da D_{KS} weiterhin in Sperrrichtung gepolt ist, bis der Anode-Knoten vollständig auf U_0 umgeladen ist, kann i_A nicht unmittelbar auf den Freilaufpfad kommutieren. Wie aus den Betrachtungen in Abschn. 5.2.2 her-

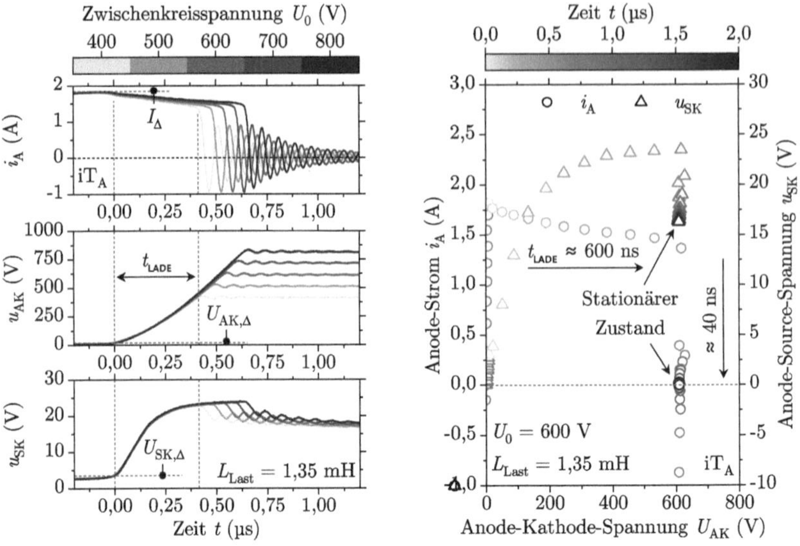

(a) (b)

Abbildung 5.27 Messergebnisse zum geklemmten induktiven Schalten (CIS) mit $\mathrm{iT_A}$ (s. Tab. 5.7). In (a) sind die Signalverläufe des Anode-Stroms (i_A), der Anode-Kathode-Spannung (u_{AK}) und der Source-Kathode-Spannung (u_{SK}) über die Zeit (t) dargestellt. Die Kurvenschar repräsentiert eine Variation der Zwischenkreisspannungen (U_0) im Bereich von 400 V bis 800 V. Die charakteristischen Auslösekennwerte (I_Δ, $U_{\text{AK},1}$ und $U_{\text{SK},1}$) sind markiert. In (b) sind die entsprechenden Trajektorien von i_A und u_{SK} über u_{AK} für $U_0 = 600$ V gezeigt

vorgeht, existiert im U_{AK}-Spannungsfenster zwischen dem Auslösen und dem Lawinendurchbruch ($U_{\text{AK},}\,\Delta$ bis U_{LAW}) allerdings kein Punkt auf der quasi-statischen Kennlinie, der einen Stromwert auf dem Niveau von I_Δ zulässt. Das für den Zeitraum t_{LADE} anhaltende Stromniveau kann also einem Umladevorgang der parasitären Kapazität zwischen Anode und Kathode (C_{AK}) zugeordnet werden, die sich aus der Ausgangskapazität des iTs, dem Snubber-Kondensator (C_{Sn}) und parasitären Kapazitäten des Aufbaus zusammensetzt (s. Abb. 5.26a).

Wie anhand der Kurvenscharen zu erkennen ist, steigt t_{LADE} mit U_0 und folgt daher grundsätzlich dem folgenden Zusammenhang [64]:

$$t_{\text{LADE}} \approx C_{AK} \cdot \frac{U_0}{I_\Delta} \tag{5.17}$$

Durch Umstellen von Gl. 5.17 kann C_{AK} im Mittel auf ungefähr 1,6 nF abgeschätzt werden.[34] Eine genauere Abschätzung gelingt durch eine zeitabhängige Analyse gemäß Gl.5.18 [357].

$$C_{AK}(t) = c_{AK} = i_A \cdot \left(\frac{du_{AK}}{dt}\right)^{-1} \tag{5.18}$$

Wie in Abb.5.27a zu erkennen ist, steigt $\frac{du_{AK}}{dt}$ mit der Zeit konstant an und kann für $t = 0$ zu 0, 5 kV μs^{-1} bestimmt werden. Bei t_{LADE} sind es etwa 1, 7 kV μs^{-1}. Die resultierenden Verläufe sind in Abb. 5.28 für U_0 gleich 400 V, 600 V und 800 V dargestellt.

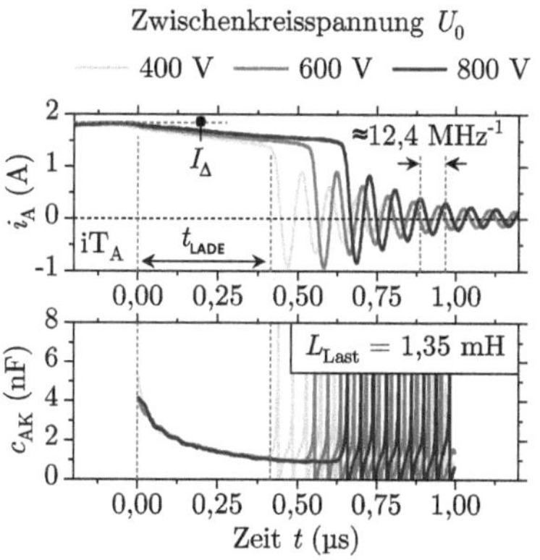

Abbildung 5.28 Experimentelle Ergebnisse zur Abschätzung der Kapazität zwischen Anode und Kathode (C_{AK}). Zur Ermittlung von c_{AK} wird Gl. 5.18 verwendet. Der Ladeperiode (t_{LADE}) ist beispielhaft für U_0 gleich 400 V markiert

Es wird deutlich, dass die Kurven von c_{AK} im Zeitraum von t_{LADE} zwar in allen Versuchen identisch sind, sein Wert jedoch nicht konstant ist. Hier überlagern sich im Wesentlichen zwei Phänomene. Zunächst lässt sich erneut schlussfolgern, dass ein Teil von i_A weiterhin durch den inversen Thyristor fließt. Auf Grundlage seiner

[34] Gl. 5.17 stellt die Situation stark vereinfacht dar. So wird mit I_Δ bspw. ein konstanter Ladestrom und mit t_{LADE} und U_0 eine konstante Änderung der Spannung über die Zeit angenommen. Zudem wird ein Stromfluss durch die Kanäle der SFETs vernachlässigt. Dies ist offensichtlich nicht der Fall. Zur Einordnung der Vorgänge soll diese Betrachtung jedoch genügen.

quasi-statischen Kennlinie muss dieser Teil kontinuierlich sinken, während u_{AK} ansteigt (s. Abschn. 5.2.2). Unter der Annahme, dass c_{AK} konstant ist, müsste $\frac{\mathrm{d}u_{\mathrm{AK}}}{\mathrm{d}t}$ als Konsequenz zunehmen. Dies ist konsistent mit den Beobachtungen in Abb. 5.27a. Allerdings breitet sich im Driftgebiet des inversen Thyristors (nEpi 1) eine RLZ mit der Weite w_{RLZ} aus, während u_{AK} zunimmt, was gemäß

$$c_{\mathrm{AK}} = \epsilon_{\mathrm{SiC}} \cdot \frac{A_{\mathrm{AKT}}}{w_{\mathrm{RLZ}}} = \epsilon_{\mathrm{SiC}} \cdot A_{\mathrm{AKT}} \cdot \left(\frac{2\epsilon_{\mathrm{SiC}}}{e \cdot N_{\mathrm{D,nEpi1}}} (u_{\mathrm{AK}} - \Psi_{\mathrm{b}}) \right)^{-\frac{1}{2}} \tag{5.19}$$

zu einer Verringerung von c_{AK} führt [237].[35] Zur Differenzierung beider Phänomene könnten quasi-statische I_{A}-U_{AK}- und C_{AK}-U_{AK}-Kennlinien mit den Schaltkurven korreliert werden. Da es aufgrund der Messmittellimitierung im Rahmen dieser Arbeit nicht möglich war die quasi-statische Kennlinie von $\mathrm{iT_A}$ vollständig aufzunehmen (s. Abb. 5.10), kann jedoch keine abschließende Aussage getroffen werden.

Die maximale Stromänderung pro Zeiteinheit ($\frac{\mathrm{d}i_{\mathrm{A}}}{\mathrm{d}t}$) im Moment der Kommutierung von i_{A} kann zu etwa $-85\ \mathrm{A\,\mu s^{-1}}$ bestimmt werden. Damit bleibt der inverse Thyristor in der verwendeten Messumgebung etwa eine Größenordnung hinter dem Stand der Technik zurück [355, 358]. Der Grund dafür findet sich in der parasitären Induktivität der Zuleitungen am Anode-Knoten (L_{A}, s. Abb. 5.26a), die $\frac{\mathrm{d}i_{\mathrm{A}}}{\mathrm{d}t}$ gemäß

$$\frac{\mathrm{d}i_{\mathrm{A}}}{\mathrm{d}t} \approx \frac{u_{\mathrm{AK}}}{L_{\mathrm{A}}} \tag{5.20}$$

limitiert. L_{A} kann anhand der gemessenen Resonanzfrequenz (f_0) des LC-Schwingkreises von etwa 12,4 MHz (s. Abb. 5.28) gemäß

$$L_{\mathrm{A}} \approx \frac{1}{C_{\mathrm{AK}}\,(2\pi \cdot f_0)^2} \tag{5.21}$$

auf ungefähr 174 nH abgeschätzt werden [359]. C_{AK} wird hierfür bei t_{LADE} zu etwa 1 nF abgelesen. Im Vergleich mit optimierten Schaltzellen ist der Wert von L_{A} außerordentlich hoch und dem eher pragmatischen Aufbau zuzuschreiben [351, 355]. Insbesondere die Stegen zur Strommessung und die Verbindungstechnik über den Steckkartenverbinder fallen hier ins Gewicht.

---

[35] Zur Vereinfachung wird hier ein einseitig abrupter pn-Übergang angenommen und die Ausbreitung der RLZ in die pWanne und den p-Kanal vernachlässigt.

ZUR SKALIERUNG von R_{EIN} bzw. der Stromtragfähigkeit ist es in der Praxis üblich, mehrere Schalter parallel zu schalten [353]. Dadurch erhöht sich die effektive aktive Fläche auf die Summe der aktiven Flächen der individuellen Bauelemente. Abb. 5.29 stellt CIS-Ergebnisse bei $U_0 = 600\,\text{V}$ mit zwei parallelgeschalteten inversen Thyristoren dar. Gezeigt sind die Signalverläufe von i_A und u_{AK} für iT_A (gestrichelt) und iT_B (Strich-Punkt) in individuellen CIS-Versuchen (s. Tab. 5.7). Die durchgezogenen Linien zeigen das Ergebnis der Parallelisierung. Wie zu erkennen ist, lösen die individuellen inversen Transistoren erwartungsgemäß (s. Tab. 5.7) bei etwa 1,75 A und 533 mA aus und bringen i_A sicher zu null, während sie U_0 als Sperrspannung aufnehmen. Entscheidend ist jedoch die Erkenntnis, dass beide iTs ihren Auslösestromwert simultan erreichen und sich der effektive Auslösestrom durch die Parallelschaltung zur Summe der individuellen Auslöseströme von etwa 2,3 A addiert.

ALS ZWISCHENFAZIT ist festzuhalten, dass sich das CIS-Schaltverhalten des inversen Thyristors im Wesentlichen nicht von dem konventioneller Halbleiterschalter

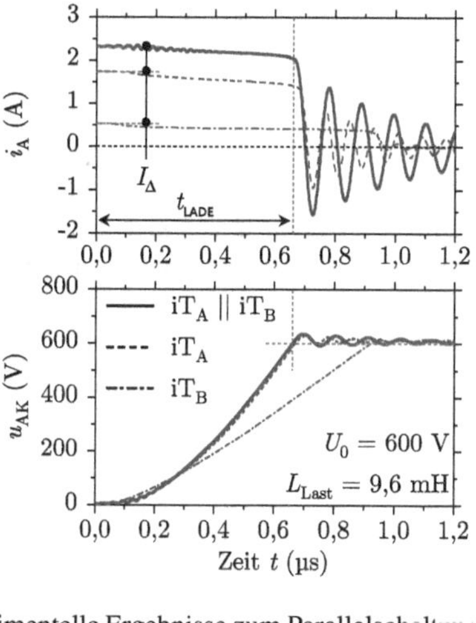

Abbildung 5.29 Experimentelle Ergebnisse zum Parallelschalten zweier inverser Thyristoren beim geklemmten induktiven Schalten (CIS). Gezeigt sind die Signalverläufe des Anode-Stroms (i_A) und der Anode-Kathode-Spannung (u_{AK}) von iT_A und iT_B über die Zeit (t) bei einer Zwischenkreisspannung (U_0) von 600 V und einer Lastinduktivität (L_{Last}) von 9,6 mH. Die gestrichelten und Strich-Punkt-Linien repräsentieren die Kurven der individuellen Bauelemente. Die durchgezogenen Linien zeigen das Ergebnis der Parallelisierung

unterscheidet. Darüber hinaus liegen die erreichten Abschaltzeiten von unter 1 µs, trotz deutlich unterlegener Schalttransienten im Spitzenfeld vergleichbarer Ansätze im Stand der Technik (s. Abschn. 1.2.2). Dies ist maßgeblich der entbehrlichen Sensor- und Auswerteelektronik und der daraus resultierenden Vermeidung einer Signalverzögerung zu verdanken. Die geringen Schalttransienten sind mutmaßlich dem Entwurf der Schaltzelle zuzuordnen und werden nicht vom iT selbst limitiert. Beim Einsatz des iTs in optimierten Schaltzellen sind daher höhere Transienten und folglich eine noch kürzere Abschaltzeit zu erwarten.

5.3.3 Ungeklemmtes induktives Schalten

In der Praxis ist es eher unüblich, dass sich direkt am Schaltknoten ein Freilaufpfad für den Laststrom befindet [360]. Zudem treiben Induktivitäten im Strompfad den Storm so lange weiter, bis die in ihnen gespeicherte Energie anderweitig umgesetzt ist. Daher muss gewährleistet sein, dass der Laststrom vorübergehend auch im AUS-Zustand des Schalters fließen kann. Bei halbleiterbasierten Schaltern geschieht dies üblicherweise im Lawinendurchbruch [361–365]. Diese Fähigkeit wird mithilfe des ungeklemmten induktiven Schaltens (UIS) verifiziert.

Analog zu CIS ist in Abb. 5.30a das Ersatzschaltbild der UIS-Experimente aufgezeigt. Die Brücke zwischen H_2 und H_3 wird entfernt, wodurch der Pfad parallel zur Last nicht existent ist. Der inverse Thyristor führt i_{Last} also zu jedem Zeitpunkt als i_A. Die typischen Signalverläufe im Fall von UIS sind in Abb. 5.30b illustriert. Das Einschalten von S_0 mithilfe von $u_{G,S0}$ markiert auch hier den Beginn der Testsequenz, wodurch i_{Last} über t ansteigt und I_Δ bei t_Δ erreicht wird.

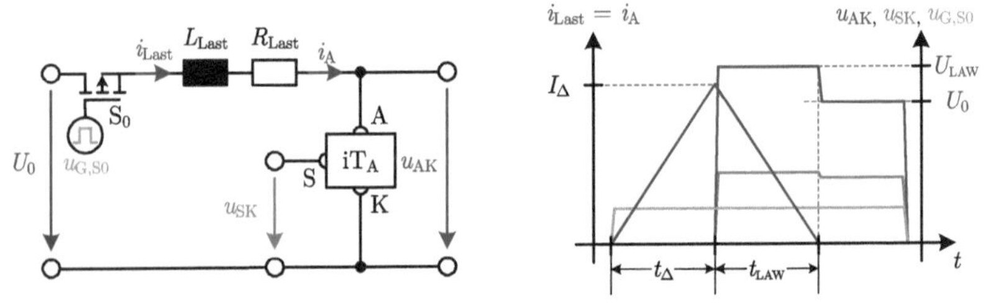

Abbildung 5.30 Vereinfachtes Ersatzschaltbild (a) und typischer Signalverlauf (b) für ungeklemmtes induktives Schalten (UIS)

Nach dem Auslösen des inversen Thyristors kann i_{Last} nicht weiter ansteigen. Folglich wird die Spannung über der Last (u_{Last}) gemäß

$$u_{\text{Last}} = L_{\text{Last}} \cdot \frac{\mathrm{d}i_{\text{Last}}}{\mathrm{d}t} \tag{5.22}$$

also zunächst zu null und, während i_{Last} sinkt, sogar negativ [357]. Als Resultat muss der inverse Thyristor die Differenz von U_0 und u_{Last} als u_{AK} aufnehmen und wird zugleich stromgesteuert in einen Arbeitspunkt gezwungen, der es ihm ermöglicht i_{Last} zu führen. Dieser Arbeitspunkt findet sich im Lawinendurchbruch (s. Abschn. 5.2.2). Wie in Abb. 5.30b dargestellt, nimmt u_{AK} unmittelbar nach dem Auslösen einen entsprechenden Spannungswert (U_{LAW}) an und hält diesen bis i_{A} schließlich zu null wird. Anschließend gelten dieselben Bedingungen wie bei CIS und der inverse Thyristor verbleibt spannungsgesteuert im selbsthaltenden AUS-Zustand. Unter der Annahme, dass alle quasi-statischen Arbeitspunkte im Lawinendurchbruch für Ströme von ungefähr null bis I_Δ bei U_{LAW} liegen, kann die Dauer des Lawinendurchbruchs (t_{LAW}) folgendermaßen abgeschätzt werden:

$$t_{\text{LAW}} \approx L_{\text{Last}} \cdot \frac{I_\Delta}{\left|U_0 - U_{\text{LAW}}\right|} \tag{5.23}$$

Ausschlaggebend ist also auch die Differenz aus U_0 und U_{LAW}.

DIE ERGEBNISSE der UIS-Experimente mit iT$_{\text{A}}$ sind in Abb. 5.31 aufbereitet (s. iT_{A} in Tab. 5.7). In Abb. 5.31a sind die Signalverläufe von i_{A}, u_{AK} und u_{SK} dargestellt. Die Kurvenscharen zeigen den Einfluss von U_0 im Bereich von 600 V bis 800 V. Der Einfluss der Lastinduktivität (L_{Last}) wird mithilfe von gestrichelten und durchgezogenen Linien für 1,35 mH und 9,6 mH verdeutlicht. In allen Versuchen erreicht i_{A} zum Zeitpunkt $t = 0$ den Auslösestromwert von $I_\Delta \approx 1{,}75$ A. Wie erwartet führt der inverse Thyristor i_{Last} auch nach dem Auslösen weiter und wird unmittelbar stromgesteuert in den Lawinendurchbruch bei $U_{\text{LAW}} \approx 1$ kV gezwungen. Dieses Verhalten wird in Abb. 5.31b anhand der i_{A}-Trajektorie für $U_0 = 600$ V nochmals hervorgehoben. Ebenso entspricht die mit U_0 und L_{Last} ansteigende Dauer des Lawinendurchbruchs (t_{LAW}, s. Gl. 5.23) den Erwartungen, da sich gemäß

$$E_{\text{Last}} \approx \frac{L_{\text{Last}} \cdot {I_\Delta}^2}{2} \cdot \frac{U_{\text{LAW}}}{\left|U_0 - U_{\text{LAW}}\right|} \tag{5.24}$$

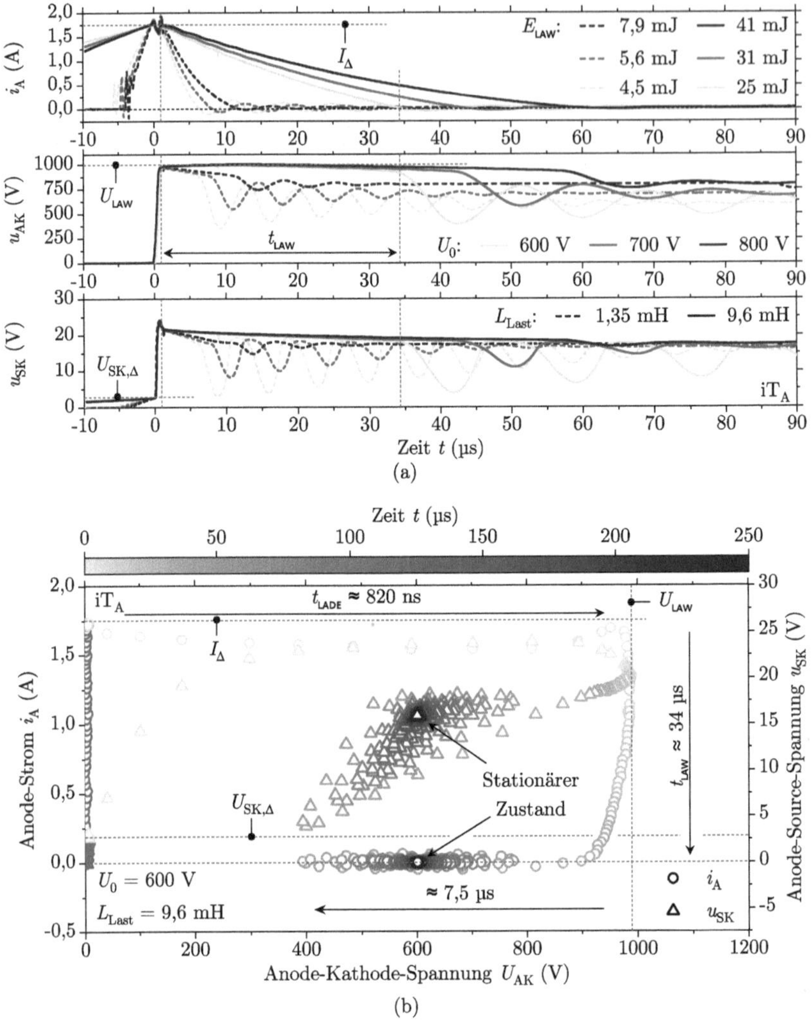

Abbildung 5.31 Messergebnisse zum ungeklemmten induktiven Schalten (UIS) mit iT_A. In (a) sind die Signalverläufe des Anode-Stroms (i_A), der Anode-Kathode-Spannung (u_{AK}) und der Source-Kathode-Spannung (u_{SK}) über die Zeit (t) für Lastinduktivitäten (L_{Last}) von 1,35 mH (gestrichelte Linien) und 9,6 mH (durchgezogene Linien) dargestellt. Die Kurvenschar repräsentiert eine Variation der Zwischenkreisspannungen (U_0) im Bereich von 600 V bis 800 V. Die charakteristischen Auslösekennwerte (I_Δ und $U_{SK,1}$) sind für $U_0 = 600$ V und $L_{Last} = 9{,}6$ mH markiert. In (b) sind die entsprechenden Trajektorien von i_A und u_{SK} über u_{AK} gezeigt

mehr Energie (E_{Last}) in der Last befindet, die der iT absorbieren muss [366]. Zur Ermittlung der im Lawinendurchbruch real umgesetzten Energie (E_{LAW}) wird die im iT erzeugte Verlustleistung über t_{LAW} integriert [363, 367]

$$E_{\text{LAW}} = \int_0^{t_{\text{LAW}}} u_{\text{AK}} \cdot i_{\text{A}} \mathrm{d}t \tag{5.25}$$

Die entsprechenden Ergebnisse sind in Abb. 5.31 angegeben und liegen für 1,35 mH im Bereich von 4,5 mJ bis 7,9 mJ. Für 9,6 mH sind es 25 mJ bis 41 mJ.

Sobald i_{A} seinen ersten Nulldurchgang verzeichnet, sinkt u_{AK} auf U_0 ab und der inverse Thyristor geht spannungsgesteuert in den selbsthaltenden AUS-Zustand über. Wie anhand der Trajektorien in Abb. 5.31b zu erkennen ist, führt der abrupte Übergang vom stromgesteuerten in den spannungsgesteuerten Betrieb zu ausgeprägten Schwingungen. Im Gegensatz zu den Beobachtungen bei CIS oszillieren hier die Spannungssignale, wobei die Amplitude des initialen Überschwingers mit der Differenz aus U_{LAW} und U_0 steigt. Da der Betrieb des inversen Thyristors im AUS-Zustand spannungsgesteuert zu verstehen ist, wird sein Arbeitspunkt u. a. durch u_{SK} bestimmt. Folglich kommt es beim Unterschreiten von $U_{\text{SK},\,\Delta}$ zum parasitären Einschalten bzw. Rücksetzen des inversen Thyristors.

Abb. 5.32 zeigt die Ergebnisse eines UIS-Experiments mit iT_{A} für $U_0 = 400\,\text{V}$ aber sonst identischen Bedingungen wie in Abb. 5.31. Grundsätzlich ist dasselbe Verhalten zu beobachten wie zuvor: Bei $t = 0$ erreicht i_{Last} den Auslösestromwert von 1,75 A und der inverse Thyristor leitet den Strom bis zum ersten Nulldurchgang im Lawinendurchbruch. Allerdings unterschreitet u_{SK} im Anschluss kurzzeitig die Haltespannung von etwa 2,8 V und der inverse Thyristor transferiert zurück in den EIN-Zustand. Zu diesem Zeitpunkt sind sowohl i_{A} als auch u_{AK} in etwa 0. Folglich fällt U_0 wieder vollständig über der Last ab und i_{Last} steigt mit der Zeit an, bis I_Δ erreicht ist. Dieser Zyklus setzt sich fort, bis der Lastschalter (S_0) abgeschaltet wird.

ALS ZWISCHENFAZIT ist festzuhalten, dass sich das Schaltverhalten des inversen Thyristors auch im Fall von UIS nicht wesentlich von konventionellen Halbleiterschaltern unterscheidet. Die Fähigkeit, den Laststrom im Lawinendurchbruch sicher zu null zu bringen, stellt dabei eine Schlüsselvoraussetzung dar. Die ermittelten UIS-Schaltenergien (E_{LAW}) im unteren zweistelligen mJ cm^{-2}-Bereich (bei $A_{\text{AKT}} = 0,893\text{cm}^{-2}$ sind vergleichbar mit Berichten aus der Literatur[36] [367, 368]. Hinsichtlich des AUS-Spannungsfensters unterscheidet sich der inverse Thyristor jedoch grundlegend von konventionellen Überstromschutzschaltern, welche

[36] Pushpakaran *et al.* erreichten mit SiC SFETs sogar bis zu 17 J cm^{-2} [90, 106].

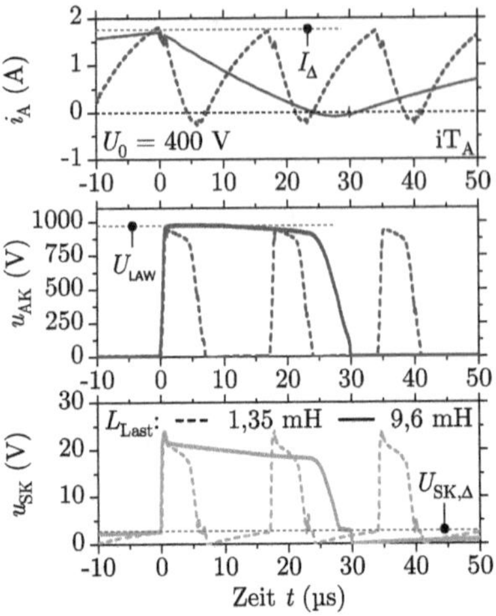

Abbildung 5.32 Experimentelle Ergebnisse zum parasitären Rücksetzen des inversen Thyristors beim ungeklemmten induktiven Schalten (UIS). Gezeigt sind die Signalverläufe des Anode-Stroms (i_A), der Anode-Kathode-Spannung (u_{AK}) und der Source-Kathode-Spannung (u_{SK}) von iT$_A$ über die Zeit (t) bei einer Zwischenkreisspannung (U_0) von 400 V und für Lastinduktivitäten (L_{Last}) von 1,35 mH (gestrichelte Linien) und 9,6 mH (durchgezogene Linien)

typischerweise in der Lage sind, jegliche Spannung unterhalb ihrer spezifizierten Durchbruchspannung zu sperren. Darüber hinaus tritt das erläuterte Phänomen des parasitären Rücksetzens auf diese Weise womöglich nur beim inversen Thyristor in seinem derzeitigen Entwicklungsstand auf. So ist es vorstellbar, dass mit Bauelemententwürfen, bei denen der Durchbruch durch thermionische Emission und Raumladungseffekt bestimmt wird, ein weicheres Schaltverhalten erzielt werden kann.

5.3.4 Kurzschlussversuch

Im Folgenden wird die Reaktion des inversen Thyristors auf einen Kurzschluss der Last bei angelegter Zwischenkreisspannung untersucht. Analog zu den bereits vorgestellten Experimenten ist in Abb. 5.33a das Ersatzschaltbild der Kurzschlussexperimente aufgezeigt. Hierbei wird i_{Last} zunächst auf einen nominellen Wert (I_0) unterhalb von I_Δ gefahren. Da U_0 weiterhin an der Last anliegt, steigt i_{Last} theoretisch weiter an. Die betrachteten Zeiträume sind allerdings derart kurz, dass der Strom praktisch als konstant angenommen werden kann ($i_{\text{Last}} \approx I_0$). Im Anschluss wird der Kurzschlussschalter (S_{KS}) schlagartig eingeschaltet, um einen Kurzschluss der Last zu simulieren. Wie mithilfe der typischen Signalläufe in Abb. 5.33b illustriert wird, steigt der Kurzschlussstrom (i_{KS}) dadurch unmittelbar stark an, da seine Änderung über die Zeit praktisch nur durch die Anschlussinduktivität an der Anode des inversen Thyristors (L_{A}) limitiert wird. Folglich fließt die Summe aus i_{Last} und i_{KS} als i_{A} durch den iT. Da C_{AK} den Umladevorgang von u_{AK} zeitlich limitiert, wird die Auslösespannung ($U_{\text{AK},\Delta}$) erst nach einer gewissen Reaktionszeit (t_{REAK}) erreicht. Während dieses Zeitraums erreicht i_{A} seinen Maximalwert ($\hat{I}_{\text{A}}$) der ggf. sogar I_Δ überschreitet. Nachdem der inverse Thyristor ausgelöst hat, gelten ähnliche Bedingungen wie beim geklemmten induktiven Schalten (CIS) und er geht spannungsgesteuert in den selbsthaltenden AUS-Zustand über. Dementsprechend kommutiert i_{Last} auf den von S_{KS} generierten Freilaufpfad und fließt fortan als $-i_{\text{KS}}$.

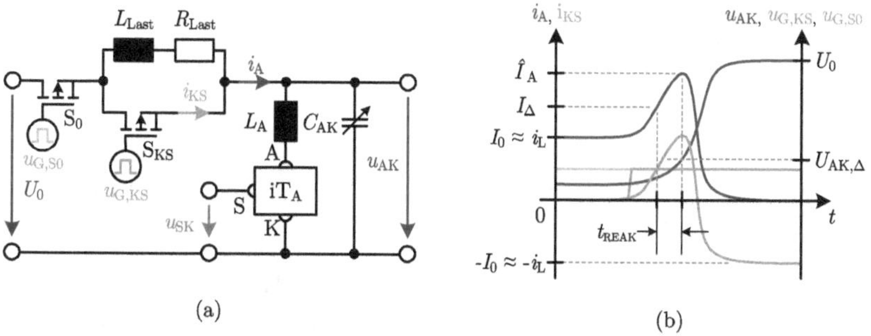

Abbildung 5.33 Vereinfachtes Ersatzschaltbild (a) und typischer Signalverlauf (b) für das Kurzschlussexperiment

DIE SIGNALVERLÄUFE von i_{A}, i_{KS} und u_{AK} während des Kurzschlussversuchs mit iT$_{\text{A}}$ bei $U_0 = 800\,\text{V}$ sind in Abb. 5.34 aufbereitet (für iT$_{\text{A}}$ s. Tab. 5.7). Der Kurzschluss wird bei $t = 0$ ausgelöst. Zu diesem Zeitpunkt hat i_{Last} in etwa den nominellen Wert von $I_0 = 1\,\text{A}$ erreicht. Da sich dieser Wert deutlich unterhalb des Auslösestroms (I_Δ) von etwa 1,75 A befindet, arbeitet der inverse Thyristor also im EIN-Zustand. Wie erwartet steigen i_{KS} und i_{A} nach dem Auslösen des Kurzschlusses stark an, sodass I_Δ praktisch unmittelbar überschritten und nach $t_{\text{REAK}} \approx 50\,\text{ns}$ ein Maximalwert ($\hat{I}_{\text{A}}$) von etwa 18 A erreicht wird. Nach einer Abschaltzeit (t_{AB}) von ungefähr 125 ns ist bereits der erste Nulldurchgang von i_{A} zu verzeichnen. Die

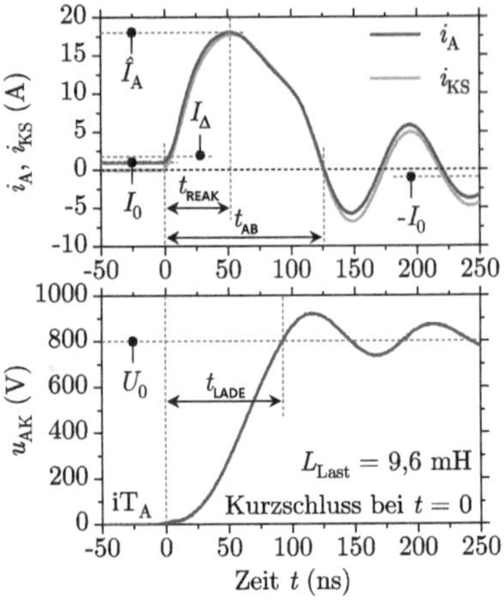

Abbildung 5.34 Experimentelle Ergebnisse des Kurzschlussversuchs mit iT$_A$. Gezeigt sind die Signalverläufe des Anode-Stroms (i_A), des Kurzschlussstroms (i_{KS}) und der Anode-Kathode-Spannung (u_{AK}) über die Zeit (t) bei einer Zwischenkreisspannung (U_0) von 800 V und einer Lastinduktivität (L_{Last}) von 9,6 mH. Der Kurzschluss der Last wird bei $t = 0$ ausgelöst

Dauer des u_{AK}-Umladevorgangs auf U_0 kann zu $t_{LADE} \approx 90$ ns abgelesen werden und ist verglichen mit den Ergebnissen der CIS- und UIS-Versuchen aufgrund des höheren Ladestroms deutlich kürzer.

Als Zwischenfazit ist festzuhalten, dass der inverse Thyristor seine besonderen Stärken in Kurzschlussszenarien dieser Art eindrucksvoll zur Geltung bringt. Es sei darauf hingewiesen, dass sich t_{AB} auf den Zeitraum vom Auftreten des Kurzschlusses bis zum ersten Nulldurchgang des Stroms bezieht. Beim Vergleich mit konventionellen Lösungen auf Systemebene, ist die Signalverzögerung zwischen Stromsensor, Mikrocontroller und Gate-Treiber also einzubeziehen. Selbst die Forschungsgruppe um Shen *et al.*, die einen hochintegrierten Gate-Treiber entwickelte und ihren Schutzschalter begründet als *ultra-schnell* bewirbt, erreicht lediglich 700 ns [154–159]. Ausschließlich Würfel *et al.* ist es mit einer diskreten Ausführung des inversen Thyristors gelungen, einen Kurzschluss innerhalb von 200 ns abzuschalten [171, 172].

5.4 Aktive Ansteuerung

In allen vorangegangenen Betrachtungen wird der inverse Thyristor wegen seines besonderen intrinsischen Abschaltmechanismus als selbstgesteuertes 2-Pol-Bauelement behandelt. Im Folgenden werden jedoch Methoden der Ansteuerung vorgestellt, mit deren Hilfe unter geringem Aufwand Funktionen realisiert werden können, die über das reine Absichern gegen Überstromszenarien hinausgehen. Konkret handelt es sich um einen temporär aktivierbaren Strombegrenzungsmodus und das manuelle Rücksetzen des inversen Thyristors. Hierfür wird, wie anhand des Ersatzschaltbildes in Abb. 5.35 dargestellt, eine Serienschaltung aus einem Transistor und einem Widerstand (S_{S-K} und R_{S-K}) zwischen Source (S) und Kathode (K) geklemmt. Diese Serienschaltung stellt somit einen Bypass-Pfad zum pSFET dar. Teile dieser Untersuchung wurden in eigenen Veröffentlichungen bereits publiziert [294, 303, 346, 350].

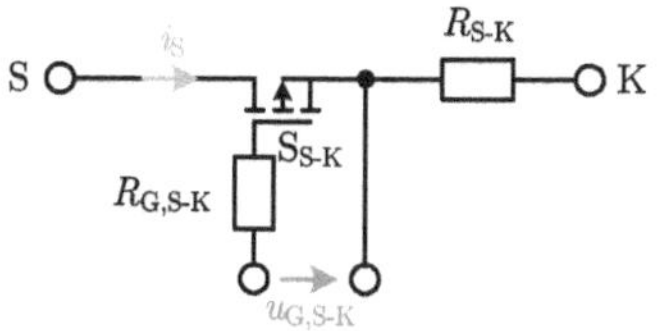

Abbildung 5.35 Ersatzschaltbild der Source-Schaltung. Zur besseren Einordnung sei auf das Ersatzschaltbild der Testschaltung in Abb. 5.24b hingewiesen

5.4.1 Skalierbare Strombegrenzung

Wie in Abschn. 1.2.1 *Funktionsweise und Herausforderungen* erläutert, ist es äußerst erstrebenswert, kurzzeitig auftretende Stromspitzen auf einen unkritischen Wert zu limitieren. Insbesondere beim Schalten kapazitiver Lasten kündigen sich diese Stromspitzen praktisch an und können durch akute Gegenmaßnahmen unterdrückt werden [67–71]. So kann auch beim inversen Thyristor, als Alternative zum selbstausgelösten Abschalten, durch Einschalten von S_{S-K} temporär ein Strombegrenzungsmodus aktiviert werden. Als Konsequenz fließt ein Teil von i_A nicht durch den pSFET und der intrinsische Auslösemechanismus wird unterdrückt. Der inverse Thyristor geht somit nicht in den AUS-Zustand über, sondern limitiert i_A auf einen Wert, der dem Sättigungsstrom eines der SFETs entspricht.

Die resultierenden Strompfade lassen sich anhand des in Abb. 5.36 gezeigten Ersatzschaltbildes verstehen. Durch das Einschalten von S_{S-K} entsteht je nach Auslegung von R_{S-K} ein niederohmiger Pfad parallel zum pSFET. Folglich teilt sich der Strom im EIN-Zustand des inversen Thyristors ($i_{A,EIN}$, durchgezogene Linien) ab dem Source-Knoten (S) in den Drain-Strom des pSFETs ($-i_D^p$) und den Source-Strom über den Bypass-Pfad ($i_{S,EIN}$) auf, wobei sich der Anteil von $i_{S,EIN}$ auf Grundlage der Stromteilerregel zu

$$\frac{i_{S,EIN}}{i_{A,EIN}} = \frac{R_{EIN}^p}{R_{EIN}^p + R_{S-K}} \begin{cases} \approx 0 & : R_{EIN}^p \ll R_{S-K} \\ = 0,5 & : R_{EIN}^p = R_{S-K} \\ \approx 1 & : R_{EIN}^p \gg R_{S-K} \end{cases} \tag{5.26}$$

ergibt [369].[37] Mit der Abhängigkeit von R_{EIN}^p wird deutlich, dass der Stromteiler vom Arbeitspunkt des pSFETs und somit von i_A bestimmt wird (s. Abschn. 3.2.2). Da die Zusammenhänge wie bereits erläutert hochgradig nichtlinear sind, soll an dieser Stelle eine pragmatische Einordnung der Extremwerte in Gl. 5.26 genügen.

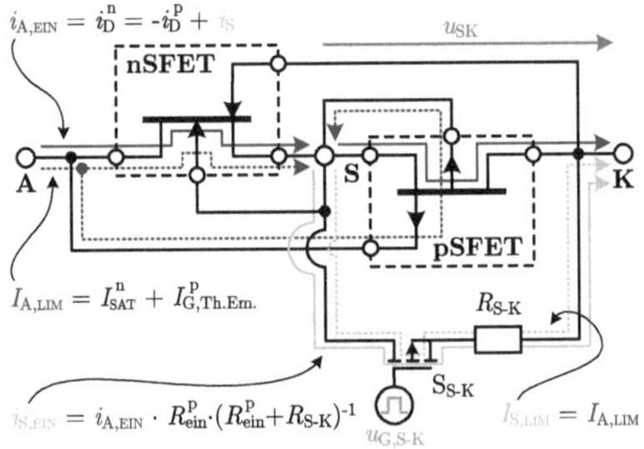

Abbildung 5.36 Ersatzschaltbild des inversen Thyristors mit Source-Kathode-Bypass zur Realisierung der skalierbaren Strombegrenzung. Die Strompfade des Anode-Stroms (i_A) und des Source-Strom (i_S) sind jeweils für den EIN- und den LIM-Zustand (durchgezogene und gestrichelte Linien) eingezeichnet

[37] Der Einschaltwiderstand von S_{S-K} ist im Datenblatt mit 200 mΩ angegeben (s. Tab. C.2), wird für diese und, falls nicht anders erwähnt, die folgenden Betrachtungen jedoch vernachlässigt.

Da $R^{\mathrm{p}}_{\mathrm{EIN}}$ mit etwa 2 Ω bis 8 Ω ohnehin relativ hoch ist (s. Abschn. 5.2.1), existiert für $R_{\mathrm{S-K}}$ bis etwa 100 Ω praktisch kein Szenario im EIN-Zustand des inversen Thyristors für das $R^{\mathrm{p}}_{\mathrm{EIN}} \ll R_{\mathrm{S-K}}$ zutrifft. Zudem ist zu erwarten, dass $R^{\mathrm{p}}_{\mathrm{EIN}} = R_{\mathrm{S-K}}$ spätestens mit der Sättigung des pSFETs erreicht wird, da sein differentieller Widerstand zugleich gegen unendlich geht. Wird der Kanal des pSFETs abgeschnürt, kann davon ausgegangen werden, dass $R^{\mathrm{p}}_{\mathrm{EIN}} \gg R_{\mathrm{S-K}}$ gegeben ist. Somit fließt fortan kein Strom mehr durch den p-Kanal. Ist außerdem die Bedingung für thermionische Emission erfüllt, existiert ein Stromfluss quer über den p-Kanal ($I^{\mathrm{p}}_{\mathrm{G,Th.Em.}}$). Schließlich findet das Stromniveau im Sättigungsbereich des nSFETs einen quasi-statischen Gleichgewichtszustand (fortan stets LIM-Zustand genannt) bei $I_{\mathrm{A,LIM}}$ (gestrichelte Linien), der sich aus der Summe von $I^{\mathrm{p}}_{\mathrm{G,Th.Em.}}$ und dem Sättigungsstrom des nSFETs ($I^{\mathrm{n}}_{\mathrm{SAT}}$) ergibt und gemäß

$$I_{\mathrm{A,LIM}} = I_{\mathrm{S,LIM}} = I^{\mathrm{n}}_{\mathrm{SAT}} + I^{\mathrm{p}}_{\mathrm{G,Th.Em.}} \qquad (5.27)$$

vollständig als $I_{\mathrm{S,LIM}}$ durch den Bypass-Pfad fließt.

Zur Veranschaulichung der entsprechenden Strompfade sind in Abb. 5.37 Ergebnisse aus TCAD-Simulationen im EIN- und im LIM-Zustand gezeigt. Die Anode-Kathode-Spannungen (U_{AK}) betragen hier 1 V und 500 V, und befänden sich damit ohne Bypass jeweils im linearen Bereich und im AUS-Spannungsfenster. In Abb. 5.37 ist für den EIN-Zustand mit etabliertem Bypass ein ähnliches Bild zu beobachten wie in der Standardkonfiguration des inversen Thyristors. Es existiert lediglich der

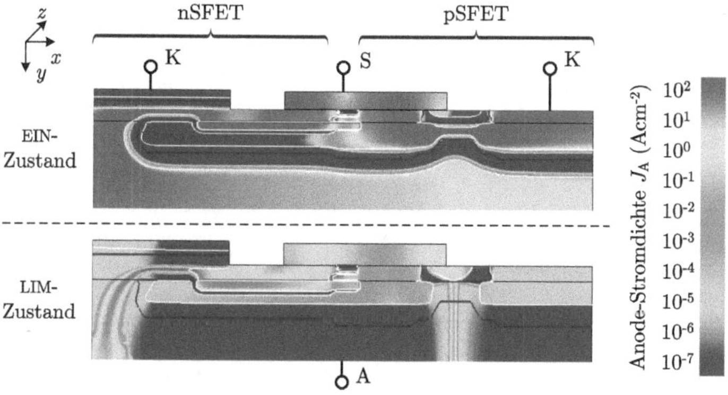

Abbildung 5.37 Querschnittdarstellung des TCAD-Modells zur Verdeutlichung des Stromflusses im EIN- und LIM-Zustand des inversen Thyristors mit etabliertem Source-Kathode-Bypass

zusätzliche Strompfad über die Source-Elektrode. Im LIM-Zustand hingegen verlässt der Strom die Zelle fast ausschließlich über die Source-Elektrode. Der Stromfluss über die beiden Kontakte der Kathode ist vernachlässigbar. Zudem ist die Bedingung für thermionische Emission beim pSFET erfüllt.

DIE EXPERIMENTELLEN ERGEBNISSE zum Strombegrenzungsmodus des inversen Thyristors sind in Abb. 5.38 veranschaulicht. Dort sind die Signalverläufe des Anode-Stroms (i_A), des Source-Stroms (i_S), der Anode-Kathode-Spannung (u_{AK}) und der Source-Kathode-Spannung (u_{SK}) über die Zeit (t) gezeigt. Die Kurvenscharen repräsentieren eine Variation des Source-Kathode-Widerstands (R_{S-K}) von 0 bis

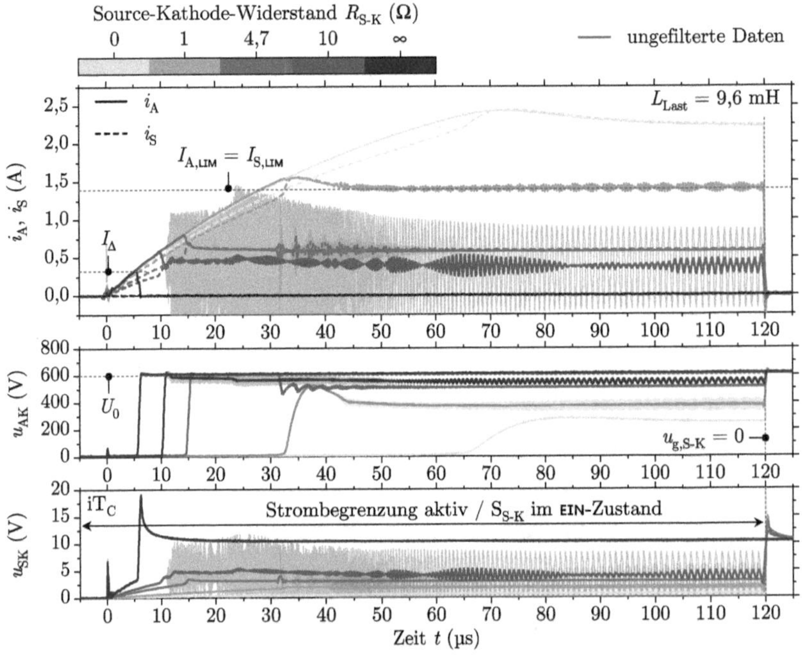

Abbildung 5.38 Experimentelle Ergebnisse zum Strombegrenzungsmodus des inversen Thyristors. Gezeigt sind die Signalverläufe des Anode-Stroms (i_A, durchgezogene Linien), des Source-Stroms (i_S, gestrichelte Linien), der Anode-Kathode-Spannung (u_{AK}) und der Source-Kathode-Spannung (u_{SK}) über die Zeit (t) für eine Lastinduktivität (L_{Last}) von 9,6 mH. Die Kurvenscharen repräsentieren eine Variation des Source-Kathode-Widerstands (R_{S-K}). Die ungefilterten Daten sind in Graustufen dargestellt

∞, also praktisch von einem Kurzschluss des pSFETs bis zur 2-Pol-Konfiguration des inversen Thyristors.[38] Es sei erwähnt, dass während der Versuche unerwünschte Oszillationen der Signale auftraten. Aus diesem Grund wird ein gleitender Mittelwert auf die betroffenen Daten angewendet. Die ungefilterten Daten sind in Graustufen dargestellt.

Für die Experimente wird das Bauelement iT_C mit einem Auslösestrom (I_Δ) von etwa 330 mA verwendet (s. Tab. 5.7). Die externe Schaltungskonfiguration entspricht jener der CIS-Versuche (s. Abb. 5.26a). Folglich geht der inverse Thyristor für $R_{S-K} = \infty$ in den selbsthaltenden AUS-Zustand über, sobald I_Δ erreicht ist. In den übrigen Fällen stellt sich wie erwartet ein konstantes Stromniveau (I_{LIM}) ein, das für fallende Werte von R_{S-K} stetig steigt. Für $R_{S-K} = 0$ erreicht I_{LIM} ungefähr 2,2 A und ist damit etwa 6,7-mal höher als I_Δ.

Es ist außerdem zu erkennen, dass I_{LIM} vor dem Auslösen stets überschritten wird. Dies lässt sich durch das Abschnüren des p-Kanals als stromführenden Pfad parallel zum Bypass erklären. Eine genauere Betrachtung der Stromsignale zeigt, dass i_S unmittelbar nach dem Auslösen relativ abrupt ansteigt. Gemäß Gl. 5.27 ist dieser Anstieg $I^{p}_{G,Th.Em.}$ zuzuordnen. Bei $t = 120\,\mu s$ wird S_{S-K} schließlich abgeschaltet. Dadurch wird der Strombegrenzungsmodus deaktiviert und der inverse Thyristor geht entsprechend der Erläuterungen zu CIS in den AUS-Zustand über.

5.4.2 Manuelles Rücksetzen

Die in Abb. 5.35 vorgestellte Bypass-Konfiguration kann außerdem verwendet werden, um den inversen Thyristor manuell zurückzusetzen. Somit lassen sich durch nur eine Maßnahme auf Systemebene mehrere Funktionen realisieren und kombinieren. Zur Demonstration der vielseitigen Einsatzmöglichkeiten des inversen Thyristors sind in Abb. 5.39 die Messergebnisse einer Sequenz mit einer Reihe von Ereignissen (CIS, Rücksetzen und Kurzschluss) bei einer Zwischenkreisspannung (U_0) von 800 V aufbereitet.Grundsätzlich sind dort die Verläufe der Gate-Spannungen des Lastschalters (u_G), des Bypass-Schalters ($u_{G,S-K}$) und des Kurzschlussschalters ($u_{G,KS}$, oben), der Anode-Strom (i_A), der Source-Strom (i_S) und der Laststrom (i_{Last}, Mitte) und die Anode-Kathode-Spannung (u_{AK}, unten) über die Zeit (t) für eine Lastinduktivität (L_{Last}) von 9,6 mH gezeigt.

Für den Versuch wurde iT_A verwendet (s. Tab. 5.7). Der Messaufbau entspricht jenem des Kurschlussversuchs (s. Abb. 5.33a). Die dargestellte Sequenz lässt sich

[38] Für 0 wird R_{S-K} durch eine Lotbrücke kurzgeschlossen. Für ∞ wird R_{S-K} vollständig entfernt, sodass der Bypass-Pfad offen ist.

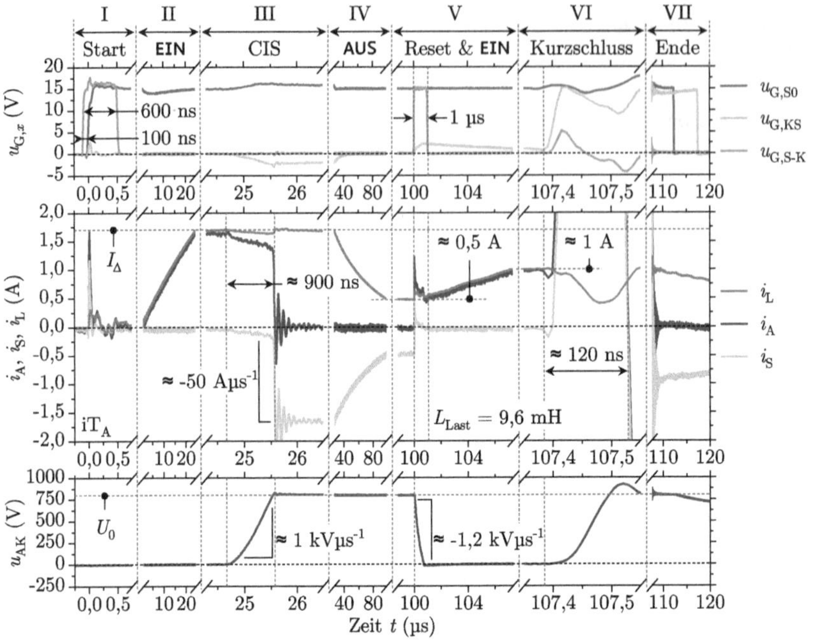

Abbildung 5.39 Experimentelle Ergebnisse zum manuellen Rücksetzen des inversen Thyristors. Im oberen Graphen sind die Verläufe der Gate-Spannungen des Lastschalters (u_G), des Bypass-Schalters ($u_{G,S-K}$) und des Kurzschlussschalters ($u_{G,KS}$) gezeigt. Der mittlere Graph stellt den Anode-Strom (i_A), den Source-Strom (i_S) und den Laststrom (i_{Last}) dar. Unten ist die Anode-Kathode-Spannung (u_{AK}) über die Zeit (t) für eine Lastinduktivität (L_{Last}) von 9,6 mH gezeigt

in 6 Phasen einteilen. In Phase I (Start) wird der Lastschalter (S_0) eingeschaltet und U_0 an die Last angelegt. Dies führt unmittelbar zu einer signifikanten Stromspitze aufgrund des *Inrush-Current*-Effekts, die das Potential hat, den inversen Thyristor auszulösen. Um dies zu verhindern, wird der Bypass-Schalter (S_{S-K}) 100 ns zuvor ebenfalls für 600 ns eingeschaltet, um den Strombegrenzungsmodus für diese Dauer zu aktivieren und den Auslösemechanismus zu underdrücken.[39]

Daraufhin, in Phase II (EIN), steigen i_{Last} und i_A simultan kontinuierlich an. Zu Beginn von Phase III (CIS) erreicht i_A den Auslösestromwert (I_Δ) von etwa 1,75 A und der inverse Thyristor beginnt U_0 mit etwa 1 kV μs^{-1} als Sperrspannung aufzunehmen. Die maximale Änderung des Stroms pro Zeiteinheit ($\frac{di_A}{dt}$), nachdem der

[39] Dieses Vorgehen wird auch während der übrigen Schaltversuche angewendet.

Anode-Knoten vollständig auf U_0 umgeladen ist, kann hier zu ungefähr $-50\,\mathrm{A\,\mu s^{-1}}$ bestimmt werden. Der inverse Thyristor schaltet den Strom somit nach dem Erreichen von I_Δ innerhalb von etwa 900 ns ab. Anschließend kommutiert i_{Last} erwartungsgemäß auf den Freilaufpfad und fließt fortan als $-i_{\mathrm{S}}$, bis die induktive Last (L_{Last}) vollständig entmagnetisiert ist, während der inverse Thyristor statisch im selbsthaltenden AUS-Zustand verbleibt. Dieser Vorgang wird in Phase IV (AUS) verdeutlicht.

DAS MANUELLE RÜCKSETZEN des inversen Thyristors geschieht in Phase V (Reset & EIN) bei $t = 100\,\mathrm{\mu s}$. Hierfür wird ein 1 µs langer Puls auf $u_{\mathrm{G,S-K}}$ gegeben und somit der Strombegrenzungsmodus aktiviert. Als Folge fällt u_{AK} auf ein Niveau des leitenden Betriebs und i_{Last} kommutiert zurück auf den inversen Thyristor. Zu diesem Zeitpunkt ist i_{Last} bereits auf ungefähr 0,5 A abgefallen und liegt somit deutlich unterhalb von I_Δ. Daher befindet sich der inverse Thyristor nach dem Deaktivieren des Strombegrenzungsmodus in einem Arbeitspunkt im EIN-Zustand und leitet i_{Last} fortan im Normalbetrieb.

Zu Beginn von Phase VI (Kurzschluss) hat i_{Last} ungefähr 1 A erreicht. Nun wird der Kurzschlussschalter (S_{KS}) über $u_{\mathrm{G,KS}}$ eingeschaltet und die Last hart kurzgeschlossen. Hier gelten dieselben Zusammenhänge wie in Abschn. 5.3.4 bereits erläutert. Der inverse Thyristor reagiert instantan auf das Überstromereignis und der erste Nulldurchgang von i_{A} ist nach etwa 120 ns zu verzeichnen. In Phase VII (Ende), bei $t = 112{,}5\,\mathrm{\mu s}$, wird S_0 schließlich abgeschaltet und das Experiment beendet.

Zusammenfassung und Ausblick

6

Was ist denn jetzt beim inversen Thyristor die Analogie zum Kathodenkurzschluss des klassischen Thyristors?

PD Tobias Erlbacher, Friedrich-Alexander Universität

DIE VORLIEGENDE ARBEIT widmet sich der Entwicklung eines neuartigen Halbleiterbauelements zur Absicherung von DC-Netzen gegen kritische Überstromereignisse basierend auf einer 4H-SiC-SFET-Technologie – dem inversen Thyristor.

In Kap. 1 werden die Relevanz eines derartigen Überstromschutzschalters im Kontext der technischen Herausforderungen des Energiewandels *motiviert* sowie Lösungsansätze aus dem Stand der Technik aufgearbeitet. Diese werden von selbstauslösenden und versorgungsfreien mechanische Schaltern und besonders schnell schaltenden halbleiterbasierten Schaltern dominiert. Der inverse Thyristor, als SiC 2-Pol-Schalter, verspricht die Vorteile beider Technologien zu vereinen.

Die wesentlichen *physikalischen Grundlagen* eines solchen Halbleiterschalters werden in Kap. 2 in Form eines analytischen Modells aufbereitet. Um eine möglichst akkurate Abschätzung der zum Ladungstransport zur Verfügung stehenden Ladungsträger zu ermöglichen, werden Mechanismen wie unvollständige Ionisierung und Kompensation von implantierten Donatoren und Akzeptoren mit großer Sorgfalt in das Model eingearbeitet.

Diese Betrachtungen werden nahtlos in die *analytische Modellierung* des inversen Thyristors in Kap. 3 überführt. Da es sich beim inversen Thyristor um eine spezielle Verschaltung von zwei komplementären SFETs handelt, werden zunächst die funktionsgebenden Wirkmechanismen eines SiC pSFETs hergeleitet und anschließend für den nSFET adaptiert. Besonderes Augenmerk wird auf die Sperrfähigkeit der Gate-Strukturen gelegt. Das entstehende Gleichungssystem bildet schließlich das Grundgerüst für das analytische Modell des inversen Thyristors.

N. Böttcher, *Monolithischer Überstromschutzschalter basierend auf 4H-SiC-Sperrschicht-FET-Technologie*,
https://doi.org/10.1007/978-3-658-50151-8_6

Anschließend, in Kap. 4, wird die zur *monolithischen Integration* des inversen Thyristors entwickelte 4H-SiC-SFET-Technologie vorgestellt. Die Herausforderungen der zentralen Technologiebausteine (epitaktisches Wachstum, Fotolithografie, Ionenimplantation und SiC Trockenätzen) werden dabei im Detail erläutert. Zur qualitativen Abschätzung der elektrischen Eigenschaften und der *Auslegung* der zu realisierenden Bauelemente, wird ein TCAD-Modell der monolithisch integrierten Zelltopologie erstellt und der Einfluss wesentlicher Entwurfsparameter diskutiert. Darüber hinaus wird der Herstellungsprozess der zahlreichen Entwurfsvariationen auf insgesamt sechs 150 mm SiC-Scheiben im Detail dargestellt.

KAP. 5 widmet sich schließlich der experimentellen *Charakterisierung* der hergestellten Bauelemente und Teststrukturen. Zur sinnvollen Einordnung der Bauelementeigenschaften, werden im ersten Schritt relevante Technologieparameter, wie die Strukturtreue dotierter Gebiete oder die Konzentration der freien Ladungsträger, bestimmt. So wird bspw. abgeschätzt, dass die Länge des p-Kanals aufgrund lateraler Unterstreuung der implantierten Ionen systematisch um etwa 400 nm kürzer ist als auf den Fotomasken. Die Länge des n-Kanals hingegen ist auf Basis desselben Phänomens um etwa 150 nm erhöht und wird zudem von einer statistischen Abweichung von bis zu ±280 nm aufgrund von Justiertoleranzen bei der Fotolithografie überlagert. Zur Abschätzung der Tiefe und der nominellen Dotierstoffkonzentration der Kanalgebiete, werden CU- und FTIR-Messungen in Kombination mit SIMS-Analysen durchgeführt. Aufgrund zahlreicher Unsicherheiten und der Komplexität der untersuchten Strukturen, genügen die Ergebnisse jedoch allenfalls einer Plausibilitätsprüfung. Weiterhin wird mithilfe von TLM-Strukturen ein ohmsches Kontaktverhalten nachgewiesen und der Schichtwiderstand aller p-Gebiete bestimmt. Das Temperaturverhalten des Schichtwiderstands kann in guter Näherung durch das analytische Modell nachgebildet werden. Die grundsätzliche Integrität aller Teststrukturen ist somit gegeben. Zur Bestimmung der Konzentration der *freien* Löcher wird eine erweiterte Hall-Effekt-Auswertung durchgeführt und die Existenz eines zweiten Akzeptorzustands etwa 400 meV oberhalb der Valenzbandkante in Kombination mit einem donatorartigen Kompensationszentrum diskutiert, welches je nach untersuchter pKanal-Variante zwischen 5 % und 14 % der Konzentration der vermeintlich freien Löcher kompensiert. Zwar sind diese Ergebnisse im Einklang mit Hypothesen aus der Literatur, eine abschließende Aussage über die vorherrschenden Gegebenheiten kann wegen der hohen Anzahl an Freiheitsgraden jedoch nicht getroffen werden.

Im nächsten Schritt werden die quasi-statischen elektrischen Eigenschaften der hergestellten nSFETs und pSFETs untersucht. Der spezifische EIN-Widerstand des nSFETs liegt bei etwa 13 $\text{m}\Omega\text{cm}^2$. Beim pSFET werden je nach pKanal-

Variante zwischen 0,6 Ωcm^2 und 1,6 Ωcm^2 erreicht. Während die Kennwerte des nSFETs in guter Näherung den Ergebnissen aus TCAD-Simulationen entsprechen, bleiben jene des pSFETs bis zu einer Größenordnung hinter ihnen zurück. Eine Kalibrierung des Modells bzgl. des EIN-Widerstands und der Abschnürspannung gelingt unter Annahme eines kompensierenden Donatorzustands im Bereich von $1,45 \times 10^{16}\,\mathrm{cm}^{-3}$ und $1,98 \times 10^{16}\,\mathrm{cm}^{-3}$. Darüber hinaus wird die Zellstruktur des pSFETs mithilfe von TCAD-Simulationen im Kontext von Kurzkanaleffekten diskutiert und experimentell ein DIBL-Sensitivitätsfaktor von ungefähr 10 bestimmt.

Schließlich ist die physische Realisierung eines monolithisch integrierten SiC Überstromschutzschalters für Gleichspannungsanwendungen mit mehreren hundert Volt Versorgungsspannung im Rahmen dieser Arbeit erstmals gelungen. Je nach Entwurfsvariation weisen bis zu 54 % der hergestellten inversen Thyristoren vollständige Funktionalität und eine Sperrspannung von etwa 900 V auf. Zudem werden eine Auslösestromdichte von bis zu 2,2 A cm^{-2} und ein spezifischer EIN-Widerstand von etwa 850 mΩcm^2 erreicht. Es wird deutlich, dass die Variation eines einzigen Entwurfsparameters, aufgrund der komplexen Zellstruktur und der prinzipbedingten Rückkopplung der Arbeitspunkte beider SFETs, sämtliche Kennwerte des inversen Thyristors beeinflusst. Diese Entwurfsabhängigkeiten der wesentlichen Kennwerte werden in einer umfangreichen Parameterstudie diskutiert. Da es sich um ein Halbleiterbauelement der Leistungselektronik handelt, sei der erreichte Leistungskennwert ($U_{\mathrm{DB}}{}^2 \cdot R_{\mathrm{EIN,sp}}{}^{-1}$) von $0,92\,\mathrm{kW\,cm}^{-2}$ erwähnt.

Abschließend wird das Schaltverhalten der hergestellten iTs in typischen Überstromszenarien bei bis zu 800 V Zwischenkreisspannung demonstriert. Prinzipiell unterscheiden sich die Schaltkurven nicht von denen andere Halbleiterschalter (z. B. SiC MOSFET). So wird die Zeit, welche zur Kommutierung des Stroms benötigt wird, maßgeblich durch Umladevorgänge parasitärer Kapazitäten bestimmt und dauert beim geklemmten und ungeklemmten Schalten (CIS und UIS) jeweils etwa 600 ns und 800 ns. Darüber hinaus kann der iT bei UIS temporär im Lawinendurchbruch betrieben werden, um den Strom während der Entmagnetisierung der Zwischenkreisinduktivität sicher zu null zu bringen. In den Experimenten werden dabei Schaltenergien von etwa 40 mJ bei Verwendung eines iT-Bauelements mit 1 cm × 1 cm Kantenlänge erreicht. Da der iT einen Überstrom ohne externe Elektronik erkennt und abschaltet, wird praktisch jegliche Signalverzögerung eliminiert bzw. die Reaktionszeit auf das Überstromereignis im Vergleich zu sensorbasierten Lösungen aus dem Stand der Technik drastisch reduziert. Bei einem Kurzschluss der Last bei 800 V Zwischenkreisspannung, wird der erste Nulldurchgang daher bereits nach bemerkenswerten 125 ns verzeichnet. Als Option zur Erweiterung des iTs um Funktionen, die über das reine Absichern gegen Überstromereignisse hinausgehen, wird eine minimalistische Ansteuerung eines sonst potentialfreien dritten Pols vorgestellt. Dadurch ist es möglich, den iT gesteuert in einem skalierbaren Strombegrenzungsmodus zu betreiben oder ihn nach dem Auslösen zurück in den EIN-Zustand zu setzen.

FINAL sollen die zentralen Thesen dieser Arbeit in den Kontext ihrer Ergebnisse gebracht werden:

1. Das Konzept des inversen Thyristors ist im Rahmen der Energiewende für Gleichspannungsnetze mit hoher Versorgungsspannung von technischer Relevanz.

Wie eingangs skizziert, werden zur Erreichung der CO_2-Neutralität, neben der notwendigen gesellschaftlichen und politischen Paradigmenwechsel, zahlreiche technische Innovationen in den Bereichen *Mobilität* und *Energie* vorangetrieben, die ihrerseits neue Konzepte für konventionelle Lösungsansätze notwendig machen. Hierzu gehört bspw. der Überstromschutz in DC-Netzen mit hoher Versorgungsspannung, der praktisch nur mit halbleiterbasierten Schutzschaltern sinnvoll adressierbar ist. Allein die Anzahl und Diversität der in Kap. 1 *Motivation* aufgezeigten Entwicklungsansätze, in Kombination mit dem Ausbleibenden einer erfolgreichen Markteinführung eines entsprechenden Produktes, zeugen vom Fehlen einer geeigneten Lösung.

Im Hinblick auf leistungselektronische Anwendungen, ist der Einsatz des inversen Thyristors im Lastpfad eines elektrischen Antriebs, wegen der zu erwartenden Verlustleistung, aufgrund des vergleichsweise äußerst hohen spezifischen EIN-Widerstands von etwa 1 $\Omega\,\text{cm}^2$, zum derzeitigen Entwicklungsstand nicht sinnvoll. Auf Grundlage der vorgestellten TCAD-Simulationen, und unter Berücksichtigung aller diskutierten Technologievorhalte, sind möglicherweise weniger als 100 $\text{m}\Omega\,\text{cm}^2$ zu erreichen. Allerdings wären, um hinsichtlich der Verlustleistung in ernstzunehmender Konkurrenz zu Lösung aus dem Stand der Technik zu stehen, womöglich deutlich weniger als 50 $\text{m}\Omega\,\text{cm}^2$ anzustreben. Wird ausschließlich der EIN-Widerstand als Bewertungsgrundlage herangezogen, sind sogar weniger als 1 $\text{m}\Omega\,\text{cm}^2$ nötig. Darüber hinaus verfehlt die erreichte Auslösestromdichte der hergestellten Prototypen von maximal 2,2 A cm^{-2} die Anforderungen der Automobilindustrie deutlich. Da im Antriebsstrang üblicherweise bis zu einige hundert Ampere Nennstrom zu erwarten sind, ist ein Einsatz auch aus dieser Perspektive aktuell nicht sinnvoll.

Im Anbetracht der realisierten Sperrspannung von etwa 900 V erschließt der inverse Thyristor allerdings das Anwendungsfeld der Stromversorgungen für Nebenverbraucher, die sich aus einem Hochspannungs-DC-Netz speisen. Hier sind bspw. DC/DC-Wandler denkbar, die das 12 V Bordnetz eines Elektrofahrzeugs versorgen und Eingangs-seitig an die Hochspannungsbatterie geklemmt sind. Ihre Eingangsspannung beträgt im Stand der Technik also bis zu 900 V. Da die zu erwartende Stromstärke für übliche Leistungsklassen bei lediglich 1 A bis 10 A liegt, scheint das Eingangs-seitige Absichern derartiger Wandler auch unmittelbar eine vielversprechende Anwendungsmöglichkeit zu sein.

2. Die qualitativen elektrischen Zusammenhänge der Funktionsweise des inversen Thyristors sind trotz seiner komplexen Struktur basierend auf halbleiterphysikalischen Prinzipien analytisch modellierbar.

Das analytische Modellieren der elektrischen Eigenschaften des inversen Thyristors, rein auf Basis halbleiterphysikalischer Zusammenhänge, ist im Rahmen dieser Arbeit gelungen. Obwohl Vereinfachungen bezüglich der Struktur vorgenommen und idealisierende Annahmen getroffen werden, ist der qualitative Verlauf der quasi-statischen Strom-Spannung-Kennlinie der hergestellten Bauelemente in guter Übereinstimmung mit den berechneten Kurven. Das Modell erlaubt eine klare Identifikation der wesentlichen Entwurfsparameter und eignet sich darüber hinaus zur Beschreibung des Einflusses der Temperatur auf sämtliche Bauelementcharakteristika. Es erfüllt somit seinen Zweck der Befriedigung des Kausalitätsbedürfnisses.

Eine Kalibrierung des analytischen Modells mit dem Ziel der quantitativen Prognose der Eigenschaften hergestellter Bauelemente, ist wegen der Diskrepanz zwischen der Komplexität des Modells und der realisierten Zelltopologie aktuell nicht zielführend. Erstrebenswerte Verfeinerungen des Modells fänden sich bspw. in der Berücksichtigung von Kanallängenmodulation und Kurzkanaleffekten, der Modellierung der Metall-Halbleiter-Übergänge oder der Ergänzung um das Driftgebiet [370]. Bei entsprechendem Erfolg stellt das geschlossene Gleichungssystem des in Kap. 2 und 3 erarbeiteten Modells ein potentes Gerüst zur numerischen Entwurfsoptimierung dar. So könnte unter Eingabe spezifischer Entwurfsziele (z. B. $J_{\Delta} = 10\,\mathrm{A\,cm^{-2}}$ und $U_{\mathrm{LAW}} = 1,2\,\mathrm{kV}$) und gewisser Randbedingungen (z. B. Entwurfsregeln) bspw. mittels Bisektion ein hinsichtlich Integrationsdichte optimierter Entwurfsparametersatz ermittelt werden.

Allerdings ist eine derart signifikante Erweiterung des Modells erst sinnvoll, wenn es zuvor gelingt, die zahlreichen Freiheitsgrade aufgrund von Unsicherheiten bezüglich der im Herstellungsprozess tatsächlich realisierten Strukturen zu eliminieren oder ihre Anzahl zumindest stark zu reduzieren. Hierfür wären dedizierte Methoden und Teststrukturen zu entwickeln, die eine genauere Ermittlung der Technologieparameter erlauben als jene in Kap. 5 *Charakterisierung und Diskussion*. Überdies ist der Ursprung der unerwartet geringen Konzentration von Löchern in Al-dotierten Gebieten weiterhin nicht abschließend geklärt. Diesbezüglich wurden, aufbauend auf den im Rahmen dieser Arbeit gewonnen Erkenntnissen, bereits weiterführende Experimente an entsprechenden Strukturen mit diversen Dotierprofilen und unterschiedlichen Ausheilbedingungen angestoßen. Um die Anzahl an Freiheitsgraden zusätzlich zu reduzieren, wird die dortige Hall-Auswertung um die simultane Anpassung der temperatur- und dotierstoffkonzentrationabhängige Ladungsträgermobilität erweitert.

3. Die Topologie des inversen Thyristors ist monolithisch in eine für die Massenfertigung geeignete 4H-SiC-Sperrschicht-FET-Technologie integrierbar.

Die monolithische Integration des inversen Thyristors ist im Rahmen dieser Arbeit gelungen. Die entwickelte und in Kap. 4 vorgestellte Technologie bedient sich dabei üblicher Herstellungsprozesse und gängiger Materialien. Rein technisch ist die Technologie also für die Massenfertigung geeignet.

In Anbetracht der Wertschöpfungskette im Stand der Technik, handelt es sich bei der Epitaxie jedoch um einen Prozess, welcher der Bauelementherstellung üblicherweise vorgelagert ist. Daher sind für das epitaktische Überwachsen bereits prozessierter Halbscheiben aufwändige und ggf. unwirtschaftliche Transfers zwischen verschiedenen Fertigungslinien oder sogar Institutionen notwendig. Zur besseren Einschätzung dieser potentiellen Hürde scheint es naheliegend, den Einfluss von Technologien mit höherem Reifegrad zu beobachten, die ebenfalls auf derartige Prozesse angewiesen sind (z. B. SiC *Superjunction*-Transistoren). Andernfalls wäre es ratsam die Entwicklung einer iT-Zelltopologie zu forcieren, die nur eine Epitaxieschicht zur Realisierung ihrer aktiven Gebiete benötigt. Die entscheidende Herausforderung wird dabei stets im Kompromiss aus Leitfähigkeit und Sperrfestigkeit, insbesondere der Gate-Strukturen liegen.

4. Alle wesentlichen elektrischen Eigenschaften des inversen Thyristors sind über Anpassungen in der Zelltopologie skalierbar.

Die Parameterstudie in Kap. 5 belegt, dass die quasi-statischen elektrischen Eigenschaften über Entwurfsparameter der Zelle manipulierbar sind. Da jedoch alle Parameter mit sämtlichen Kennwerten verknüpft sind, stellt die Skalierung der aktiven Flächen aktuell die einzige Möglichkeit zur entkoppelten Anpassung der Stromtragfähigkeit des inversen Thyristors dar. Diesbezüglich ist ggf. die Entwicklung einer neuartigen Zelltopologie anzustreben.

Als weiterführende Möglichkeit zur Skalierung der Stromtragfähigkeit wird in Kap. 5 die Parallelisierung mehrerer iT-Bauelemente demonstriert. Diesbezüglich wären die Aufteilung des Stroms auf die individuellen Parallelpfade zu untersuchen und Maßnahmen zur Angleichung zu ergreifen [363]. Insbesondere im Kontext von UIS ist zu erwarten, dass sich ein überproportionaler Anteil des Stroms im Lawinendurchbruch auf ein einzelnes Bauelement konzentriert und ggf. zur Zerstörung desselben führt [361].

Eine Besonderheit von DC-Industrie-Anwendungen findet sich in der Verwendung eines Spannungsbandes anstelle einer festen Betriebsspannung [37, 38]. Bei einer nominellen Systemspannung von bspw. 600 V müssen somit alle Komponenten im DC-Abzweig im Bereich von 400 V bis etwa 850 V volle Funktionalität aufweisen. Dahingehend ist ein großes AUS-Spannungsfenster anzustreben, sodass der iT auch bei maximaler Varianz keinen unzulässig hohen Strom zulässt.

5. Der inverse Thyristor weist hinsichtlich der Schalteigenschaften und der Komplexität auf Systemebene essenzielle Vorteile gegenüber halbleiterbasierten Überstromschutzschaltern aus dem Stand der Technik auf.

Als offensichtliches Alleinstellungsmerkmal, sticht die Funktionsintegration eines selbstgesteuerten Abschaltmechanismus in einem einzigen Bauelement hervor. Dadurch wird sämtliche Hilfselektronik überflüssig und als Folge jegliche Signalverzögerung eliminiert. Im Vergleich zum Stand der Technik im adressierten Anwendungsfeld ($U_0 \geq 400$ V und $I_\Delta \geq 1$ A), werden die Komplexität des Schaltungsentwurfs und/oder die Reaktionszeit auf ein Überstromszenario signifikant reduziert. Die *ultra*-schnelle Kurzschlusserkennung und -abschaltung ist für empfindliche Sensorsysteme möglicherweise von besonderem Interesse.

Die reduzierte Anzahl an Komponente zur Realisierung der Überstromschutzfunktion kann sich zudem vorteilhaft auf die mittlere Betriebsdauer bis zum Ausfall[1] des Gesamtsystems auswirken. Darüber hinaus schützt sich der inverse Thyristor selbst vor Überstromszenarien. Insofern er intakt ist, wird eine Stromstärke die den Wert von I_Δ überschreitet, unabhängig von der Funktionsfähigkeit anderer Komponenten (z. B. Sensoren, Auswerte- oder Steuereinheiten), stets zum Auslösen des intrinsischen Abschaltmechanismus führen.

Die Möglichkeit zur Implementierung von Funktionen, die über das reine Abschalten von Überströmen hinausgehen (z. B. Strombegrenzung), stellt einen weiteren attraktiven Aspekt des inversen Thyristors dar. Viele elektronische Systeme werden ohnehin mit einer Strombegrenzungseinheit versehen. Diese wird bspw. immer dann aktiviert, wenn es zu einem angekündigten Überstromereignis kommt (z. B. *inrush*-Strom beim Zuschalten kapazitiver Lasten) und unmittelbar danach wieder deaktiviert. Durch die Integration dieser Funktion in den Überstromschutz-

[1] MTTF, engl.: mean time to failure

schalter, ergibt sich das Potential, weitere Komponenten im System einzusparen. In gemeinsamen Publikationen mit Takamori *et al.* wird dahingehend demonstriert, inwiefern das Niveau des limitierten Stroms praktisch stufenlos über die Gate-Spannung des Bypass-Transistors modelliert werden kann [294, 350]. Hierbei sei betont, dass der inverse Thyristor dadurch zwar insgesamt seine Eigenschaft als 2-Pol-Bauelement verliert, die Überstromschutzfunktion aber weiterhin intrinsisch und selbstgesteuert erhalten bleibt.

ALS LETZTER GEDANKE sei festgehalten, dass sich diese Arbeit dankbar aus einer Unmenge an bereits erbrachten Erkenntnissen speist. Möge sie sich in diesen Fundus einfügen und den da kommenden Neugierigen eine ebenso wertvolle Unterstützung sein.

Publikationsliste

Konferenz- und Journalbeiträge

1. M. Rommel, A. May, L. Baier, J. Kauth, N. Boettcher, M. Jank, „Investigation of Ohmic Contacts and Resistances of a 4H-SiC CMOS Technology up to 550 °C," in International Conference and Exhibition High Temperature Electronics Network (HiTEN), 2024, Edinburgh, Scotland, United Kingdom.
2. J. Gehring, N. Boettcher, B. Wunder, „Innovative neue Konzepte bei Halbleiterschaltgeräten und aktuelles aus der DC-Standardisierung," in 1. DC-Verteilnetztagung, 2024, Görlitz, Deutschland.
3. K. Sakai, N. Boettcher, M. Szabo, S. Beuer, M. Rommel, „Fast Estimation of the Lateral Fidelity of Ion Implantation in 4H-SiC through Calibration of JFET Transfer Characteristics in TCAD," in Solid State Phenomena (SSP), 2024, pp. 133–140, https://doi.org/10.4028/p-4Rj3jY.
4. N. Boettcher, M. Rommel, T. Erlbacher, „Analytical Modelling of the Quasi-Static Operation of a Monolithically Integrated 4H-SiC Circuit Breaker Device," in Solid State Phenomena (SSP), 2024, pp. 111–118, https://doi.org/10.4028/p-EkvC4B.
5. T. Takamori, K. Wada, N. Boettcher, T. Erlbacher, W. Saito and S.-I. Nishizawa, „Adjustable Current Limiting Function with a Monolithically Integrated SiC Circuit Breaker Device," in IEEE Transactions on Industry Applications, 2023, pp. 1–9, https://doi.org/10.1109/TIA.2023.3288856.
6. T. Takamori, K. Wada, N. Boettcher, T. Erlbacher, W. Saito und S.-I. Nishizawa, „Adjustable Current Limit Feature with a Self-Sensing and Self-Triggering Monolithically Integrated SiC Circuit Breaker Device," 2022 IEEE Energy Conversion Congress and Exposition (ECCE), 2022, pp. 1–6, https://doi.org/10.1109/ECCE50734.2022.9948054.

N. Böttcher, *Monolithischer Überstromschutzschalter basierend auf 4H-SiC-Sperrschicht-FET-Technologie*,
https://doi.org/10.1007/978-3-658-50151-8

7. N. Boettcher, T. Takamori, K. Wada, W. Saito, S.-I. Nishizawa und T. Erlbacher, „Short Circuit Performance and Current Limiting Mode of a Monolithically Integrated SiC Circuit Breaker for DC Applications up to 800 V," 2022 24th European Conference on Power Electronics and Applications (EPE'22 ECCE Europe), 2022, pp. P.1–P.9.
8. N. Boettcher, T. Takamori, K. Wada, W. Saito, S.-I. Nishizawa und T. Erlbacher, „Fabrication Aspects and Switching Performance of a Self-Sensing 800 V SiC Circuit Breaker Device," 2022 IEEE 34th International Symposium on Power Semiconductor Devices and ICs (ISPSD), 2022, pp. 261–264, https://doi.org/10.1109/ISPSD49238.2022.9813628.
9. T. Becker, N. Boettcher and T. Erlbacher, „Influence of Non-Stoichiometric Silicon Nitride Layer Thickness on Electrical Properties and Manufacturability of 900 V Silicon RC-Snubbers," CIPS 2022; 12th International Conference on Integrated Power Electronics Systems, Berlin, Germany, 2022, pp. 1–4.
10. N. Boettcher und T. Erlbacher, „A Monolithically Integrated SiC Circuit Breaker," in IEEE Electron Device Letters, vol. 42, no. 10, Okt. 2021, pp. 1516–1519, https://doi.org/10.1109/LED.2021.3102935.
11. N. Boettcher und T. Erlbacher, „Design Considerations on a Monolithically Integrated, Self Controlled and Regenerative 900 V SiC Circuit Breaker," 2020 IEEE Workshop on Wide Bandgap Power Devices and Applications in Asia (WiPDA Asia), 2020, pp. 1–6, https://doi.org/10.1109/WiPDAAsia49671.2020.9360279.
12. N. Boettcher, T. Heckel, T. Erlbacher und K. Pelaic, „Silicon RC-Snubber for 900 V Applications Utilising non-Stoichiometric Silicon Nitride," 2019 31st International Symposium on Power Semiconductor Devices and ICs (ISPSD), Shanghai, China, 2019, pp. 351–354, https://doi.org/10.1109/ISPSD.2019.8757589.
13. S. Matlok, N. Boettcher, M. Jahn, P. Hoerauf, B. Eckardt, T. Erlbacher und M. Maerz, „Retrofitting Wide Band Gap Devices to Classic Power Modules using Silicon RC Snubbers," PCIM Europe 2019; International Exhibition and Conference for Power Electronics, Intelligent Motion, Renewable Energy and Energy Management, Nuremberg, Germany, 2019, pp. 1–7.
14. Z. Yu, S. Zeltner, N. Boettcher, G. Rattmann, J. Leib, C. F. Bayer, A. Schletz, T. Erlbacher und L. Frey, „Heterogeneous Integration of Vertical GaN Power Transistor on Si Capacitor for DC-DC Converters," 2018 7th Electronic System-Integration Technology Conference (ESTC), Dresden, Germany, 2018, pp. 1–5, https://doi.org/10.1109/ESTC.2018.8546362.
15. N. Boettcher, H. Afewerki, I. Kallfass und C. Lautensack, „A novel approach for optimal design of monolithic integrated RC snubbers," 2017 Internatio-

nal Symposium on Electromagnetic Compatibility – EMC EUROPE, Angers, France, 2017, pp. 1–6, https://doi.org/10.1109/EMCEurope.2017.8094629.

16. H. Afewerki, C. Lautensack, N. Böttcher und I. Kallfass, „Design approach and analysis of a MOSFET with monolithic integrated EMI snubber for low voltage automotive applications,“ 2017 International Symposium on Electromagnetic Compatibility – EMC EUROPE, Angers, France, 2017, pp. 1–5, https://doi.org/10.1109/EMCEurope.2017.8094734.

Öffentliche Vorträge

1. „3D Silicon Capacitor Technology – Versatile Integration Capability for both High Voltage andHigh Frequency Applications“ 8th International Workshop on Power Supply on Chip (PowerSOC), Hannover, Germany, 2023.
2. „Temperature Dependence of a Self-Sensing Monolithically Integrated Circuit Breaker Based on a 4H-SiC JFET Technology,“ 19th International Conference on Silicon Carbide and Related Materials, Davos, Switzerland, 2022.
3. „Fabrication Aspects and Switching Performance of a Self-Sensing 800 V SiC Circuit Breaker Device,“ IEEE 34th International Symposium on Power Semiconductor Devices and ICs (ISPSD), Vancouver, Canada, 2022.
4. „Short Circuit Performance and Current Limiting Mode of a Monolithically Integrated SiC Circuit Breaker for DC Applications up to 800 V,“ 24th European Conference on Power Electronics and Applications (EPE'22 ECCE Europe), Hannover, Germany, 2022.
5. „Schaltverhalten eines monolithisch integrierten SiC Überstromschutzschalters bis 800 V DC,“ 51. Kolloquium Lestungshalbleiterbauelemente und ihre systemtechnische Integration, Freiburg, 2022.
6. „Monolithisch integrierter Lasttrennschalter in SiC JFET Technologie,“ 50. Kolloquium Lestungshalbleiterbauelemente und ihre systemtechnische Integration, Freiburg, 2021.
7. „Monolithically Integrated Circuit Breaker in SiC JFET Technology,“ Nagaoka University of Technology, Nagaoka, Japan, 2021.
8. „Monolithically Integrated Circuit Breaker in SiC JFET Technology,“ Seminar on Power Electronics, Kyushu University, Fukuoka, Japan, 2021.
9. „A Monolithically Integrated Circuit Breaker for 900 V DC Applications,“ The Joseferus Happening, online, 2021.
10. „Design Considerations on a Monolithically Integrated, Self Controlled and Regenerative 900 V SiC Circuit Breaker,“ IEEE Workshop on Wide Bandgap Power Devices and Applications in Asia (WiPDA Asia), online, 2020.

11. „Development of a Monolithically Integrated SiC DC-Breaker,“ NPERC-J Workshop, Tokyo, Japan, 2018.

Betreute Abschlussarbeiten

1. A. Hartmann, „Modelling of Novel Device Concepts of a Monolithically Integrated SiC Circuit Breaker in TCAD“ Master Thesis, Friedrich-Alexander University (FAU), Abschluss voraussichtlich im Dez. 2024.
2. J. Kauth, „Compensation of Implanted Aluminium Dopants in 4H-SiC,“ Master Thesis, Friedrich-Alexander University (FAU), Dez. 2022.
3. K. Pelaic „Einfluss des dielektrischen Schichtstapels auf die elektrischen Eigenschaften von Silizium-Kondensatoren “ Master Thesis, Friedrich-Alexander University (FAU), Nov. 2018.

Literaturverzeichnis

1. E. Foote, “Circumstances affecting the heat of the sun’s rays,” *The American journal of science and arts*, vol. 22, no. 66, pp. 382–383, 1856.
2. R. Carson, *Silent spring*. Penguin books, modern classics, London: Penguin, reprinted. ed., 2000.
3. D. H. Meadows, J. Randers, and D. L. Meadows, *Limits to growth: The 30-year update*. White River Junction, Vt.: Chelsea Green Publishing Company, 2004.
4. D. H. Meadows, *Thinking in systems: A primer*. White River Junction, Vt: Chelsea Green Pub, [nachdr.] ed., 2011.
5. S. Rahmstorf, *Biodiversität und Klimawandel: Auswirkungen und Handlungsoptionen für den Naturschutz in Mitteleuropa*. Berlin, Heidelberg: Springer Berlin Heidelberg, 2013.
6. G. Ceballos, P. R. Ehrlich, A. D. Barnosky, A. García, R. M. Pringle, and T. M. Palmer, “Accelerated modern human-induced species losses: Entering the sixth mass extinction,” *Science advances*, vol. 1, no. 5, p. e1400253, 2015.
7. S. Rahmstorf, *Der Klimawandel: Diagnose, Prognose, Therapie*, vol. v.2366 of *Beck’sche Reihe*. München: C.H. Beck, 8th ed. ed., 2018.
8. W. Steffen, J. Rockström, K. Richardson, T. M. Lenton, C. Folke, D. Liverman, C. P. Summerhayes, A. D. Barnosky, S. E. Cornell, M. Crucifix, J. F. Donges, I. Fetzer, S. J. Lade, M. Scheffer, R. Winkelmann, and H. J. Schellnhuber, “Trajectories of the earth system in the anthropocene,” *Proceedings of the National Academy of Sciences of the United States of America*, vol. 115, no. 33, pp. 8252–8259, 2018.
9. F. Isbell, D. Tilman, P. B. Reich, and A. T. Clark, “Deficits of biodiversity and productivity linger a century after agricultural abandonment,” *Nature ecology & evolution*, vol. 3, no. 11, pp. 1533–1538, 2019.
10. T. M. Lenton, J. Rockström, O. Gaffney, S. Rahmstorf, K. Richardson, W. Steffen, and H. J. Schellnhuber, “Climate tipping points – too risky to bet against,” *Nature*, vol. 575, no. 7784, pp. 592–595, 2019.
11. L. Neubauer, *Vom Ende der Klimakrise: Eine Geschichte unserer Zukunft*. Stuttgart: Tropen, 1st ed. ed., 2019.
12. S. Seibold, M. M. Gossner, N. K. Simons, N. Blüthgen, J. Müller, D. Ambarlı, C. Ammer, J. Bauhus, M. Fischer, J. C. Habel, K. E. Linsenmair, T. Nauss, C. Penone, D. Prati, P. Schall, E.-D. Schulze, J. Vogt, S. Wöllauer, and W. W. Weisser,“Arthropod

N. Böttcher, *Monolithischer Überstromschutzschalter basierend auf 4H-SiC-Sperrschicht-FET-Technologie*,
https://doi.org/10.1007/978-3-658-50151-8

decline in grasslands and forests is associated with landscape-level drivers," *Nature*, vol. 574, no. 7780, pp. 671–674, 2019.
13. M. Berners-Lee, *How bad are bananas? The carbon footprint of everything*. London: Profile Books, revised 2020 edition ed., 2020.
14. C. Chemnitz, C. Rehmer, and K. Wenz, eds., *Insektenatlas: Daten und Fakten über Nütz- und Schädlinge in der Landwirtschaft*. Berlin: Heinrich-Böll-Stiftung, 1. auflage, januar 2020 ed., 2020.
15. W. Züghart, S. Stenzel, and B. Fritsche, eds., *Umfassendes bundesweites Biodiversitätsmonitoring: Ergebnisse einer Vilmer Fachtagung*, vol. 585 of *BfN-Skripten*. Bonn-Bad Godesberg: Bundesamt für Naturschutz, 2020.
16. D. L. XIV and G. Thunberg, *Kreisläufe des Klimawandels: Wie Klima Feedback Loops die Welt zerstören oder retten werden*. Wien: edition a, 2021.
17. L. Neubauer and B. Ulrich, *Noch haben wir die Wahl: Ein Gespräch über Freiheit, Ökologie und den Konflikt der Generationen*. Tropen Sachbuch, Stuttgart: Tropen, 2021.
18. R. E. Brock, A. Cini, and S. Sumner, "Ecosystem services provided by aculeate wasps," *Biological reviews of the Cambridge Philosophical Society*, vol. 96, no. 4, pp. 1645–1675, 2021.
19. M. Göpel, *Unsere Welt neu denken: Eine Einladung*. Berlin: Ullstein, 16. auflage ed., 2021.
20. C. A. Brühl, N. Bakanov, S. Köthe, L. Eichler, M. Sorg, T. Hörren, R. Mühlethaler, G. Meinel, and G. U. C. Lehmann, "Direct pesticide exposure of insects in nature conservation areas in germany," *Scientific reports*, vol. 11, no. 1, p. 24144, 2021.
21. S. Manabe, K. Hasselmann, and G. Parisi, "The nobel prize in physics: Nobel prize outreach ab," 2021.
22. A. Barkhordarian, D. M. Nielsen, and J. Baehr, "Recent marine heatwaves in the north pacific warming pool can be attributed to rising atmospheric levels of greenhouse gases," *Communications Earth & Environment*, vol. 3, no. 1, p. 360, 2022.
23. N. Cox, B. E. Young, P. Bowles, M. Fernandez, J. Marin, G. Rapacciuolo, M. Böhm, T. M. Brooks, S. B. Hedges, C. Hilton-Taylor, M. Hoffmann, R. K. B. Jenkins, M. F. Tognelli, G. J. Alexander, A. Allison, N. B. Ananjeva, M. Auliya, L. J. Avila, D. G. Chapple, D. F. Cisneros-Heredia, H. G. Cogger, G. R. Colli, A. de Silva, C. C. Eisemberg, J. Els, A. Fong G, T. D. Grant, R. A. Hitchmough, D. T. Iskandar, N. Kidera, M. Martins, S. Meiri, N. J. Mitchell, S. Molur, C. d. C. Nogueira, J. C. Ortiz, J. Penner, A. G. J. Rhodin, G. A. Rivas, M.-O. Rödel, U. Roll, K. L. Sanders, G. Santos-Barrera, G. M. Shea, S. Spawls, B. L. Stuart, K. A. Tolley, J.-F. Trape, M. A. Vidal, P. Wagner, B. P. Wallace, and Y. Xie, "A global reptile assessment highlights shared conservation needs of tetrapods," *Nature*, vol. 605, no. 7909, pp. 285–290, 2022.
24. S. Díaz and Y. Malhi, "Biodiversity: Concepts, patterns, trends, and perspectives," *Annual Review of Environment and Resources*, vol. 47, no. 1, pp. 31–63, 2022.
25. M. Göpel, *Wir können auch anders: Aufbruch in die Welt von morgen*. Berlin: Ullstein, 2022.
26. E. v. Hirschhausen, *Mensch, Erde! Wir könnten es so schön haben*. München: dtv, aktualisierte taschenbuchausgabe ed., 2022.
27. A. C. Lees, L. Haskell, T. Allinson, S. B. Bezeng, I. J. Burfield, L. M. Renjifo, K. V. Rosenberg, A. Viswanathan, and S. H. Butchart, "State of the world's birds," *Annual Review of Environment and Resources*, vol. 47, no. 1, pp. 231–260, 2022.

28. V. Quaschning and C. Quaschning, *Energierevolution jetzt! Mobilität, Wohnen, grüner Strom und Wasserstoff: Was führt uns aus der Klimakrise – und was nicht?* München: Hanser, 2022.
29. F. Schätzing, *Was, wenn wir einfach die Welt retten? Handeln in der Klimakrise*, vol. 1865 of *KiWi*. Köln: Kiepenheuer & Witsch, 1. auflage ed., 2022.
30. E. A. Schuur, B. W. Abbott, R. Commane, J. Ernakovich, E. Euskirchen, G. Hugelius, G. Grosse, M. Jones, C. Koven, V. Leshyk, D. Lawrence, M. M. Loranty, M. Mauritz, D. Olefeldt, S. Natali, H. Rodenhizer, V. Salmon, C. Schädel, J. Strauss, C. Treat, and M. Turetsky, "Permafrost and climate change: Carbon cycle feedbacks from the warming arctic," *Annual Review of Environment and Resources*, vol. 47, no. 1, pp. 343–371, 2022.
31. C. A. van Swaay, E. B. Dennis, and R. e. a. Schmucki, *European Grassland Butterfly Indicator 1990-2020: Technical Report*. Butterfly Conservation Europe & ABLE/eBMS (www.butterfly-monitoring.net), 2022.
32. G. Thunberg, *The climate book*. UK and USA and Canada and Ireland and Australia and India and New Zealand and South Africa: Allen Lane, 2022.
33. W. Bätzing, *Homo destructor: Eine Mensch-Umwelt-Geschichte ; von der Entstehung des Menschen zur Zerstörung der Welt*. München: C.H. Beck, 1. auflage ed., 2023.
34. A. F. X. Welsch, *Mobile und stationäre Niederspannungs-Gleichstromnetze: Aufbau – Schalten – Dimensionierung – Schutz*. Hanser eLibrary, München: Hanser, 1. auflage ed., 2024.
35. A. Sauer, ed., *Die Gleichstromfabrik: Energieeffizient. Robust. Zukunftsweisend*. Hanser eLibrary, München: Hanser, 2020.
36. M. Ehlich, J. Austermann, F. Blank, H. Borcherding, and B. Weis, "Systemkonzept eines fabrikinternen dc-netzes," in *Die Gleichstromfabrik* (A. Sauer, ed.), Hanser eLibrary, pp. 71–114, Hanser, 2020.
37. ZVEI, "Dc-industrie2: Der begbereiter für ein offenes industrielles gleichstromnetz in der fabrikautomation."
38. ZVEI, "Dc-industrie2: Systemkonzept."
39. ABB SPACE, "Technical application papers no. 24: Medium voltage cirect current applications," Jul. 2017.
40. D. A. Schaab and A. Sauer, "Stability implications for the design process of an industrial dc microgrid," in *International Conference on Smart Energy Systems and Technologies (SEST)* (IEEE, ed.), pp. 1–6, IEEE, 2020.
41. ZVEI, "Dc-industrie: Energiewende trifft industrie 4.0," Oktober 2020.
42. ZVEI, "Dc-industrie: Energiewende trifft industrie 4.0."
43. ABB SPACE, "Technical application papers no. 17: Smart grids," Nov. 2017.
44. S. Warkentin, J. Austermann, and H. Borcherding, "Modulare versuchsanlage für ein industrielles dc-netz," *atp magazin*, vol. 62, no. 10, pp. 54–59, 2020.
45. Ezgi Dogmus, Ahmed Ben-Slimane, and Poshun Chui, "Power sic: Materials, devices and applications 2020: Market and technology report 2020," *Yole Dévelopment*, vol. 2020.
46. VDE Verband der Elektrotechnik, "Gleichstrom im niederspannungsbereich: Vde | dke roadmap," August 2018.
47. J. Klinger, *Ladeinfrastruktur für Elektromobilität im privaten und halböffentlichen Bereich: Auswahl, Planung, Installation*. Berlin and Offenbach: VDE Verlag GmbH, 3., überarbeitete und erweiterte auflage ed., 2022.

48. ABB S.p.A., “Technical application papers no.14: Faults in lvdc microgrids with front-end converters,” Jun. 2015.
49. Ezgi Dogmus, Ahmed Ben-Slimane, and Poshun Chui, “Power sic: Materials, devices and applications 2022: Market and technology report 2022,” *Yole Développment*, vol. 2022.
50. Thomas Edison, “Circuit contoller for dynamo electric machines.”
51. H. Schmolke, *DIN VDE 0100: Daten und Fakten für das Errichten von Niederspannungsanlagen*, vol. 105 of *VDE-Schriftenreihe – Normen verständlich*. Berlin: VDE Verlag, 4., neu bearbeitete auflage ed., 2018.
52. G. Kiefer, H. Schmolke, and K. Callondann, *VDE 0100 und die Praxis: Wegweiser für Anfänger und Profis*. Berlin and Offenbach: VDE Verlag GmbH, 17., neu bearbeitete auflage ed., 2021.
53. DKE Deutsche Kommission Elektrotechnik Elektronik Informationstechnik in DIN und VDE, “Niederspannungsschaltgeräte: Teil 3: Lastschalter, trennschalter, lasttrennschalter und schalter-sicherungs-einheiten,” September 2021.
54. D. Sweeting, “Arcing faults in electrical equipment,” *IEEE Transactions on Industry Applications*, vol. 47, no. 1, pp. 387–397, 2011.
55. N. Hadziefendic, M. Kostic, and Z. Radakovic, “Detection of series arcing in low-voltage electrical installations,” *European Transactions on Electrical Power*, vol. 19, no. 3, pp. 423–432, 2009.
56. C. Meyer, S. Schroder, and R. W. DeDoncker, “Solid-state circuit breakers and current limiters for medium-voltage systems having distributed power systems,” *IEEE Transactions on Power Electronics*, vol. 19, no. 5, pp. 1333–1340, 2004.
57. M. S. Carlson and W. H. Edmunds, “Co-ordination of current-limiting fuses and low-voltage air circuit breakers,” *Transactions of the American Institute of Electrical Engineers. Part III: Power Apparatus and Systems*, vol. 75, no. 3, p. 10, 1956.
58. R. H. Lee, “The other electrical hazard: Electric arc blast burns,” *IEEE Transactions on Industry Applications*, vol. IA-18, no. 3, pp. 246–251, 1982.
59. A. D. Stokes and D. K. Sweeting, “Electric arcing burn hazards,” *IEEE Transactions on Industry Applications*, vol. 42, no. 1, pp. 134–141, 2006.
60. A. Etxegarai, “Hvdc circuit breakers for hvdc grids,” *International Journal of Engineering Research and*, vol. V8, no. 11, 2019.
61. M. Barnes, D. S. Vilchis-Rodriguez, X. Pei, R. Shuttleworth, O. Cwikowski, and A. C. Smith, “Hvdc circuit breakers–a review,” *IEEE Access*, vol. 8, pp. 211829–211848, 2020.
62. M. Abedrabbo, W. Leterme, and D. van Hertem, “Systematic approach to hvdc circuit breaker sizing,” *IEEE Transactions on Power Delivery*, vol. 35, no. 1, pp. 288–300, 2020.
63. M. Albach, *Induktivitäten in der Leistungselektronik: Spulen, Trafos und ihre parasitären Eigenschaften*. SpringerLink Bücher, Wiesbaden: Springer Vieweg, 2017.
64. S. Paul and R. Paul, *Grundlagen der Elektrotechnik und Elektronik 3: Dynamische Netzwerke: zeitabhängige Vorgänge, Transformationen, Systeme*. Berlin, Heidelberg: Springer Berlin Heidelberg, 1. aufl. 2017 ed., 2017.
65. C. M. Franck, “Hvdc circuit breakers: A review identifying future research needs,” *IEEE Transactions on Power Delivery*, vol. 26, no. 2, pp. 998–1007, 2011.
66. A. Garrigós, J. M. Blanes, R. Gutiérrez, J. Borrell, E. Maset, D. Ramirez, and S. Cardoso, “Silicon carbide and magnetorresistive technologies for solid state power controllers,” *E3S Web of Conferences*, vol. 16, no. 5, p. 12004, 2017.

67. A. Bitencourt, D. H. N. Dias, B. W. França, F. Sass, and G. G. Sotelo, "Design and computational modeling of fault current limiter topologies," in *Anais do Simpósio Brasileiro de Sistemas Elétricos 2020*, sbabra, 11232020.
68. A. Bitencourt, D. H. N. Dias, B. W. França, F. Sass, and G. G. Sotelo, "Design and tests of solid–state fault current limiters prototypes," *International Transactions on Electrical Energy Systems*, vol. 31, no. 2, p. 1, 2021.
69. D. He, Z. Shuai, Z. Lei, W. Wang, X. Yang, and Z. J. Shen, "A sic jfet-based solid state circuit breaker with digitally controlled current-time profiles," *IEEE Journal of Emerging and Selected Topics in Power Electronics*, vol. 7, no. 3, pp. 1556–1565, 2019.
70. Y. Zhang and Y. C. Liang, "Over-current protection scheme for sic power mosfet dc circuit breaker," in *Energy Conversion Congress and Exposition (ECCE)* (IEEE, ed.), pp. 1967–1971, IEEE, 2014.
71. D. Marroqui, A. Garrigo, and J. M. Blanes, "Lvdc sic mosfet analog electronic fuse with self-adjusting tripping time depending on overcurrent condition," *IEEE Transactions on Industrial Electronics*, vol. 69, no. 8, pp. 8472–8480, 2022.
72. R. D. Garzon, *High Voltage Circuit Breakers*. CRC Press, 2002.
73. S. M. Sanzad Lumen, R. Kannan, and N. Z. Yahaya, "Dc circuit breaker: A comprehensive review of solid state topologies," in *International Conference on Power and Energy (PECon)* (IEEE, ed.), pp. 1–6, IEEE, 2020.
74. R. K. Belchandan, X. Xu, E. Shoubaki, M. Manjrekar, T. Zhao, D. Figueroa, and R. Kennedy, "Characterization and performance of 600v 100a solid-state circuit breaker," in *9th IEEE International Symposium on Power Electronics for Distributed Generation Systems (PEDG)* (IEEE, ed.), pp. 1–4, IEEE, 25.06.2018–28.06.2018.
75. C. Gu, P. Wheeler, A. Castellazzi, A. J. Waston, and F. Effah, "A survey on configurations of current-limiting circuit breakers (cl-cb)," in *18th European Conference on Power Electronics and Applications (EPE'16 ECCE Europe)*, pp. 1–13, IEEE, 2016.
76. C. Gu, P. Wheeler, A. Castellazzi, A. J. Watson, and F. Effah, "Semiconductor devices in solid-state/hybrid circuit breakers: Current status and future trends," *Energies*, vol. 10, no. 4, p. 495, 2017.
77. H. Pugliese and M. von Kannewurff, "Discovering dc: A primer on dc circuit breakers, their advantages, and design," *IEEE Industry Applications Magazine*, vol. 19, no. 5, pp. 22–28, 2013.
78. S. Önal and S. Frei, "A model-based automotive smart fuse approach considering environmental conditions and insulation aging for higher current load limits and short-term overload operations,"
79. S. Önal and S. Frei, "Dynamic control of electronic fuses in vehicles considering longitudinal temperature distribution and aging behavior of cables," pp. 1–6.
80. S. Önal, A. Henke, and S. Frei, "Switching strategies for smart fuses based on thermal models of different complexity," in *2020 Fifteenth International Conference on Ecological Vehicles and Renewable Energies (EVER)*, pp. 1–10, IEEE, 10.09.2020–12.09.2020.
81. J. Milojković, V. Litovski, and S. Le Blond, "Low-voltage circuit breakers based on wbg solid-state devices," *Journal of Circuits, Systems and Computers*, vol. 27, no. 02, p. 1850020, 2018.
82. T. Schmelcher, *Handbuch der Niederspannung: Projektierungshinweise für Schaltgeräte, Schaltanlagen und Verteiler*. Berlin: Siemens AG, 1982.
83. H.-C. Köpf, *Schalten von Gleichströmen in automobilen HV-Bordnetzen bis 500 V, unter Berücksichtigung der Lichtbogenwanderung im Doppelkontaktsystem*. PhD thesis, Technische Universität Braunschweig and Verlag Dr. Hut.

84. ABB SPACE, "Technical application papers no.1: Low voltage selectivity with abb circuit-breakers," Nov. 2014.
85. H. Kopf, E.-D. Wilkening, C. Klosinski, and M. Kurrat, "Experimental research ondirect current switchgear," in *2014 IEEE 60th Holm Conference on Electrical Contacts (Holm)*, pp. 1–6, IEEE, 12.10.2014–15.10.2014.
86. Suhail Anwar, Remegio Manacio, Chung-Hee Park, Dong-Kil Yim, and Soo Young Choi, "Detection and suppression of electrical arcing abstract: United states," 2007.
87. S.-M. Lee and H.-S. Kim, "Development of dc circuit breaker using magnet arc extinguisher," *The Transactions of the Korean Institute of Power Electronics*, vol. 17, no. 1, pp. 21–26, 2012.
88. Y.-J. Kim and H. Kim, "Arc extinguishment for dc circuit breaker by pptc device," in *International Conference on Industrial and Information Systems (ICIIS)* (IEEE, ed.), pp. 1–5, IEEE, 2017.
89. Y.-J. Kim and H. Kim, "Novel dc circuit breaker using magnet-extinguisher and free-wheel diode," *Journal of Electrical Engineering & Technology*, vol. 14, no. 1, pp. 497–503, 2019.
90. B. N. Pushpakaran, M. Hinojosa, S. B. Bayne, V. Veliadis, D. Urciuoli, N. El-Hinnawy, P. Borodulin, S. Gupta, and C. Scozzie, "Evaluation of sic jfet performance during repetitive pulsed switching into an unclamped inductive load," *IEEE Transactions on Plasma Science*, vol. 42, no. 10, pp. 2968–2973, 2014.
91. M. Sagara, K. Wada, and S.-i. Nishizawa, "Degradation characteristics of sic power devices for dc circuit breaker by repetitive unclamped inductive switching test," *Microelectronics Reliability*, vol. 100-101, no. 5, p. 113417, 2019.
92. Y. Wang, W. Li, X. Wu, and X. Wu, "A novel bidirectional solid-state circuit breaker for dc microgrid," *IEEE Transactions on Industrial Electronics*, vol. 66, no. 7, pp. 5707–5714, 2019.
93. G. E. Mejia-Ruiz, M. R. A. Paternina, A. Zamora-Mendez, J. C. Rosas-Caro, and G. Bolivar-Ortiz, "A novel gan-based solid-state circuit breaker with voltage overshoot suppression," *IEEE Transactions on Industrial Electronics*, vol. 69, no. 9, pp. 8949–8960, 2022.
94. Y. Sato, Y. Tanaka, A. Fukui, M. Yamasaki, and H. Ohashi, "Sic-sit circuit breakers with controllable interruption voltage for 400-v dc distribution systems," *IEEE Transactions on Power Electronics*, vol. 29, no. 5, pp. 2597–2605, 2014.
95. L. Qi, P. Cairoli, Z. Pan, C. Tschida, Z. Wang, V. R. Ramanan, L. Raciti, and A. Antoniazzi, "Solid-state circuit breaker protection for dc shipboard power systems: Breaker design, protection scheme, validation testing," *IEEE Transactions on Industry Applications*, vol. 56, no. 2, pp. 952–960, 2020.
96. M. Kempkes, I. Roth, and M. Gaudreau, "Solid-state circuit breakers for medium voltage dc power," in *IEEE Electric Ship Technologies Symposium* (IEEE, ed.), pp. 254–257, IEEE, 2011.
97. J. H. Zhao, K. Tone, P. Alexandrov, L. Fursin, and M. Weiner, "1710-v 2.77-m/spl omega/cm sub 2 4h-sic trenched and implanted vertical junction field-effect transistors," *IEEE Electron Device Letters*, vol. 24, no. 2, pp. 81–83, 2003.
98. D. Marroqui, A. Garrigos, J. M. Blanes, R. Gutierrez, E. Maset, and D. Ramirez, "Sic based solid state protections switches for space applications," in *European Conference on Power Electronics and Applications (EPE'17 ECCE Europe)* (IEEE, ed.), pp. P.1–P.8, IEEE, 2017.

99. Y. Yang, “Power electronics for automotive 2022: Focus on paddenger and light commercial vehicles,” *Yole Dévelopment*, vol. 2022.
100. V. Veliadis, “Sic power device mass commercialization,” in *52nd European Solid-State Device Research Conference (ESSDERC)* (IEEE, ed.), pp. 31–36, IEEE, 2022.
101. V. Veliadis, B. Steiner, K. Lawson, S. B. Bayne, D. Urciuoli, and H. C. Ha, “Suitability of n-on recessed implanted gate vertical-channel sic jfets for optically triggered 1200 v solid-state-circuit-breakers,” in *3rd Workshop on Wide Bandgap Power Devices and Applications (WiPDA)* (IEEE, ed.), pp. 162–165, IEEE, 2015.
102. V. Veliadis, B. Steiner, K. Lawson, S. B. Bayne, D. Urciuoli, and H. C. Ha, “Suitability of n-on recessed implanted gate vertical-channel sic jfets for optically triggered 1200 v solid-state circuit breakers,” *IEEE Journal of Emerging and Selected Topics in Power Electronics*, vol. 4, no. 3, pp. 874–879, 2016.
103. N. Boughrara, S. Moumen, S. Lefebvre, Z. Khatir, P. Friedrichs, and J.-C. Faugieres, “Robustness of sic jfet in short-circuit modes,” *IEEE Electron Device Letters*, vol. 30, no. 1, pp. 51–53, 2009.
104. J. Dodge and A. Wilson, “Revolutionizing circuit protection with sic jfets,” *Bodos Power*, vol. 2024, 2024.
105. V. Veliadis, “Silicon carbide junction field-effect transistors (sic jfets),” in *Wiley Encyclopedia of Electrical and Electronics Engineering* (J. G. Webster, ed.), vol. 527-529, pp. 1–37, John Wiley & Sons, Inc, 1999.
106. B. N. Pushpakaran, M. Hinojosa, S. B. Bayne, V. Veliadis, D. Urciuoli, N. El-Hinnawy, P. Borodulin, S. Gupta, and C. Scozzie, “High temperature unclamped inductive switching mode evaluation of sic jfet,” *IEEE Electron Device Letters*, vol. 34, no. 4, pp. 526–528, 2013.
107. K. Tan, P. Liu, X. Ni, C. Peng, X. Song, and A. Q. Huang, “Performance evaluation of multiple si and sic solid state devices for circuit breaker application in 380vdc delivery system,” in *Applied Power Electronics Conference and Exposition (APEC)* (IEEE, ed.), pp. 983–989, IEEE, 2016.
108. V. Veliadis, H. Hearne, E. J. Stewart, M. Snook, W. Chang, J. D. Caldwell, H. C. Ha, N. El-Hinnawy, P. Borodulin, R. S. Howell, D. Urciuoli, A. Lelis, and C. Scozzie, “Degradation and full recovery in high-voltage implanted-gate sic jfets subjected to bipolar current stress,” *IEEE Electron Device Letters*, vol. 33, no. 7, pp. 952–954, 2012.
109. X. Huang, G. Wang, Y. Li, A. Q. Huang, and B. J. Baliga, “Short-circuit capability of 1200v sic mosfet and jfet for fault protection,” in *Twenty-Eighth Annual IEEE Applied Power Electronics Conference and Exposition (APEC)* (IEEE, ed.), pp. 197–200, IEEE, 2013.
110. S. N. Agbo, E. Bashar, R. Wu, S. Mendy, J. O. Gonzalez, and O. Alatise, “Simulations and measurements of failure modes in sic cascode jfets under short circuit conditions,” in *22nd Workshop on Control and Modelling of Power Electronics (COMPEL)* (IEEE, ed.), pp. 1–7, IEEE, 2021.
111. D. Marroqui, J. Borrell, R. Gutierrez, J. M. Blanes, A. Garrigos, and E. Maset, “Comparative study of sic transistors for active current limitation in s3r,” *Elektronika ir Elektrotechnika*, vol. 23, no. 5, 2017.
112. H. Mitlehner, W. Bartsch, K. O. Dohnke, P. Friedrichs, R. Kaltschmidt, U. Weinert, B. Weis, and D. Stephani, “Dynamic characteristics of high voltage 4h-sic vertical jfets,” in *11th International Symposium on Power Semiconductor Devices and ICs. ISPSD'99 Proceedings (Cat. No.99CH36312)* (IEEE, ed.), pp. 339–342, IEEE, 1999.

113. D. Peters, P. Friedrichs, R. Schorner, H. Mitlehner, B. Weis, and D. Stephani, "Electrical performance of triple implanted vertical silicon carbide mosfets with low on-resistance," in *11th International Symposium on Power Semiconductor Devices and ICs. ISPSD'99 Proceedings (Cat. No.99CH36312)* (IEEE, ed.), pp. 103–106, IEEE, 1999.
114. B. Weis, M. Braun, and P. Friedrichs, "Turn-off and short circuit behaviour of 4h sic jfets," in *Conference Record of the 2001 IEEE Industry Applications Conference. 36th IAS Annual Meeting (Cat. No.01CH37248)* (IEEE, ed.), pp. 365–369, IEEE, 2001.
115. K. Lawson, G. Alvarez, S. B. Bayne, V. Veliadis, H. C. Ha, D. Urciuoli, N. El-Hinnawy, P. Borodulin, and C. Scozzie, "Hard-switch stressing of vertical-channel implanted-gate sic jfets," *IEEE Electron Device Letters*, vol. 33, no. 1, pp. 86–88, 2012.
116. V. Veliadis, B. Steiner, K. Lawson, S. B. Bayne, D. Urciuoli, H. C. Ha, N. El-Hinnawy, S. Gupta, P. Borodulin, R. S. Howell, and C. Scozzie, "Reliable operation of sic jfet subjected to over 2.4 million 1200-v/115-a hard switching events at 150," *IEEE Electron Device Letters*, vol. 34, no. 3, pp. 384–386, 2013.
117. Lukasser Stefan, "From electromechanical relays to robust semiconductor solutions: Solid-state relays with optimized superjunction fet technology," *Infineon White Paper*, pp. 1–13, 2021.
118. D. P. Urciuoli, "Evaluation of sic vjfet devices for scalable solid-state circuit breakers," in *Army Research Laboratory* (ARL, ed.).
119. D. P. Urciuoli, V. Veliadis, H. C. Ha, and V. Lubomirsky, "Demonstration of a 600-v, 60-a, bidirectional silicon carbide solid-state circuit breaker," in *Twenty-Sixth Annual IEEE Applied Power Electronics Conference and Exposition (APEC)* (IEEE, ed.), pp. 354–358, IEEE, 2011.
120. D. P. Urciuoli, "Evaluation of bidirectional silicon carbide solid-state circuit breaker v3.2," in *Army Research Laboratory* (ARL, ed.).
121. D. Marroqui, J. M. Blanes, A. Garrigos, and R. Gutierrez, "Self-powered 380 v dc sic solid-state circuit breaker and fault current limiter," *IEEE Transactions on Power Electronics*, vol. 34, no. 10, pp. 9600–9608, 2019.
122. R. Rodrigues, Y. Du, A. Antoniazzi, and P. Cairoli, "A review of solid-state circuit breakers," *IEEE Transactions on Power Electronics*, vol. 36, no. 1, pp. 364–377, 2021.
123. A. Shukla and G. D. Demetriades, "A survey on hybrid circuit-breaker topologies," *IEEE Transactions on Power Delivery*, vol. 30, no. 2, pp. 627–641, 2015.
124. D. Bosche, E.-D. Wilkening, H. Kopf, and M. Kurrat, "Breaking performance investigation of hybrid dc circuit breakers: An experimental approach," in *2015 IEEE 61st Holm Conference on Electrical Contacts (Holm)*, pp. 117–123, IEEE, 11.10.2015–14.10.2015.
125. S. Beheshtaein, R. M. Cuzner, M. Forouzesh, M. Savaghebi, and J. M. Guerrero, "Dc microgrid protection: A comprehensive review," *IEEE Journal of Emerging and Selected Topics in Power Electronics*, p. 1, 2019.
126. M. Callavik, A. Blomberg, Häfner Jürgen, and B. Jacobson, "The hybrid hvdc breaker: An innovation breakthrough enablingreliable hvdc grids," in *Technical Paper Nov'2012* (ABB, ed.).
127. A. Hassanpoor, J. Hafner, and B. Jacobson, "Technical assessment of load commutation switch in hybrid hvdc breaker," in *International Power Electronics Conference (IPEC-Hiroshima 2014 – ECCE ASIA)* (IEEE, ed.), pp. 3667–3673, IEEE, 2014.
128. A. Hassanpoor, J. Hafner, and B. Jacobson, "Technical assessment of load commutation switch in hybrid hvdc breaker," *IEEE Transactions on Power Electronics*, vol. 30, no. 10, pp. 5393–5400, 2015.

129. J. A. Martinez-Velasco and J. Magnusson, "Parametric analysis of the hybrid hvdc circuit breaker," *International Journal of Electrical Power & Energy Systems*, vol. 84, no. 2, pp. 284–295, 2017.
130. J.-M. Meyer and A. Rufer, "A dc hybrid circuit breaker with ultra-fast contact opening and integrated gate-commutated thyristors (igcts)," *IEEE Transactions on Power Delivery*, vol. 21, no. 2, pp. 646–651, 2006.
131. A. Abramovitz and K. Ma Smedley, "Survey of solid-state fault current limiters," *IEEE Transactions on Power Electronics*, vol. 27, no. 6, pp. 2770–2782, 2012.
132. S. Patil and A. Thorat, "Development of fault current limiters: A review," in *International Conference on Data Management, Analytics and Innovation (ICDMAI)* (IEEE, ed.), pp. 122–126, IEEE, 2017.
133. Y. Zhou, Y. Feng, T. Liu, and Z. J. Shen, "A digital-controlled sic-based solid state circuit breaker with soft-start function for dc microgrids," in *9th IEEE International Symposium on Power Electronics for Distributed Generation Systems (PEDG)* (IEEE, ed.), pp. 1–7, IEEE, 25.06.2018–28.06.2018.
134. D. He, Z. Xiong, Z. Lei, Z. Shuai, Z. J. Shen, and J. Wang, "Design optimisation of self–powered gate driver for ultra–fast dc solid–state circuit breakers using sic jfets," *IET Power Electronics*, vol. 10, no. 15, pp. 2149–2156, 2017.
135. G. Roeder, X. Liu, M. Hofmann, M. Schellenberger, F. Hilpert, and M. Marz, "Cognitive power electronics for intelligent drive technology," in *2020 10th International Electric Drives Production Conference (EDPC)*, pp. 1–8, IEEE, 08.12.2020–09.12.2020.
136. G. Roeder, L. Ott, A. Meier, B. Wunder, P. Wienzek, A. Baermann, F. Liers, and M. Schellenberger, "Analysis and improvement of lvdc-grid stability using circuit simulation and machine learning – a case study," in *NEIS 2021; Conference on Sustainable Energy Supply and Energy Storage Systems*, pp. 1–7.
137. M. Schellenberger, V. Lorentz, and B. Eckardt, "Cognitive power electronics – an enabler for smart systems," in *PCIM Europe 2022; International Exhibition and Conference for Power Electronics, Intelligent Motion, Renewable Energy and Energy Management*, pp. 1–5.
138. D. Marroqui, A. Garrigos, J. Blanes, R. Gutierrez, and E. Maset, "Sic based latching current limiter for high voltage space power distribution systems," in *Energy Conversion Congress and Exposition (ECCE)* (IEEE, ed.), pp. 3669–3673, IEEE, 2018.
139. A. Garrigos, D. Marroqui, C. Orts, C. Torres, and J. M. Blanes, "Latching current limiter for space platform power distribution using a low-voltage p-mosfet and a normally-on sic jfet," *IEEE Journal of Emerging and Selected Topics in Power Electronics*, vol. 10, no. 5, pp. 5464–5473, 2022.
140. Y. Feng, Y. Zhou, Z. J. Shen, X. Zhou, and S. Krstic, "Electronically assisted circuit breaker (eacb) for dc power systems," in *Energy Conversion Congress and Exposition (ECCE)* (IEEE, ed.), pp. 2419–2425, IEEE, 2019.
141. Y. Feng, Z. J. Shen, and X. Zhou, "Influence of dc power system parameters on fault interruption characteristics of electronically assisted circuit breaker (eacb)," in *Fourth International Conference on DC Microgrids (ICDCM)* (IEEE, ed.), pp. 1–5, IEEE, 2021.
142. Y. Feng, X. Zhou, S. Krstic, Y. Zhou, and Z. J. Shen, "Molded case electronically assisted circuit breaker for dc power distribution systems," *IEEE Transactions on Power Electronics*, vol. 36, no. 6, pp. 6586–6595, 2021.
143. D. Marroqui, A. Garrigos, J. M. Blanes, R. Gutierrez, and E. Maset, "Circuit proposals for high-voltage latching current limiters," in *European Space Power Conference (ESPC)* (IEEE, ed.), pp. 1–8, IEEE, 2019.

144. Q. Chen, K. Tan, and A. Q. Huang, "Self-power emitter turn-off thyristor (speto) based circuit breaker for power distribution system," in *Energy Conversion Congress and Exposition (ECCE)* (IEEE, ed.), pp. 2017–2021, IEEE, 2012.
145. X. Q. Li, P. Alexandrov, L. Fursin, C. Dries, and J. H. Zhao, "Sic solid-state disconnect for high power system applications," *Materials Science Forum*, vol. 717-720, pp. 1249–1252, 2012.
146. D. Bosche, E.-D. Wilkening, H. Kopf, and M. Kurrat, "Hybrid dc circuit breaker feasibility study," *IEEE Transactions on Components, Packaging and Manufacturing Technology*, vol. 7, no. 3, pp. 354–362, 2017.
147. K. Palaniappan, W. Sedano, N. Hoeft, R. Cuzner, and Z. J. Shen, "Fault discrimination using sic jfet based self-powered solid state circuit breakers in a residential dc community microgrid," in *Energy Conversion Congress and Exposition (ECCE)* (IEEE, ed.), pp. 3747–3753, IEEE, 2017.
148. Y. Li, A. Q. Huang, and F. C. Lee, "Introducing the emitter turn-off thyristor (eto)," in *Conference Record of 1998 IEEE Industry Applications Conference. Thirty-Third IAS Annual Meeting (Cat. No.98CH36242)* (IEEE, ed.), pp. 860–864, IEEE, 1998.
149. Y. Li, A. Q. Huang, and K. Motto, "Series and parallel operation of the emitter turn-off (eto) thyristor," in *Conference Record of the 2000 IEEE Industry Applications Conference. Thirty-Fifth IAS Annual Meeting and World Conference on Industrial Applications of Electrical Energy (Cat. No.00CH37129)* (IEEE, ed.), pp. 2873–2879, IEEE, 2000.
150. B. Zhang, A. Q. Huang, Y. Liu, and S. Atcitty, "Performance of the new generation emitter turn-off (eto) thyristor," in *Conference Record of the 2002 IEEE Industry Applications Conference. 37th IAS Annual Meeting (Cat. No.02CH37344)* (IEEE, ed.), pp. 559–563, IEEE, 2002.
151. Z. Xu, B. Zhang, S. Sirisukprasert, X. Zhou, and A. Q. Huang, "The emitter turn-off thyristor-based dc circuit breaker," in *Power Engineering Society Winter Meeting. Conference Proceedings (Cat. No.02CH37309)* (IEEE, ed.), pp. 288–293, IEEE, 2002.
152. B. Chen, A. Q. Huang, M. Baran, C. Han, and W. Song, "Operation characteristics of emitter turn-off thyristor (eto) for solid-state circuit breaker and fault current limiter," in *Twenty-First Annual IEEE Applied Power Electronics Conference and Exposition, 2006. APEC '06* (IEEE, ed.), pp. 174–178, IEEE, 2006.
153. J. Wang and A. Q. Huang, "Design and characterization of high-voltage silicon carbide emitter turn-off thyristor," *IEEE Transactions on Power Electronics*, vol. 24, no. 5, pp. 1189–1197, 2009.
154. Z. J. Shen, G. Sabui, Z. Miao, and Z. Shuai, "Wide-bandgap solid-state circuit breakers for dc power systems: Device and circuit considerations," *IEEE Transactions on Electron Devices*, vol. 62, no. 2, pp. 294–300, 2015.
155. Z. J. Shen, Z. Miao, and A. M. Roshandeh, "Solid state circuit breakers for dc micrgrids: Current status and future trends," in *First International Conference on DC Microgrids (ICDCM)* (IEEE, ed.), pp. 228–233, IEEE, 2015.
156. A. M. Roshandeh, Z. Miao, Z. A. Danyial, Y. Feng, and Z. J. Shen, "Cascaded operation of sic jfets in medium voltage solid state circuit breakers," in *Energy Conversion Congress and Exposition (ECCE)* (IEEE, ed.), pp. 1–6, IEEE, 2016.
157. Z. Miao, G. Sabui, A. Moradkhani, J. Wang, Z. Shuai, and X. Yin, "A self-powered bidirectional dc solid state circuit breaker using two normally-on sic jfets," in *Energy Conversion Congress and Exposition (ECCE)* (IEEE, ed.), pp. 4119–4124, IEEE, 2015.

158. Z. Miao, G. Sabui, A. Moradkhani Roshandeh, and Z. J. Shen, “Design and analysis of dc solid-state circuit breakers using sic jfets,” *IEEE Journal of Emerging and Selected Topics in Power Electronics*, vol. 4, no. 3, pp. 863–873, 2016.
159. Z. Miao, G. Sabui, A. Chen, Y. Li, Z. J. Shen, J. Wang, Z. Shuai, A. Luo, X. Yin, and M. Jiang, “A self-powered ultra-fast dc solid state circuit breaker using a normally-on sic jfet,” in *Applied Power Electronics Conference and Exposition (APEC)* (IEEE, ed.), pp. 767–773, IEEE, 2015.
160. Bourns, “Tbu-ca series tbu® high-speed protectors: Datenblatt.”
161. J.-L. Sanchez, M. Breil, P. Austin, J.-P. Laur, J. Jalade, B. Rousset, and H. Foch, “A new high-voltage integrated switch: the “thyristor dual” function,” in *11th International Symposium on Power Semiconductor Devices and ICs. ISPSD’99 Proceedings (Cat. No.99CH36312)* (IEEE, ed.), pp. 157–160, IEEE, 1999.
162. J.-P. Laur, J.-L. Sanchez, M. Marmouget, P. Austin, J. Jalade, M. Breil, and M. Roy, “A new circuit-breaker integrated device for protection applications,” in *11th International Symposium on Power Semiconductor Devices and ICs. ISPSD’99 Proceedings (Cat. No.99CH36312)* (IEEE, ed.), pp. 315–318, IEEE, 1999.
163. N. Roux, F. Richardeau, and H. Foch, “Self-switching and protected converters: new cells synthesis,” in *34th Annual Conference on Power Electronics Specialist PESC* (IEEE, ed.), pp. 1494–1499, IEEE, 15-19 June 2003.
164. B. Rosensaft, U. R. Vemulapati, and D. Silber, “Circuit breaker and safe controlled power switch,” in *Proceedings of the 19th International Symposium on Power Semiconductor Devices and IC’s* (IEEE, ed.), pp. 169–172, IEEE, 2007.
165. U. R. Vemulapati, B. Rosensaft, and D. Silber, “Regenerative turn-off power devices,” in *European Conference on Power Electronics and Applications* (IEEE, ed.), pp. 1–8, IEEE, 2007.
166. U. R. Vemulapati, D. Silber, and B. Rosensaft, “The concept of a regenerative diode,” in *Proceedings of the 19th International Symposium on Power Semiconductor Devices and IC’s* (IEEE, ed.), pp. 193–196, IEEE, 2007.
167. F. Capy, A. Bourennane, M. Breil, F. Richardeau, E. Imbernon, J. L. Sanchez, J. P. Laur, and P. Austin, “Design of an integrated self-switching mode device for power converters,” in *International Conference on Mixed Design of Integrated Circuits and Systems* (IEEE, ed.), pp. 574–579, IEEE, 2007.
168. F. Capy, J. Le Gal, M. Breil, F. Richardeau, J. P. Laur, P. Austin, and J. L. Sanchez, “Development of a self-protected and self-controlled integrated power switch: Comparison of two circuit architectures,” in *Bipolar/BiCMOS Circuits and Technology Meeting* (IEEE, ed.), pp. 49–52, IEEE, 2008.
169. F. Capy, M. Breil, F. Richardeau, J. P. Laur, A. Bourennane, and J. L. Sanchez, “Exploring potentials and performance of two circuit architectures to develop a new integrated switch dedicated to self-switching power converters,” *13th European Conference on Power Electronics and Applications*, vol. 2009, no. 13.
170. F. Capy, J. P. Laur, M. Breil, F. Richardeau, M. Brunet, E. Imbernon, A. Bourennane, C. Caramel, P. Austin, and J. L. Sanchez, “New self-controlled and self-protected igbt based integrated switch,” in *21st International Symposium on Power Semiconductor Devices & IC’s* (IEEE, ed.), pp. 243–246, IEEE, 2009.
171. A. Wurfel, J. Adler, A. Mauder, and N. Kaminski, “Over current breaker based on the dual thyristor principle,” in *28th International Symposium on Power Semiconductor Devices and ICs (ISPSD)* (IEEE, ed.), pp. 143–146, IEEE, 2016.

172. A. Wuerfel, Johannes Adler, Anton Mauder, and Nando Kaminski, "Hig speed electronic over current breaker for dc-grids without additional sensing," in *PCIM Europe 2016; International Exhibition and Conference for Power Electronics, Intelligent Motion, Renewable Energy and Energy Management* (PCIM, ed.), 2016.
173. M. Albrecht, A. Huerner, T. Erlbacher, A. J. Bauer, and L. Frey, "Experimental verification of a self-triggered solid-state circuit breaker based on a sic bifet," *Materials Science Forum*, vol. 897, pp. 665–668, 2017.
174. H. Mitlehner, P. Friedrichs, R. Elpelt, K. O. Dohnke, R. Schörner, and D. Stephani, "Bifet – a novel bipolar sic switch for high voltage power electronics," *Materials Science Forum*, vol. 457–460, pp. 1245–1248, 2004.
175. A. Huerner and T. Erlbacher, "Fraunhoferiisb – 2016 – product sheet solid-state-circuit-breaker,"
176. A. Huerner, T. Erlbacher, A. J. Bauer, and L. Frey, "Monolithically integrated solid-state-circuit-breaker for high power applications," *Materials Science Forum*, vol. 897, pp. 661–664, 2017.
177. A. Huerner and T. Erlbacher, "Monolithically integrated semiconductor switch, particularly circuit breaker," us-patent."
178. T. Kimoto and J. A. Cooper, "Fundamentals of silicon carbide technology: 02 – physical properties of silicon carbide," in *Fundamentals of Silicon Carbide Technology* (T. Kimoto and J. A. Cooper, eds.), vol. 8, pp. 11–38, John Wiley & Sons Singapore Pte. Ltd, 2014.
179. W. J. Choyke, "Optical proberties of polytypes of sic: Interband absorption, and luminsecence of nitrogen-exition complexes," in *Silicon Carbide* (Choyke, ed.), vol. 5, pp. S141–S152, Elsevier, 1969.
180. O. Slobodyan, J. Flicker, J. Dickerson, J. Shoemaker, A. Binder, T. Smith, S. Goodnick, R. Kaplar, and M. Hollis, "Analysis of the dependence of critical electric field on semiconductor bandgap," *Journal of Materials Research*, vol. 37, no. 4, pp. 849–865, 2022.
181. B. J. Baliga, "Semiconductors for high–voltage, vertical channel field–effect transistors," *Journal of Applied Physics*, vol. 53, no. 3, pp. 1759–1764, 1982.
182. B. J. Baliga, "Power semiconductor device figure of merit for high-frequency applications," *IEEE Electron Device Letters*, vol. 10, no. 10, pp. 455–457, 1989.
183. A. Itoh, T. Kimoto, and H. Matsunami, "High performance of high-voltage 4h-sic schottky barrier diodes," *IEEE Electron Device Letters*, vol. 16, no. 6, pp. 280–282, 1995.
184. E. Johnson, "Physical limitations on frequency and power parameters of transistors," in *IRE International Convention Record*, pp. 27–34, Institute of Electrical and Electronics Engineers, March 1965.
185. R. W. Keyes, "Figure of merit for semiconductors for high-speed switches," *Proceedings of the IEEE*, vol. 60, no. 2, p. 225, 1972.
186. T. Erlbacher, *Lateral Power Transistors in Integrated Circuits*. Cham: Springer International Publishing, 2014.
187. Z. Zheng, W. Song, L. Zhang, S. Yang, H. Xu, R. K.-Y. Wong, J. Wei, and K. J. Chen, "Enhancement-mode gan p-channel mosfets for power integration," in *2020 32nd International Symposium on Power Semiconductor Devices and ICs (ISPSD)*, pp. 525–528, IEEE, 13.09.2020–18.09.2020.

188. T. T. Mnatsakanov, M. E. Levinshtein, L. I. Pomortseva, S. N. Yurkov, G. S. Simin, and M. Asif Khan, "Carrier mobility model for gan," *Solid-State Electronics*, vol. 47, no. 1, pp. 111–115, 2003.
189. W. J. Choyke and G. Pensl, "Physical properties of sic," *MRS Bulletin*, vol. 22, no. 3, pp. 25–29, 1997.
190. T. Kimoto and J. A. Cooper, "Bulk growth of silicon carbide," in *Fundamentals of Silicon Carbide Technology* (T. Kimoto and J. A. Cooper, eds.), vol. 18, pp. 39–74, John Wiley & Sons Singapore Pte. Ltd, 2014.
191. H. Matsunami and T. Kimoto, "Step-controlled epitaxial growth of sic: High quality homoepitaxy," *Materials Science and Engineering: R: Reports*, vol. 20, no. 3, pp. 125–166, 1997.
192. S. Sze and K. K. Ng, "Physics of semiconductor devices: 01 – physics and properties of semiconductors-a review," in *Physics of Semiconductor Devices* (S. Sze and K. K. Ng, eds.), pp. 5–75, John Wiley & Sons, Inc, 2006.
193. J. S. Blakemore, "Semiconductor statistics: The fermi level-electron density equilibrium," in *Semiconductor Statistics* (J. S. Blakemore, ed.), pp. 75–116, Elsevier Science, 1962.
194. G. Wellenhofer and U. Rssler, "Global band structure and near-band-edge states," *physica status solidi (b)*, vol. 202, no. 1, pp. 107–123, 1997.
195. H. Ibach and H. Lüth, "Festkörperphysik: Halbleiter," in *Festkörperphysik* (H. Ibach, ed.), vol. 96 of *Springer-Lehrbuch*, pp. 403–492, Springer Berlin Heidelberg, 2009.
196. C. Persson and U. Lindefelt, "Density of states in hexagonal sic polytypes," *Journal of Applied Physics*, vol. 83, no. 1, pp. 266–269, 1998.
197. N. T. Son, W. M. Chen, O. Kordina, A. O. Konstantinov, B. Monemar, E. Janzén, D. M. Hofman, D. Volm, M. Drechsler, and B. K. Meyer, "Electron effective masses in 4h sic," *Applied Physics Letters*, vol. 66, no. 9, pp. 1074–1076, 1995.
198. N. T. Son, P. N. Hai, W. M. Chen, C. Hallin, B. Monemar, and E. Janzén, "Hole effective masses in 4h sic," *Physical Review B*, vol. 61, no. 16, pp. R10544–R10546, 2000.
199. W. J. Choyke and L. Patrick, "Exciton recombination radiation and phonon spectrum of 6h sic," *Physical Review*, vol. 127, no. 6, pp. 1868–1877, 1962.
200. M. A. Capano, J. A. Cooper, M. R. Melloch, A. Saxler, and W. C. Mitchel, "Ionization energies and electron mobilities in phosphorus- and nitrogen-implanted 4h-silicon carbide," *Journal of Applied Physics*, vol. 87, no. 12, pp. 8773–8777, 2000.
201. I. G. Ivanov, A. Henry, and E. Janzén, "Ionization energies of phosphorus and nitrogen donors and aluminum acceptors in 4h silicon carbide from the donor-acceptor pair emission," *Physica B: Condensed Matter*, vol. 71, no. 24, p. 515, 2005.
202. S. Contreras, L. Konczewicz, R. Arvinte, H. Peyre, T. Chassagne, M. Zielinski, and S. Juillaguet, "Electrical transport properties of p-type 4h-sic," *physica status solidi (a)*, vol. 214, no. 4, p. 1600679, 2017.
203. J. Pernot, S. Contreras, and J. Camassel, "Electrical transport properties of aluminum-implanted 4h–sic," *Journal of Applied Physics*, vol. 98, no. 2, p. 023706, 2005.
204. S. Mitra, M. V. Rao, N. Papanicolaou, K. A. Jones, M. Derenge, O. W. Holland, R. D. Vispute, and S. R. Wilson, "Deep-level transient spectroscopy study on double implanted n+–p and p+–n 4h-sic diodes," *IEEE Transactions on Electron Devices*, vol. 95, no. 1, pp. 69–75, 2004.
205. K. Kawahara, H. Watanabe, N. Miura, S. Nakata, and S. Yamakawa, "Shallow and deep levels in al^{+}-implanted p-type 4h-sic measured by thermal admittance spectroscopy," *Materials Science Forum*, vol. 821-823, pp. 403–406, 2015.

206. H. Matsuura, N. Minohara, and T. Ohshima, "Mechanisms of unexpected reduction in hole concentration in al-doped 4h-sic by 200 kev electron irradiation," *Journal of Applied Physics*, vol. 104, no. 4, p. 1111, 2008.
207. J. Weiße, M. Hauck, M. Krieger, A. J. Bauer, and T. Erlbacher, "Aluminum acceptor activation and charge compensation in implanted p-type 4h-sic," *AIP Advances*, vol. 9, no. 5, p. 055308, 2019.
208. C. Darmody and N. Goldsman, "Incomplete ionization in aluminum-doped 4h-silicon carbide," *Journal of Applied Physics*, vol. 126, no. 14, p. 145701, 2019.
209. M. Ikeda, H. Matsunami, and T. Tanaka, "Site effect on the impurity levels in 4h , 6h , and 15r sic," *Physical Review B*, vol. 22, no. 6, pp. 2842–2854, 1980.
210. W. Suttrop, G. Pensl, W. J. Choyke, A. Dörnen, S. Leibenzeder, and R. Stein, "Hall effect and infrared absorption measurements on nitrogen donors in 6h-sic," in *Amorphous and Crystalline Silicon Carbide IV* (H. K. V. Lotsch, C. Y. Yang, M. M. Rahman, and G. L. Harris, eds.), vol. 71 of *Springer Proceedings in Physics*, pp. 129–135, Springer Berlin Heidelberg, 1992.
211. H. Matsuura, M. Komeda, S. Kagamihara, H. Iwata, R. Ishihara, T. Hatakeyama, T. Watanabe, K. Kojima, T. Shinohe, and K. Arai, "Dependence of acceptor levels and hole mobility on acceptor density and temperature in al-doped p-type 4h-sic epilayers," *Journal of Applied Physics*, vol. 96, no. 5, pp. 2708–2715, 2004.
212. J. Kauth, *Compensation of Implanted Aluminium Dopants in 4H-SiC: Masterthesis.* 2022.
213. T. Kimoto and J. A. Cooper, "Fundamentals of silicon carbide technology: Appendix a: Incomplete dopant ionization in 4h-sic," in *Fundamentals of Silicon Carbide Technology* (T. Kimoto and J. A. Cooper, eds.), vol. 71, pp. 511–515, John Wiley & Sons Singapore Pte. Ltd, 2014.
214. T. Kimoto and J. A. Cooper, "Fundamentals of silicon carbide technology: Appendix c: Major physical properties of common sic polytypes," in *Fundamentals of Silicon Carbide Technology* (T. Kimoto and J. A. Cooper, eds.), vol. 4, pp. 521–524, John Wiley & Sons Singapore Pte. Ltd, 2014.
215. M. Laube, F. Schmid, G. Pensl, G. Wagner, M. Linnarsson, and M. Maier, "Electrical activation of high concentrations of n+ and p+ ions implanted into 4h–sic," *Journal of Applied Physics*, vol. 92, no. 1, pp. 549–554, 2002.
216. M. V. Rao, "Maturing ion-implantation technology and its device applications in sic," *Solid-State Electronics*, vol. 47, no. 2, pp. 213–222, 2003.
217. M. K. Linnarsson, M. S. Janson, U. Zimmermann, B. G. Svensson, P. O. Å. Persson, L. Hultman, J. Wong-Leung, S. Karlsson, A. Schöner, H. Bleichner, and E. Olsson, "Solubility limit and precipitate formation in al-doped 4h-sic epitaxial material," *Applied Physics Letters*, vol. 79, no. 13, pp. 2016–2018, 2001.
218. H. Ibach, "Festkörperphysik: „freie" elektronen im festkörper," in *Festkörperphysik* (H. Ibach, ed.), Springer-Lehrbuch, pp. 135–158, Springer Berlin Heidelberg, 2009.
219. G. Pensl and W. J. Choyke, "Electrical and optical characterization of sic," *Physica B: Condensed Matter*, vol. 185, no. 1-4, pp. 264–283, 1993.
220. J. S. Blakemore, "Semiconductors dominated by impurity levels," in *Semiconductor Statistics*, pp. 117–176, Elsevier, 1962.
221. P. P. Altermatt, A. Schenk, and G. Heiser, "A simulation model for the density of states and for incomplete ionization in crystalline silicon. i. establishing the model in si:p," *Journal of Applied Physics*, vol. 100, no. 11, p. 1600, 2006.

222. C. Persson, U. Lindefelt, and B. E. Sernelius, "Band gap narrowing in n -type and p -type 3c-, 2h-, 4h-, 6h-sic, and si," *Journal of Applied Physics*, vol. 86, no. 8, pp. 4419–4427, 1999.
223. G. L. Pearson and J. Bardeen, "Electrical properties of pure silicon and silicon alloys containing boron and phosphorus," *Physical Review*, vol. 75, no. 5, pp. 865–883, 1949.
224. A. Koizumi, J. Suda, and T. Kimoto, "Temperature and doping dependencies of electrical properties in al-doped 4h-sic epitaxial layers," *Journal of Applied Physics*, vol. 106, no. 1, p. 645, 2009.
225. J. M. Bluet, J. Pernot, J. Camassel, S. Contreras, J. L. Robert, J. F. Michaud, and T. Billon, "Activation of aluminum implanted at high doses in 4h–sic," *Journal of Applied Physics*, vol. 88, no. 4, pp. 1971–1977, 2000.
226. K. Eriksson, C. Johnson, and D. Estep, eds., *Angewandte Mathematik: Body and Soul*. Berlin/Heidelberg: Springer-Verlag, 2004.
227. K. Sikorski, "Bisection is optimal," *Numerische Mathematik*, vol. 40, no. 1, pp. 111–117, 1982.
228. T. Kimoto and J. A. Cooper, "Fundamentals of silicon carbide technology: 08 – unipolar power switching devices," in *Fundamentals of Silicon Carbide Technology* (T. Kimoto and J. A. Cooper, eds.), vol. 54, pp. 301–352, John Wiley & Sons Singapore Pte. Ltd, 2014.
229. C. Hamaguchi, "Electron–phonon interaction and electron transport," in *Basic Semiconductor Physics* (C. Hamaguchi, ed.), vol. 77 of *Graduate Texts in Physics*, pp. 265–364, Springer International Publishing, 2017.
230. D. M. Caughey and R. E. Thomas, "Carrier mobilities in silicon empirically related to doping and field," *Proceedings of the IEEE*, vol. 55, no. 12, pp. 2192–2193, 1967.
231. S. Kagamihara, H. Matsuura, T. Hatakeyama, T. Watanabe, M. Kushibe, T. Shinohe, and K. Arai, "Parameters required to simulate electric characteristics of sic devices for n-type 4h–sic," *Journal of Applied Physics*, vol. 96, no. 10, pp. 5601–5606, 2004.
232. S. Asada, J. Suda, and T. Kimoto, "Analytical formula for temperature dependence of resistivity in p-type 4h-sic with wide-range doping concentrations," *Japanese Journal of Applied Physics*, vol. 57, no. 8, p. 088002, 2018.
233. I. A. Khan and J. A. Cooper, "Measurement of high-field electron transport in silicon carbide," *IEEE Transactions on Electron Devices*, vol. 47, no. 2, pp. 269–273, 2000.
234. N. Boettcher and T. Erlbacher, "Design considerations on a monolithically integrated, self controlled and regenerative 900 v sic circuit breaker," in *Workshop on Wide Bandgap Power Devices and Applications in Asia (WiPDA Asia)* (IEEE, ed.), pp. 1–6, IEEE, 23.09.2020–25.09.2020.
235. N. Boettcher, M. Rommel, and T. Erlbacher, "Analytical modelling of the quasi-static operation of a monolithically integrated 4h-sic circuit breaker device," *Solid State Phenomena*, vol. 360, pp. 111–118, 2024.
236. S. Sze and K. K. Ng, "Physics of semiconductor devices: 07 – jfets, mesfets, and modfets," in *Physics of Semiconductor Devices* (S. Sze and K. K. Ng, eds.), pp. 374–413, John Wiley & Sons, Inc, 2006.
237. S. Sze and K. K. Ng, "Physics of semiconductor devices: 02 – p – n junctions," in *Physics of Semiconductor Devices* (S. Sze and K. K. Ng, eds.), pp. 77–133, John Wiley & Sons, Inc, 2006.
238. N. Donato and F. Udrea, "Static and dynamic effects of the incomplete ionization in superjunction devices," *IEEE Transactions on Electron Devices*, vol. 65, no. 10, pp. 4469–4475, 2018.

239. S. Sze and K. K. Ng, "Physics of semiconductor devices: 09 – impatt diodes," in *Physics of Semiconductor Devices* (S. Sze and K. K. Ng, eds.), pp. 466–509, John Wiley & Sons, Inc, 2006.
240. J. L. Chu, G. Persky, and S. M. Sze, "Thermionic injection and space–charge–limited current in reach–through p+np+ structures," *Journal of Applied Physics*, vol. 43, no. 8, pp. 3510–3515, 1972.
241. H. A. Bethe, "Mit radiation lab report 43/12," *MIT Radiation Lab Report*, vol. 42, no. 12, 1942.
242. C. R. Crowell, "The richardson constant for thermionic emission in schottky barrier diodes," *Solid-State Electronics*, vol. 8, no. 4, pp. 395–399, 1965.
243. S. Denda and M.-A. Nicolet, "Pure space–charge–limited electron current in silicon," *Journal of Applied Physics*, vol. 37, no. 6, pp. 2412–2424, 1966.
244. A. O. Konstantinov, Q. Wahab, N. Nordell, and U. Lindefelt, "Ionization rates and critical fields in 4h silicon carbide," *Applied Physics Letters*, vol. 71, no. 1, pp. 90–92, 1997.
245. T. Kimoto and J. A. Cooper, "Fundamentals of silicon carbide technology: 10 – optimization and comparison of power devices," in *Fundamentals of Silicon Carbide Technology* (T. Kimoto and J. A. Cooper, eds.), vol. 71, pp. 417–444, John Wiley & Sons Singapore Pte. Ltd, 2014.
246. P. Steinmann, B. Hull, I.-H. Ji, D. Lichtenwalner, and E. van Brunt, "Temperature dependence of avalanche breakdown in 4h-sic devices," *Journal of Applied Physics*, vol. 133, no. 23, p. 3848, 2023.
247. A. O. Konstantinov, N. Nordell, Q. Wahab, and U. Lindefelt, "Temperature dependence of avalanche breakdown for epitaxial diodes in 4h silicon carbide," *Applied Physics Letters*, vol. 73, no. 13, pp. 1850–1852, 1998.
248. F. Yan, Y. Luo, J. H. Zhao, and G. H. Olsen, "4h-sic visible blind uv avalanche photodiode," *IEEE Transactions on Electron Devices*, vol. 35, no. 11, p. 929, 1999.
249. Y. Nanen, M. Aketa, H. Asahara, and T. Nakamura, "Estimation of junction temperature at failure of sic dmosfets in uis test," in *2016 IEEE International Meeting for Future of Electron Devices, Kansai (IMFEDK)*, pp. 1–2, IEEE, 23.06.2016–24.06.2016.
250. P. A. Ivanov, A. S. Potapov, T. P. Samsonova, and I. V. Grekhov, "Current–voltage characteristics of high-voltage 4h-sic p +–n 0–n + diodes in the avalanche breakdown mode," *Semiconductors*, vol. 51, no. 3, pp. 374–378, 2017.
251. B. J. Baliga, *Fundamentals of Power Semiconductor Devices*. Cham: Springer International Publishing, 2019.
252. p Fab, "Sic-services silicon-carbide-device-prototyping," 2022.
253. R. Siemieniec and U. Kirchner, "The 1200v direct-driven sic jfet power switch," in *Proceedings of the 2011 14th European Conference on Power Electronics and Applications* (IEEE, ed.), IEEE, 2011.
254. T. Kimoto and J. A. Cooper, "Epitaxial growth of silicon carbide," in *Fundamentals of Silicon Carbide Technology* (T. Kimoto and J. A. Cooper, eds.), vol. 2, pp. 75–124, John Wiley & Sons Singapore Pte. Ltd, 2014.
255. T. Kimoto and J. A. Cooper, "Device processing of silicon carbide," in *Fundamentals of Silicon Carbide Technology* (T. Kimoto and J. A. Cooper, eds.), vol. 2, pp. 189–276, John Wiley & Sons Singapore Pte. Ltd, 2014.
256. H. S. Kong, J. T. Glass, and R. F. Davis, "Chemical vapor deposition and characterization of 6h-sic thin films on off-axis 6h-sic substrates," *Journal of Applied Physics*, vol. 64, no. 5, pp. 2672–2679, 1988.

257. C. Hallin, F. Owman, P. Mårtensson, A. Ellison, A. Konstantinov, O. Kordina, and E. Janzén, "In situ substrate preparation for high-quality sic chemical vapour deposition," *Journal of Crystal Growth*, vol. 181, no. 3, pp. 241–253, 1997.
258. C. D. Frye, D. Funaro, A. M. Conway, D. L. Hall, P. V. Grivickas, M. Bora, and L. F. Voss, "High temperature isotropic and anisotropic etching of silicon carbide using forming gas," *Journal of Vacuum Science & Technology A: Vacuum, Surfaces, and Films*, vol. 39, no. 1, p. 36, 2021.
259. K. Akiyama, Y. Ishii, S. Abe, H. Murakami, Y. Kumagai, H. Okumura, T. Kimoto, J. Suda, and A. Koukitu, "In situ gravimetric monitoring of thermal decomposition and hydrogen etching rates of 6h-sic(0001) si face," *Japanese Journal of Applied Physics*, vol. 48, no. 9, p. 095505, 2009.
260. W. H. Arnold III, "Image placement differences between 1:1 projection aligners and 10:1 reduction wafer steppers," in *Optical Microlithography II: Technology for the 1980s* (H. L. Stover, ed.), SPIE Proceedings, pp. 87–98, SPIE, 1983.
261. R. Voelkel, U. Vogler, A. Bramati, T. Weichelt, L. Stuerzebecher, U. D. Zeitner, K. Motzek, A. Erdmann, M. Hornung, and R. Zoberbier, "Advanced mask aligner lithography (amalith)," in *Optical Microlithography XXV* (W. Conley, ed.), SPIE Proceedings, p. 83261Y, SPIE, 2012.
262. J. Buettner, T. Erlbacher, and A. Bauer, "Technological advances towards 4h-sic jbs diodes for wind power applications," in *Applications in Electronics Pervading Industry, Environment and Society* (S. Saponara and A. de Gloria, eds.), vol. 573 of *Lecture Notes in Electrical Engineering*, pp. 83–89, Springer International Publishing, 2019.
263. J. Müting, V. Bobal, T. Neset Sky, L. Vines, and U. Grossner, "Lateral straggling of implanted aluminum in 4h-sic," *Applied Physics Letters*, vol. 116, no. 1, p. 021307, 2020.
264. Q. Jin, M. Nakajima, M. Kaneko, and T. Kimoto, "Lateral spreads of ion-implanted al and p atoms in silicon carbide," *Japanese Journal of Applied Physics*, vol. 60, no. 5, p. 051001, 2021.
265. F. Roccaforte, P. Fiorenza, M. Vivona, G. Greco, and F. Giannazzo, "Selective doping in silicon carbide power devices," *Materials (Basel, Switzerland)*, vol. 14, no. 14, 2021.
266. Y. Tajima, K. Kijima, and W. D. Kingery, "Diffusion of ion implanted aluminum in silicon carbide," *The Journal of Chemical Physics*, vol. 77, no. 5, pp. 2592–2598, 1982.
267. T. Steinbach, C. Csato, F. Krippendorf, F. Letzkus, M. Rüb, and J. N. Burghartz, "Large area silicon-energy filters for ion implantation," *Microelectronic Engineering*, vol. 222, p. 111203, 2020.
268. M. Lim, C. Csato, J. Förthner, O. Rusch, K. Ehrensberger, B. Kupfer, S. Beuer, S. Oertel, D. W. Byun, S. J. Kim, S. M. Koo, H. K. Shin, and T. Erlbacher, "A modeling of 4h-sic super-junction mosfets with filtered high energy implantation," *Key Engineering Materials*, vol. 945, pp. 55–59, 2023.
269. P. Godignon, F. Torregrosa, and K. Zekentes, "Silicon carbide doping by ion implantation," in *Advancing Silicon Carbide Electronics Technology II* (K. Zekentes and K. Vasilevskiy, eds.), pp. 107–174, Materials Research Forum LLC, 2020.
270. M. K. Linnarsson, A. Hallén, L. Vines, and B. G. Svensson, "Channeled implantations of p-type dopants into 4h-sic at different temperatures," *Materials Science Forum*, vol. 963, pp. 382–385, 2019.
271. A. Hallén, M. K. Linnarsson, and L. Vines, "Recent advances in the doping of 4h-sic by channeled ion implantation," *Materials Science Forum*, vol. 963, pp. 375–381, 2019.

272. S. Yaguchi, T. Kimoto, N. Ohyama, and H. M. Hiroyuki Matsunami, "Nitrogen ion implantation into 6h-sic and application to high-temperature, radiation-hard diodes," *Japanese Journal of Applied Physics*, vol. 34, no. 6R, p. 3036, 1995.
273. P. Pichler, T. Sledziewski, V. Häublein, A. Bauer, and T. Erlbacher, "Channeling in 4h-sic from an application point of view," *Materials Science Forum*, vol. 963, pp. 386–389, 2019.
274. P. Pichler, "Channeling effects in sic implantation profiles: Internes dokument," 2017.
275. V. Šimonka, A. Hössinger, J. Weinbub, and S. Selberherr, "Modeling and simulation of electrical activation of acceptor-type dopants in silicon carbide," *Materials Science Forum*, vol. 924, pp. 192–195, 2018.
276. V. Šimonka, A. Toifl, A. Hössinger, S. Selberherr, and J. Weinbub, "Transient model for electrical activation of aluminium and phosphorus-implanted silicon carbide," *Journal of Applied Physics*, vol. 123, no. 23, p. 513, 2018.
277. R. Nipoti and A. Parisini, "Al+ ion implanted 4h-sic: Electrical activation versus annealing time," *ECS Transactions*, vol. 92, no. 7, pp. 91–98, 2019.
278. M. Rambach, A. J. Bauer, and H. Ryssel, "Electrical and topographical characterization of aluminum implanted layers in 4h silicon carbide," *physica status solidi (b)*, vol. 245, no. 7, pp. 1315–1326, 2008.
279. A. Toifl, V. Simonka, A. Hossinger, S. Selberherr, T. Grasser, and J. Weinbub, "Simulation of the effects of postimplantation annealing on silicon carbide dmosfet characteristics," *IEEE Transactions on Electron Devices*, vol. 66, no. 7, pp. 3060–3065, 2019.
280. N. S. Saks, A. K. Agarwal, S.-H. Ryu, and J. W. Palmour, "Low-dose aluminum and boron implants in 4h and 6h silicon carbide," *Journal of Applied Physics*, vol. 90, no. 6, pp. 2796–2805, 2001.
281. Y. Negoro, T. Kimoto, H. Matsunami, F. Schmid, and G. Pensl, "Electrical activation of high-concentration aluminum implanted in 4h-sic," *Journal of Applied Physics*, vol. 96, no. 9, pp. 4916–4922, 2004.
282. Y. Negoro, T. Kimoto, and H. Matsunami, "Carrier compensation near tail region in aluminum- or boron-implanted 4h–sic (0001)," *Journal of Applied Physics*, vol. 98, no. 4, p. 043709, 2005.
283. R. Nipoti, A. Carnera, G. Alfieri, and L. Kranz, "About the electrical activation of $1 \times 10^{20}\,\mathrm{cm}^{-3}$ ion implanted al in 4h-sic at annealing temperatures in the range 1500 – 1950°c," *Materials Science Forum*, vol. 924, pp. 333–338, 2018.
284. V. Simonka, A. Hossinger, J. Weinbub, and S. Selberherr, "Modeling of electrical activation ratios of phosphorus and nitrogen doped silicon carbide," in *2017 International Conference on Simulation of Semiconductor Processes and Devices (SISPAD)*, pp. 125–128, IEEE, 07.09.2017–09.09.2017.
285. V. Simonka, A. Hossinger, J. Weinbub, and S. Selberherr, "Empirical model for electrical activation of aluminum- and boron-implanted silicon carbide," *IEEE Transactions on Electron Devices*, vol. 65, no. 2, pp. 674–679, 2018.
286. F. Völklein and T. Zetterer, *Praxiswissen Mikrosystemtechnik: Grundlagen — Technologien — Anwendungen*. SpringerLink Bücher, Wiesbaden: Vieweg+Teubner, 2., vollständig überarbeitete und erweiterte auflage ed., 2006.
287. P. H. Yih, V. Saxena, and A. J. Steckl, "A review of sic reactive ion etching in fluorinated plasmas," *physica status solidi (b)*, vol. 202, no. 1, pp. 605–642, 1997.
288. S. J. Pearton, E. A. Douglas, R. J. Shul, and F. Ren, "Plasma etching of wide bandgap and ultrawide bandgap semiconductors," *Journal of Vacuum Science & Technology A: Vacuum, Surfaces, and Films*, vol. 38, no. 2, p. 2019, 2020.

289. D. Zhuang and J. H. Edgar, "Wet etching of gan, aln, and sic: a review," *Materials Science and Engineering: R: Reports*, vol. 48, no. 1, pp. 1–46, 2005.
290. D. M. Manos and D. L. Flamm, eds., *Plasma etching: An introduction*. Plasma materials interactions, Boston: Acad. Pr, 1989.
291. A. Takatsuka, Y. Tanaka, K. Yano, T. Yatsuo, Y. Ishida, and K. Arai, "Shape transformation of 4h-sic microtrenches by hydrogen annealing," *Japanese Journal of Applied Physics*, vol. 48, no. 4R, p. 041105, 2009.
292. D. Ruixue, Y. Yintang, and H. Ru, "Microtrenching effect of sic icp etching in sf 6 /o 2 plasma," *Journal of Semiconductors*, vol. 30, no. 1, p. 016001, 2009.
293. M. Kaneko, M. Nakajima, Q. Jin, and T. Kimoto, "Experimental study on short-channel effects in double-gate silicon carbide jfets," *IEEE Transactions on Electron Devices*, vol. 67, no. 10, pp. 4538–4540, 2020.
294. T. Takamori, K. Wada, N. Boettcher, T. Erlbacher, W. Saito, and S.-i. Nishizawa, "Adjustable current limiting function with a monolithically integrated sic circuit breaker device," *IEEE Transactions on Industry Applications*, pp. 1–9, 2023.
295. K. Sakai, N. Boettcher, M. Szabo, S. Beuer, and M. Rommel, "Fast estimation of the lateral fidelity of ion implantation in 4h-sic through calibration to jfet transfer characteristics in tcad," *Solid State Phenomena*, vol. 360, pp. 133–140, 2024.
296. G. Masetti, M. Severi, and S. Solmi, "Modeling of carrier mobility against carrier concentration in arsenic-, phosphorus-, and boron-doped silicon," *IEEE Transactions on Electron Devices*, vol. 30, no. 7, pp. 764–769, 1983.
297. N. D. Arora, J. R. Hauser, and D. J. Roulston, "Electron and hole mobilities in silicon as a function of concentration and temperature," *IEEE Transactions on Electron Devices*, vol. 29, no. 2, pp. 292–295, 1982.
298. Y. Okuto and C. R. Crowell, "Ionization coefficients in semiconductors: A nonlocalized property," *Physical Review B*, vol. 10, no. 10, pp. 4284–4296, 1974.
299. T. Hatakeyama, "Measurements of impact ionization coefficients of electrons and holes in 4h–sic and their application to device simulation," *physica status solidi (a)*, vol. 206, no. 10, pp. 2284–2294, 2009.
300. H. Niwa, J. Suda, and T. Kimoto, "Temperature dependence of impact ionization coefficients in 4h-sic," *Materials Science Forum*, vol. 778-780, pp. 461–466, 2014.
301. N. Boettcher and T. Erlbacher, "A monolithically integrated sic circuit breaker," *IEEE Electron Device Letters*, vol. 42, no. 10, pp. 1516–1519, 2021.
302. N. Boettcher, T. Takamori, K. Wada, W. Saito, S.-i. Nishizawa, and T. Erlbacher, "Fabrication aspects and switching performance of a self-sensing 800 v sic circuit breaker device," in *34th International Symposium on Power Semiconductor Devices and ICs (ISPSD)* (IEEE, ed.), pp. 261–264, IEEE, 22.05.2022–25.05.2022.
303. N. Boettcher, T. Takamori, K. Wada, W. Saito, S.-i. Nishizawa, and T. Erlbacher, "Short circuit performance and current limiting mode of a monolithically integrated sic circuit breaker for dc applications up to 800 v," in *European Conference on Power Electronics and Applications (EPE'22 ECCE Europe)* (IEEE, ed.), pp. 1–9, 2022.
304. H. Schlichting, T. Sledziewski, A. Bauer, and T. Erlbacher, "Design considerations for robust manufacturing and high yield of 1.2 kv 4h-sic vdmos transistors," *Materials Science Forum*, vol. 963, pp. 763–767, 2019.
305. M. Kocher, H. Schlichting, B. Kallinger, M. Rommel, A. J. Bauer, and T. Erlbacher, "Influence of shallow pits and device design of 4h-sic vdmos transistors on in-line defect analysis by photoluminescence and differential interference contrast mapping," *Journal of Applied Physics*, vol. 1004, no. 12, pp. 299–305, 2020.

306. B. Zhang, H. Zhou, B. Yi, H. Ge, R. Jin, and T. Zhu, "Demonstration of a simple and efficient design methodology for high–voltage floating field limiting ring in sic power devices," *Electronics Letters*, vol. 60, no. 9, 2024.
307. N. Nordell, S. Karlsson, and A. O. Konstantinov, "Homoepitaxy of 6h and 4h sic on nonplanar substrates," *Applied Physics Letters*, vol. 72, no. 2, pp. 197–199, 1998.
308. T. Kimoto and H. Matsunami, "Surface kinetics of adatoms in vapor phase epitaxial growth of sic on 6h-sic0001 vicinal surfaces," *Journal of Applied Physics*, vol. 75, no. 2, pp. 850–859, 1994.
309. Y. Chen, T. Kimoto, Y. Takeuchi, R. K. Malhan, and H. Matsunami, "Homoepitaxy of 4h-sic on trenched (0001) si face substrates by chemical vapor deposition," *Japanese Journal of Applied Physics*, vol. 43, no. 7R, p. 4105, 2004.
310. Y. Chen, T. Kimoto, Y. Takeuchi, R. K. Malhan, and H. Matsunami, "Homoepitaxial growth of 4h-sic on trenched substrates by chemical vapor deposition," *Materials Science Forum*, vol. 457-460, pp. 189–192, 2004.
311. S. Sze and K. K. Ng, eds., *Physics of Semiconductor Devices: 03 – Metal-Smiconductor Contacts*. Wiley, 2006.
312. S. Tiwari, "Transport across junctions," in *Compound Semiconductor Device Physics*, vol. 7A, pp. 199–298, Elsevier, 1992.
313. M. A. Capano, S. Ryu, J. A. Cooper, M. R. Melloch, K. Rottner, S. Karlsson, N. Nordell, A. Powell, and D. E. Walker, "Surface roughening in ion implanted 4h-silicon carbide," *Journal of Electronic Materials*, vol. 28, no. 3, pp. 214–218, 1999.
314. S. Blanqué, R. Pérez, P. Godignon, N. Mestres, E. Morvan, A. Kerlain, C. Dua, C. Brylinski, M. Zielinski, and J. Camassel, "Room temperature implantation and activation kinetics of nitrogen and phosphorus in 4h-sic crystals," *Materials Science Forum*, vol. 457-460, pp. 893–896, 2004.
315. K. V. Vassilevski, N. G. Wright, I. P. Nikitina, A. B. Horsfall, A. G. O'Neill, M. J. Uren, K. P. Hilton, A. G. Masterton, A. J. Hydes, and C. M. Johnson, "Protection of selectively implanted and patterned silicon carbide surfaces with graphite capping layer during post-implantation annealing," *Electrochemical and Solid-State Letters*, vol. 20, no. 3, pp. 271–278, 2005.
316. R. Nipoti, F. Mancarella, F. Moscatelli, R. Rizzoli, S. Zampolli, and M. Ferri, "Carbon-cap for ohmic contacts on ion-implanted 4h–sic," *Electrochemical and Solid-State Letters*, vol. 13, no. 12, p. H432, 2010.
317. Y. Negoro, K. Katsumoto, T. Kimoto, and H. Matsunami, "Flat surface after high-temperature annealing for phosphorus-ion implanted 4h-sic(0001) using graphite cap," *Materials Science Forum*, vol. 457-460, pp. 933–936, 2004.
318. K. Kawahara, J. Suda, G. Pensl, and T. Kimoto, "Reduction of deep levels generated by ion implantation into n- and p-type 4h–sic," *Journal of Applied Physics*, vol. 108, no. 3, p. 202109, 2010.
319. T. Kobayashi, J. Suda, and T. Kimoto, "Impact of conduction type and doping density on thermal oxidation rate of sic(0001)," *Japanese Journal of Applied Physics*, vol. 7, no. 12, p. 121301, 2014.
320. T. Sledziewski, T. Erlbacher, A. Bauer, L. Frey, X. M. Chen, Y. L. Zhao, C. Z. Li, and X. P. Dai, "Comparison between ni-salicide and self-aligned lift-off used in fabrication of ohmic contacts for sic power mosfet," *Materials Science Forum*, vol. 963, pp. 490–493, 2019.

321. C. Hellinger, *Empirisches Modell zur Bildung von nickelbasierten Ohmkontakten auf n-Typ 4H-SiC durch Laserbearbeitung: Dissertation*. 2023.
322. H. Elahipanah, A. Asadollahi, M. Ekström, A. Salemi, C.-M. Zetterling, and M. Östling, "A wafer-scale ni-salicide contact technology on n-type 4h-sic," *ECS Journal of Solid State Science and Technology*, vol. 6, no. 4, pp. P197–P200, 2017.
323. K. Zekentes and K. Vasilevskiy, *Advancing Silicon Carbide Electronics Technology I*, vol. 37. Materials Research Forum LLC, 2018.
324. M. Rommel, A. May, L. Baier, J. Kauth, N. Boettcher, and M. Jank, "Investigation of ohmic contacts and resistances of a 4h-sic cmos technology up to 550 °c,"
325. M. Buzzo, M. Ciappa, M. Stangoni, and W. Fichtner, "Two-dimensional dopant profiling and imaging of 4h silicon carbide devices by secondary electron potential contrast," *Microelectronics Reliability*, vol. 45, no. 9-11, pp. 1499–1504, 2005.
326. G. Lulli, "Two-dimensional simulation of undermask penetration in 4h-sic implanted with al+ ions," *IEEE Transactions on Electron Devices*, vol. 58, no. 1, pp. 190–194, 2011.
327. Z.-C. Lin and W.-J. Wu, "A study of improving overlay accuracy for a stepper in ic manufacture," *The International Journal of Advanced Manufacturing Technology*, vol. 14, no. 11, pp. 835–847, 1998.
328. T. Acartürk, K. Semmelroth, G. Pensl, S. E. Saddow, and U. Starke, "Concentration of n and p in sic investigated by time-of-flight secondary ion mass spectrometry (tof-sims)," *Materials Science Forum*, vol. 483-485, pp. 453–456, 2005.
329. D. K. Schroder, *Semiconductor material and device characterization*. Hoboken, N.J and Piscataway, NJ: Wiley-Interscience and IEEE Press, third edition ed., 2006.
330. M. Gauneau, R. Chaplain, A. Rupert, Y. Toudic, R. Callec, and E. André, "Secondary ion mass spectrometry generates swelling of gasb: Depth resolution and secondary ion yields," *Journal of Applied Physics*, vol. 73, no. 5, pp. 2051–2056, 1993.
331. S. Veerapandian, S. Beuer, M. Rumler, F. Stumpf, K. Thomas, L. Pillatsch, J. Michler, L. Frey, and M. Rommel, "Comparison of silicon and 4h silicon carbide patterning using focused ion beams," *Nuclear Instruments and Methods in Physics Research Section B: Beam Interactions with Materials and Atoms*, vol. 365, no. 4, pp. 44–49, 2015.
332. T. Kimoto and J. A. Cooper, "Characterization techniques and defects in silicon carbide," in *Fundamentals of Silicon Carbide Technology* (T. Kimoto and J. A. Cooper, eds.), vol. 4, pp. 125–187, John Wiley & Sons Singapore Pte. Ltd, 2014.
333. M. Kocher, B. T. Yao, J. Weisse, M. Rommel, Z. W. Xu, T. Erlbacher, and A. Bauer, "Determination of compensation ratios of al-implanted 4h-sic by tcad modelling of tlm measurements," *Materials Science Forum*, vol. 963, pp. 445–448, 2019.
334. H. Schlichting, M. Kocher, J. Weisse, T. Erlbacher, and A. J. Bauer, "Influence of aluminum compensation effects in 4h-sic on the performance of vdmos transistors," *Materials Science Forum*, vol. 1004, pp. 843–849, 2020.
335. J. Weise, C. Csato, M. Hauck, J. Erlekampf, S. Akhmadaliev, M. Rommel, H. Mitlehner, M. Rub, M. Krieger, A. Bauer, V. Haublein, T. Erlbacher, and L. Frey, "Impact of al-ion implantation on the formation of deep defects in n-type 4h-sic," in *2018 22nd International Conference on Ion Implantation Technology (IIT)*, pp. 66–69, IEEE, 16.09.2018–21.09.2018.
336. J. Förthner, *Laterale und vertikale Ladungskompensationsstrukturen in 4H-Siliziumkarbid*. Erlangen: Friedrich-Alexander-Universität Erlangen-Nürnberg (FAU), 2020.

337. J. Weiße, M. Hauck, T. Sledziewski, M. Tschiesche, M. Krieger, A. J. Bauer, H. Mitlehner, L. Frey, and T. Erlbacher, "Analysis of compensation effects in aluminum-implanted 4h-sic devices," *Materials Science Forum*, vol. 924, pp. 184–187, 2018.
338. J. Weisse, M. Hauck, T. Sledziewski, M. Krieger, A. Bauer, H. Mitlehner, L. Frey, and T. Erlbacher, "On the origin of charge compensation in aluminum-implanted n-type 4h-sic by analysis of hall effect measurements," *Materials Science Forum*, vol. 963, pp. 433–436, 2019.
339. K. A. Jones, P. B. Shah, T. S. Zheleva, M. H. Ervin, M. A. Derenge, J. A. Freitas, S. Harmon, J. McGee, and R. D. Vispute, "Effects of high-temperature anneals on 4h–sic implanted with al or al and si," *Applied Physics Letters*, vol. 96, no. 10, pp. 5613–5618, 2004.
340. A. Parisini and R. Nipoti, "Analysis of the hole transport through valence band states in heavy al doped 4h-sic by ion implantation," *Journal of Applied Physics*, vol. 114, no. 24, p. 3120, 2013.
341. M. Kocher, *Charakterisierung und Modellierung von Ti/Al-basierten ohmschen Kontaktgebieten auf p-dotiertem 4H-Siliciumcarbid: Dissertation*. 2021.
342. L. Huang, M. Xia, and X. Gu, "A critical review of theory and progress in ohmic contacts to p-type sic," *Journal of Crystal Growth*, vol. 531, no. 44, p. 125353, 2020.
343. M. Vivona, G. Greco, F. Giannazzo, R. Lo Nigro, S. Rascunà, M. Saggio, and F. Roccaforte, "Thermal stability of the current transport mechanisms in ni-based ohmic contacts on n- and p-implanted 4h-sic," *Semiconductor Science and Technology*, vol. 29, no. 7, p. 075018, 2014.
344. M. E. Kiziroglou, X. Li, A. A. Zhukov, P. de Groot, and C. H. de Groot, "Thermionic field emission at electrodeposited ni–si schottky barriers," *Solid-State Electronics*, vol. 52, no. 7, pp. 1032–1038, 2008.
345. T. Abi-Tannous, M. Soueidan, G. Ferro, M. Lazar, C. Raynaud, B. Toury, M.-F. Beaufort, J.-F. Barbot, O. Dezellus, and D. Planson, "A study on the temperature of ohmic contact to p-type sic based on ti 3 sic 2 phase," *IEEE Transactions on Electron Devices*, vol. 63, no. 6, pp. 2462–2468, 2016.
346. J. Gehring, N. Boettcher, and B. Wunder, "Innovative neue konzepte bei halbleiterschaltgeräten und aktuelle aus der dc-standardisierung,"
347. K. N. Ratnakumar, "Short-channel most threshold voltage model," *IEEE Journal of Solid-State Circuits*, vol. 17, no. 5, pp. 937–948, 1982.
348. J. Chang, A. K. Kapoor, L. F. Register, and S. K. Banerjee, "Analytical model of short-channel double-gate jfets," *IEEE Transactions on Electron Devices*, vol. 57, no. 8, pp. 1846–1855, 2010.
349. F. Monaghan, A. Martinez, J. Evans, C. Fisher, and M. Jennings, "On short channel effects in high voltage jfets: A theoretical analysis," *Power Electronic Devices and Components*, vol. 7, no. 15, p. 100057, 2024.
350. T. Takamori, K. Wada, N. Boettcher, T. Erlbacher, W. Saito, and S.-i. Nishizawa, "Adjustable current limit feature with a self-sensing and self-triggering monolithically integrated sic circuit breaker device," in *Energy Conversion Congress and Exposition (ECCE)* (IEEE, ed.), pp. 1–6, IEEE, 2022.
351. N. Boettcher, H. Afewerki, I. Kallfass, and C. Lautensack, "A novel approach for optimal design of monolithic integrated rc snubbers," in *2017 International Symposium on Electromagnetic Compatibility – EMC EUROPE*, pp. 1–6, IEEE, 04.09.2017–07.09.2017.

352. C. Kästle, *Qualifizierung der Kupfer-Drahtbondtechnologie für integrierte Leistungsmodule in harschen Umgebungsbedingungen.* PhD thesis, FAU University Press, 2019.
353. S. Matlok, N. Boettcher, M. Jahn, P. Hoerauf, B. Eckardt, T. Erlbacher, and M. Maerz, "Retrofitting wide band gap devices to classic power modules using silicon rc snubbers," in *PCIM Europe 2019; International Exhibition and Conference for Power Electronics, Intelligent Motion, Renewable Energy and Energy Management.*
354. H. Afewerki, C. Lautensack, N. Bottcher, and I. Kallfass, "Design approach and analysis of a mosfet with monolithic integrated emi snubber for low voltage automotive applications," in *2017 International Symposium on Electromagnetic Compatibility – EMC EUROPE*, pp. 1–5, IEEE, 04.09.2017–07.09.2017.
355. Y. Wu, S. Yin, H. Li, and W. Ma, "Impact of *rc* snubber on switching oscillation damping of sic mosfet with analytical model," *IEEE Journal of Emerging and Selected Topics in Power Electronics*, vol. 8, no. 1, pp. 163–178, 2020.
356. J. Hu, O. Alatise, J. A. O. Gonzalez, R. Bonyadi, L. Ran, and P. A. Mawby, "The effect of electrothermal nonuniformities on parallel connected sic power devices under unclamped and clamped inductive switching," *IEEE Transactions on Power Electronics*, vol. 31, no. 6, pp. 4526–4535, 2016.
357. U. Tietze and C. Schenk, "Passive rc- und lrc-netzwerke," in *Halbleiter-Schaltungstechnik* (U. Tietze and C. Schenk, eds.), pp. 9–22, Springer Berlin Heidelberg, 1989.
358. R. Risch and J. Biela, "Nanosecond switching of ohmic loads using sic mosfets in ultra-low inductive pcb-packages," in *2019 21st European Conference on Power Electronics and Applications (EPE '19 ECCE Europe)*, pp. P.1–P.10, IEEE, 03.09.2019–05.09.2019.
359. U. Tietze, C. Schenk, and E. Gamm, *Halbleiter-Schaltungstechnik.* Berlin and Heidelberg: Springer Vieweg, 16., erweiterte und aktualisierte auflage ed., 2019.
360. W. Saito, Z. Lou, and S.-i. Nishizawa, "Unclamped inductive switching robustness of sic devices with parallel-connected varistor," *IEEE Transactions on Electron Devices*, vol. 69, no. 10, pp. 5671–5677, 2022.
361. T. Takamori, K. Wada, W. Saito, and S.-i. Nishizawa, "Gate drive circuit for current balancing of parallel-connected sic-jfets under avalanche mode," *Microelectronics Reliability*, vol. 114, no. 4, p. 113776, 2020.
362. T. Takamori, K. Wada, W. Saito, and S.-i. Nishizawa, "Paralleled sic mosfets dc circuit breaker with sic mps diode as avalanche voltage clamping," in *Applied Power Electronics Conference and Exposition (APEC)* (IEEE, ed.), pp. 225–229, IEEE, 2022.
363. T. Takamori, K. Wada, W. Saito, and S.-i. Nishizawa, "Reliability investigation of repeated unclamped inductive switching in a diode-clamped sic circuit breaker," *Microelectronics Reliability*, vol. 150, no. 4, p. 115119, 2023.
364. Z. Lou, W. Saito, and S.-i. Nishizawa, "Application of n parallel-connected sic mosfets to solid-state circuit breakers based on uis tests," *Microelectronics Reliability*, vol. 138, no. 1, p. 114737, 2022.
365. J. Hayes, K. George, P. Killeen, B. McPherson, K. J. Olejniczak, and T. R. McNutt, "Bidirectional, sic module-based solid-state circuit breakers for 270 vdc mea/aea systems," in *4th Workshop on Wide Bandgap Power Devices and Applications (WiPDA)* (IEEE, ed.), pp. 70–77, IEEE, 2016.
366. J. Ortiz Gonzalez, A. Deb, E. Bashar, S. N. Agbo, S. Jahdi, and O. Alatise, "Benchmarking the robustness of si and sic mosfets: Unclamped inductive switching and short-circuit performance," *Microelectronics Reliability*, vol. 138, no. 1, p. 114719, 2022.

367. J. An and S. Hu, "Experimental and theoretical demonstration of temperature limitation for 4h-sic mosfet during unclamped inductive switching," *IEEE Journal of Emerging and Selected Topics in Power Electronics*, vol. 8, no. 1, pp. 206–214, 2020.
368. X. Li, A. Bhalla, P. Alexandrov, and L. Fursin, "Study of sic vertical jfet behavior during unclamped inductive switching," in *2014 IEEE Applied Power Electronics Conference and Exposition – APEC 2014*, pp. 2588–2592, IEEE, 16.03.2014–20.03.2014.
369. R. Ose, *Elektrotechnik für Ingenieure: Grundlagen*. München: Hanser, 5., aktualis. aufl. ed., 2014.
370. W. W. WONG and J. J. LIOU, "Modelling the channel-length modulation coefficient for junction field-effect transistors," *International Journal of Electronics*, vol. 72, no. 4, pp. 533–540, 1992.
371. K. Kawahara, M. Krieger, J. Suda, and T. Kimoto, "Deep levels induced by reactive ion etching in n- and p-type 4h–sic," *Journal of Applied Physics*, vol. 108, no. 2, p. 199, 2010.
372. K. Kawahara, J. Suda, and T. Kimoto, "Deep levels generated by thermal oxidation in p-type 4h-sic," *Journal of Applied Physics*, vol. 113, no. 3, p. 1525, 2013.
373. B. E. Deal and A. S. Grove, "General relationship for the thermal oxidation of silicon," *Journal of Applied Physics*, vol. 36, no. 12, pp. 3770–3778, 1965.
374. Y. Song, S. Dhar, L. C. Feldman, G. Chung, and J. R. Williams, "Modified deal grove model for the thermal oxidation of silicon carbide," *Journal of Applied Physics*, vol. 95, no. 9, pp. 4953–4957, 2004.
375. T. Hiyoshi and T. Kimoto, "Reduction of deep levels and improvement of carrier lifetime in n-type 4h-sic by thermal oxidation," *Japanese Journal of Applied Physics*, vol. 2, p. 041101, 2009.
376. L. J. van-der Pauw, "A method of measuring specific resistivity and hall effect of discs of arbitrary shape," in *Philips Research Reports* (o. Philips'Gloeilampenfabrieken, ed.), vol. 13, pp. 1–9, 1958.
377. G. Pensl, F. Schmid, F. Ciobanu, M. Laube, S. A. Reshanov, N. Schulze, K. Semmelroth, A. Schöner, G. Wagner, and H. Nagasawa, "Electrical and optical characterization of sic," *Materials Science Forum*, vol. 433-436, pp. 365–370, 2003.
378. F. Schmid, M. Krieger, M. Laube, G. Pensl, and G. Wagner, "Hall scattering factor for electrons and holes in sic," in *Silicon Carbide* (W. J. Choyke, H. Matsunami, and G. Pensl, eds.), vol. 98 of *Advanced Texts in Physics*, pp. 517–536, Springer Berlin Heidelberg, 2004.
379. S. Asada, T. Okuda, T. Kimoto, and J. Suda, "Hall scattering factors in p-type 4h-sic with various doping concentrations," *Japanese Journal of Applied Physics*, vol. 9, no. 4, p. 041301, 2016.

FSC
www.fsc.org
MIX
Papier | Fördert gute Waldnutzung
FSC® C083411

Kolibri 360 GmbH
Ferdinand-Jühlke-Straße 7
99095 Erfurt, Deutschland
produktsicherheit@kolibri360.de